U0207319

本书获得河南省重大科技专项“肉品智能化加工关键技术与装备研发及应用（221100110500）”、国家重点研发计划智能机器人重点专项“畜禽类肉品高效精准机器人自主分割系统（2019YFB1311000）”的资助

畜类肉品高效精准机器人自主加工系统

蔡　磊　著

科学出版社

北　京

内 容 简 介

本书针对我国畜类肉品加工效率低、损耗多、难溯源等挑战性难题，围绕畜类肉品三维信息获取、骨肉界面特征参数感知、切割路径自主规划等关键科学问题，提出了基于多传感器融合的畜类肉品特征三维精准感知、自主切割路径规划与控制、骨肉界面力觉识别与剔骨、面向多形态分拣的柔顺控制策略等方法，突破了畜类肉品体征几何模型和肌骨几何模型构建、自主变构型高效切块、剔骨路径自主修正、量体裁衣式的柔性包装等技术，研制了畜类肉品三维感知系统、自主切块机器人工作站、自主剔骨机器人工作站、自主分拣及包装机器人工作站等自主作业系统，并在国内大型畜类肉品加工企业生产线进行应用验证。

本书可以为智能肉品加工装备、机器人、人工智能、图像处理、目标识别等领域中从事机器学习、信息融合、模式识别等相关应用研究的技术人员提供参考。

图书在版编目（CIP）数据

畜类肉品高效精准机器人自主加工系统 / 蔡磊著. —北京：科学出版社，2024.6

ISBN 978-7-03-078141-3

Ⅰ. ①畜…　Ⅱ. ①蔡…　Ⅲ. ①机器人－应用－畜产品－食品加工
Ⅳ. ①TS251-39

中国国家版本馆 CIP 数据核字(2024)第 050532 号

责任编辑：王　哲 / 责任校对：胡小洁
责任印制：师艳茹 / 封面设计：迷底书装

科学出版社出版
北京东黄城根北街 16 号
邮政编码：100717
http://www.sciencep.com

北京建宏印刷有限公司印刷

科学出版社发行　各地新华书店经销

*

2024 年 6 月第　一　版　开本：720×1000　1/16
2024 年 6 月第一次印刷　印张：13 1/4　插页：2
字数：264 000

定价：128.00 元

（如有印装质量问题，我社负责调换）

作 者 简 介

蔡磊，博士，二级教授，博士生导师。享受河南省政府特殊津贴专家，河南省机器人行业协会副会长，中国自动化学会机器人专业委员会委员。现任河南科技学院人工智能学院院长。

主持承担国家重点研发计划智能机器人重点专项、国防科技重大专项、河南省委“13710”重点督办专项、河南省重点专项等省部级以上重点项目6项，其他省部级项目10余项；研发具有自主知识产权的智能机器人产品40余台(套)，授权发明专利20余件；发表SCI/EI检索论文50余篇，出版学术专著3部；获得河南省科技进步奖二等奖1项、三等奖1项，军队科技进步奖三等奖2项，空军技术革新奖2项。

作者简介

前　　言

当前，畜类肉品加工行业突出难题主要表现为：一是畜类肉品分割劳动强度大，技能要求高，分割效率低；二是畜类肉品结构复杂，肉品损耗多，残次品数量巨大；三是畜类肉品加工工艺时间长，易造成肉品二次污染；四是畜类肉品分级与分拣精度差，货架性能不符合市场要求；五是畜类肉品包装易破损、漏气，流通过程中易受微生物污染；六是畜类肉品分割过程信息缺失，无法进行肉品信息溯源。这些因素倒逼现有畜类肉品加工行业必须进行升级改造。基于此，本书把机器人技术引入到畜类肉品加工领域，研制畜类肉品机器人自主加工系统，减轻劳动强度，提高加工效率和精准度，减少肉品损耗，确保肉品质量安全。

本书瞄准畜类肉品加工“效率低、损耗多、易污染、无溯源”等行业共性难题，以“快、准、洁、溯”为目标，聚焦畜类肉品自主加工需求，系统化研发畜类肉品自主加工设备，突破畜类肉品精准感知、自主切块、精准剔骨、自主分拣、定制包装等关键核心技术，研制畜类肉品三维感知系统、自主切块机器人工作站、自主剔骨机器人工作站、自主分级与分拣机器人工作站、自主机器人包装工作站等自主作业系统。在国内大型畜类肉品加工企业生产线进行应用验证，将改变传统畜类肉品人工加工模式，推动肉品加工关键设备的智能化升级与变革，有力支撑肉类产业高效健康地发展，引领世界畜类肉品智能加工机器人技术创新发展方向。

第 1 章系统介绍国内外肉品智能加工装备的研究现状、技术难点及发展趋势。分析现存肉品智能加工装备现状，以及现有的肉品智能加工技术与装备在感知、切块、分拣、包装等环节发展中亟待解决的问题。提出搭建胴体自主感知与重构系统、自主切块机器人工作站、非接触式分级工作站、高效分拣机器人工作站、精准剔骨机器人工作站、自主个性化包装工作站以及全流程溯源等来解决当前加工环节设备落后、自主化程度低、易污染等难题。

第 2 章针对畜类胴体体尺大小不一、形状各异以及关键特征难提取，导致切块、分拣、剔骨以及包装等环节工作难度加大、效率低等问题，搭建畜类胴体感知与重构系统，并通过胴体关键部位多层次提取技术对猪胴体精准化模型重构，实现关键部位的特征提取；通过切割路径自主缩放技术创建切割路径的缩放链，实现不同部位的自适应缩放，以及切割面的缩放，实现胴体的精确切割路径的自适应化；基于胴体骨骼 X 射线图像畸变矫正的肌骨界面分割线构建方法，对获取的肌骨图像进行多尺度特征提取以及模糊畸变图像的矫正，实现肌骨界面的完整提取并生成肌骨分割线，为精准分割和提取奠定基础。

第 3 章针对切割效率低和胴体体尺不同的问题，搭建切块机器人工作站并研制“一刀多块”末端切割装置，可根据胴体体尺参数实现自主变构。针对切割过程中因切割路径的构建偏差导致残次品增加的现状，提出一种猪胴体切块机器人分割面自主生成方法，通过自主构建分割面实现对部位的切割关键点进行预测，获取分割线。同时，针对胴体经过分割工位的时间短导致猪肉胴体脊骨界面模糊不清，特征信息不完备，影响分割精度的问题，提出融合空间语义关系的猪肉胴体分割方法，利用深度学习技术对预处理后的图像进行特征提取，以识别和区分猪肉胴体的各个部位，结合空间语义关系对猪肉胴体进行精确分割。针对切割过程中因胴体表面湿滑、软韧导致切割过程中胴体形变和切割路径偏差等问题，提出应用于猪类胴体分割机器人的自主调节方法自主识别分割区域，同时感知分割路线偏差，能有效地减小分割误差，提高分割精确度。

第 4 章针对常规检测中需将检测装置插入胴体内部，导致胴体表面损伤，且易产生交叉污染等问题，搭建非接触式分级系统，实现肉品分级过程非接触、零破损。针对肉品肌红蛋白含量识别困难、识别准确率低的问题，提出一种全谱段高光谱信息的处理方法，对图像信息、光谱信息进行预处理后，建立偏最小二乘回归模型，识别肉品颜色。针对胴体内部脂肪无法测量的问题，提出一种基于径向基神经网络模型的瘦肉率检测方法，预测胴体瘦肉率。针对样本较少导致肉色识别准确率较低的问题，提出改进 Multi_Xception 模型，将卷积层的通道相关性和空间相关性分开映射，在保持模型性能的同时减少训练的参数量。针对单指标特征的肉品分级具有不确定性，误判率较高的问题，提出一种基于脉冲耦合神经网络的多数据融合技术，利用脉冲耦合神经网络点火技术的数据融合算法进行融合。

第 5 章针对分拣机器人分拣对象形状不一和质地差异导致分拣效率低下的问题，搭建分级分拣机器人工作站，并研制一种多指变构末端分拣装置。该装置能实现对分割肉不同部位如前段、大排、中方、后段等针对性分拣，同时区分不同等级优劣，具有“一爪多用”的特点。针对工作站中多机器人系统能量优化控制问题，提出一种基于信度函数粒子滤波的多机器人协同算法，获得系统状态的最小方差估计，进而优化系统协同控制，减轻系统的执行、通信和计算负担。针对工作站中多机器人系统协作问题，提出一种协同作业行为规划策略体系，将蚁群算法与多机器人系统结合，使得执行任务的代价最优，获得问题的最优解。

第 6 章针对猪肉剔骨操作效率低下、劳动强度大以及食品加工质量和安全性问题，搭建剔骨机器人工作站，并设计一种新型猪肉剔骨末端执行装置，该剔骨装置可根据胴体体尺参数自主更换刀具，能够高效、准确地完成剔骨操作。针对剔骨机器人在剔骨过程中不能调整切割力和切割角度，导致剔骨率低和易损坏刀具等问题，提出一种基于强化元学习的切割力随形调控方法，构建刀具切割模型和元学习的力反馈调整模型，实现对刀具切割力及方向的自适应调整。针对胴体剔骨过程中，对不同的部位需采取不同的刀具和力度的问题，提出采用力位混合控制方法，同时建立肌骨界面触觉信息感知与映射模型，增强机械臂末端刀具切割时的准确性和稳定性。针对胴体切割过程中胴体内部结构复杂导致刀具偏移既定切割路线的问题，提出一种基于力反馈的猪胴体分割机器人路径自主修正方法，通过对剔骨过程中力觉信息的获取，并利用导纳控制模型量对切割路径进行实时修正。

第 7 章针对传统肉品包装的不足，如包装品类单一、自适应差、智能化低、包装效率不高等问题，研制包装内胆自主更换装置。该装置不仅通过可变构型结构对不同大小的胴体块进行自适应调整贴合包装，还可根据不同品类的肉类进行内胆模具的更换，实现胴体个体差异化包装。针对包装过程中真空操作后仍存在气泡、肉品与包装袋之间间隙大等问题，提出基于力视双模态的自主包装方法。该方法可通过对包装位置、大小形状、包装膜的松紧状态的监控与预测，确保合格率和准确性。针对包装过程中肉品表面粗糙或者携带尖锐骨刺的肉品，导致包装过程包装膜破损的问题，提出基于三维点轮廓判断尖锐肉品包装的方法。该方法通过对肉品表面构建高度分布走势模型，判断中方肉尖锐部分与非尖锐部分区域，降低包装过程中的破损概率。

第 8 章介绍了畜类肉品机器人自主作业系统各个工作站单独应用情况以及工作站之间的联调测试，并进行了实验评估。

本书是河南省智能农业机器人技术工程研究中心、国家 863 计划智能机器人主题产业化基地河南分中心、河南科技学院智能机器人团队近十年来集体智慧的结晶。非常感谢北京机械工业自动化研究所赵宏剑研究员、山东大学陈振学教授、华中科技大学冀晶晶教授、青岛建华食品机械制造有限公司孙宇鹏副总经理的支持和帮助；感谢河南科技学院徐涛博士、柴豪杰博士的帮助；感谢牛涵闻、王效朋、张炳远、班朋涛、王泊骅、吴韶华等智能机器人团队全体成员所付出的辛勤劳动；感谢作者家人的大力支持和理解。

由于作者水平有限，书中不妥之处在所难免，恳请读者批评指正。

蔡　磊

2024 年 4 月

目　　录

前言

第 1 章　绪论 …… 1
1.1　研究背景和意义 …… 1
1.2　国内外研究现状 …… 2
1.2.1　国内肉品智能装备研究现状 …… 2
1.2.2　国外肉品智能装备研究现状 …… 3
1.3　肉品智能装备面临的机遇与挑战 …… 4
1.3.1　发展趋势与特点 …… 5
1.3.2　当前面临的问题 …… 5
1.4　主要研究内容 …… 7
1.5　本章小结 …… 9
参考文献 …… 10

第 2 章　畜类肉品特征三维感知与重构系统 …… 12
2.1　胴体三维感知系统 …… 12
2.1.1　设备选型 …… 12
2.1.2　感知系统搭建 …… 15
2.2　功能分析 …… 17
2.2.1　主要功能 …… 17
2.2.2　工作流程 …… 17
2.3　立体感知与重构关键技术 …… 18
2.3.1　关键部位多层次提取技术 …… 18
2.3.2　切割路径自主缩放技术 …… 22
2.3.3　基于胴体骨骼 X 射线图像畸变矫正的肌骨界面分割线构建方法 …… 27
2.4　本章小结 …… 31
参考文献 …… 31

第 3 章　畜类肉品一刀多块自主分割机器人系统 …… 34
3.1　一刀多块切割装置 …… 34

3.1.1　一刀多块切割装置设计……34
3.1.2　自主变构设计……36
3.1.3　工作原理……38
3.2　自主分块机器人工作站……39
3.2.1　自主分块机器人……39
3.2.2　切块装置工作台……40
3.3　功能分析……41
3.3.1　主要功能……41
3.3.2　工作流程……42
3.4　精准分割关键技术……44
3.4.1　猪胴体切块机器人分割面自主生成方法……44
3.4.2　融合空间语义关系的猪肉胴体分割方法……51
3.4.3　应用于猪类胴体分割机器人的自主调节方法……58
3.5　本章小结……64
参考文献……64
第 4 章　畜类肉品机器人自主分级系统……68
4.1　非接触式分级系统搭建……68
4.1.1　硬件选型……68
4.1.2　分级系统搭建……70
4.2　分级数据集建立……71
4.2.1　数据采集方法……71
4.2.2　数据集创建……72
4.3　功能分析……74
4.3.1　主要功能……74
4.3.2　工作流程……75
4.4　肉品分级关键技术……77
4.4.1　全谱段高光谱信息的处理……77
4.4.2　改进 Xception-CNN 的肉色识别……81
4.4.3　脉冲耦合神经网络的多数据融合……84
4.5　本章小结……87
参考文献……87
第 5 章　畜类肉品机器人自主变构分拣系统……90
5.1　多指变构末端分拣装置……90

5.1.1 多指结构设计 …… 90
5.1.2 变构结构设计 …… 92
5.2 分级分拣工作站 …… 93
5.2.1 自主分拣机器人 …… 93
5.2.2 分级分拣机器人 …… 96
5.3 功能分析 …… 97
5.3.1 主要功能 …… 97
5.3.2 工作流程 …… 98
5.4 自调节分拣关键技术 …… 99
5.4.1 协同分布式决策优化方法 …… 99
5.4.2 协同作业行为规划策略体系 …… 103
5.5 本章小结 …… 108
参考文献 …… 108
第6章 畜类肉品机器人自主剔骨系统 …… 111
6.1 执行装置与自动消毒装置 …… 111
6.1.1 结构设计 …… 111
6.1.2 工作原理 …… 113
6.2 剔骨工作站搭建 …… 114
6.2.1 骨骼扫描装置 …… 115
6.2.2 剔骨机器人 …… 116
6.2.3 工作台 …… 118
6.2.4 往复平移式装置 …… 118
6.2.5 辅助抓取机器人 …… 119
6.3 功能分析 …… 120
6.3.1 主要功能 …… 120
6.3.2 工作流程 …… 121
6.4 精准剔骨关键技术 …… 123
6.4.1 胴体作业机器人切割力随形调控 …… 123
6.4.2 胴体分割机器人路径自主修正 …… 126
6.5 本章小结 …… 131
参考文献 …… 131
第7章 畜类肉品机器人自主包装系统 …… 135
7.1 包装内胆自动更换装置 …… 135

7.1.1 多用途内胆设计 …… 135
7.1.2 可变构包装执行装置设计 …… 138
7.1.3 个体差异化柔性包装 …… 140
7.1.4 包装方式的定制化机制 …… 141
7.2 功能分析 …… 142
7.2.1 主要功能 …… 142
7.2.2 工作流程 …… 143
7.3 自主包装关键技术 …… 144
7.3.1 力视双模态自主包装方法 …… 144
7.3.2 基于三维点云轮廓判断尖锐肉品包装技术 …… 146
7.4 本章小结 …… 148
参考文献 …… 148
第 8 章　畜类肉品机器人自主加工示范生产线 …… 151
8.1 自主加工示范线的搭建 …… 151
8.1.1 示范线各级工作站共性协同技术 …… 151
8.1.2 工作站并级联调 …… 152
8.2 胴体加工运行实验 …… 155
8.2.1 胴体三维构建实验 …… 155
8.2.2 畜类胴体自主切块实验 …… 164
8.2.3 自适应分级与分拣实验 …… 167
8.2.4 畜类胴体剔骨实验 …… 169
8.2.5 差异化个体包装实验 …… 171
8.3 效果评估 …… 174
8.3.1 胴体三维构建实验效果评估 …… 174
8.3.2 畜类胴体自主切块实验效果评估 …… 175
8.3.3 剔骨实验效果评估 …… 176
8.3.4 包装实验效果评估 …… 177
8.4 本章小结 …… 178
附录Ⅰ　剔骨关键点位部分数据 …… 179
附录Ⅱ　自主切块部分实验数据 …… 184
附录Ⅲ　剔骨实验部分测试数据 …… 189
附录Ⅳ　差异化包装部分实验数据 …… 194
彩图

第1章　绪　　论

目前在肉品加工领域中，智能加工装备被广泛应用于畜禽肉类的分块、分级、分拣和包装等工作中。然而，现阶段我国畜类加工设备处于以人工操作为主的机械化和半自主化水平，且容易造成交叉感染风险。因此，畜类智能化加工设备的研发具有重要的应用价值。本书将围绕畜类胴体(主要以猪胴体为例)自主加工机器人相关内容展开，全面讨论其设计、研发、应用以及未来发展方向。

1.1　研究背景和意义

目前我国是世界上肉类生产与消费的第一大国[1]，中国肉类加工业已成为我国农产品加工业与食品加工业的支柱产业[2]。国家统计局数据显示，2018 年我国畜禽肉类总产量达 8517 万吨，约占全世界的 1/4[3,4]；国家统计局发布的《中华人民共和国 2020 年国民经济和社会发展统计公报》显示，在我国 2020 年全年的畜类肉产量中，猪肉的产量约占肉类消费的一半以上。但我国畜禽肉类生产成本较高，屠宰行业分散，小型、半机械化加工方式占大多数[5]，生产效率低、加工成本高。国家出台多项肉品智能化加工战略性政策，例如，《中国制造 2025》明确指出“加快食品行业生产设备的智能化改造，提高精准制造、敏捷制造能力；加快食品行业智能检测监管体系建设，提高智能化水平”。《中华人民共和国国民经济和社会发展第十四个五年规划和 2035 年远景目标纲要》中也重点强调“改造畜禽定点屠宰加工厂冷链储藏和运输设施，提升仓储保鲜设施”。智能装备的推广应用可降低生产过程中的人工成本，提高生产效率，保证每个环节都可对产品信息进行追溯，确保肉品品质和安全。在畜禽类肉品自主加工方面，欧美企业具有先进的技术并得以产业化应用，而我国在畜禽加工过程中使用自主装备还相对较少[6]。

畜类肉品智能加工是食品科学、人工智能等多学科交叉的领域，随着对食品安全和食品质量的要求不断提高，畜类肉品加工正朝着智能化、自动化、数字化方向发展。在科学研究方面，本书为传统的肉类品质检测、胴体快速精准分割等研究提供了不同学科的交叉思路。通过智能加工技术实现畜类肉品加工的智能化和数字化，提高生产效率和产品质量，降低生产成本。同时智能肉品加工还可以通过提供定制化、个性化的产品，满足消费者多样化的需求，提高市场竞争力。

同时促进畜类肉品加工的食品安全质量的提高和调整产业结构，实现肉品加工的高质量、绿色发展。

1.2 国内外研究现状

肉品智能化加工关键技术与装备研发及应用方面，欧美发达国家和地区相关技术与装备研发起步较早，部分技术已得到有效的产业化应用，而我国在肉品加工与运输过程中使用自主装备还相对较少[7]。随着国家工业化、信息化、城镇化和农业现代化的推进，肉品智能化加工关键技术与装备研发正在进入高速发展时期，集聚领域内众多科学家和工程技术人员共同攻关，必将加快推动肉品加工行业智能化水平的发展进程。

1.2.1 国内肉品智能装备研究现状

国内从事畜类加工设备的制造企业基本为中小企业，研发能力和生产制造水平比较薄弱，难以支撑畜类智能化分割设备的系统性研发。我国畜禽屠宰企业使用的屠宰、分割设备与西方发达国家相比还存在较大差距，基本处于手动或半自动状态，如摆动式烫毛机、滚筒式去毛机、反复式劈半机等；肉品分割主要依靠人工，工人及分割工具存在卫生安全风险；同时，人工分割工序复杂，各工序间协同能力差，导致分割效率和分割质量普遍较低。2013 年，双汇集团收购全球最大猪肉加工企业美国 Smithfield Foods 公司，推动了我国畜禽类肉品加工行业的现代化进程。青岛建华食品机械制造有限公司研发了基于分级管理报送数据的生猪屠宰监管技术系统、基于 ZigBee 的无线射频识别系统、畜禽产业技术体系生产监测与产品质量追溯平台等[8]。济宁兴隆自主研发的猪体自动劈半机，实现了整个作业过程的自动化[9]。吉林艾斯克机电有限责任公司研发了智能化自动掏膛生产线[10,11]。但畜类肉品自主感知、快速切块、精准剔骨等核心技术仍未取得实质性突破，亟需技术攻关。国内部分畜禽类肉品加工机器人系统如图 1-1 所示。

我国畜禽屠宰加工企业规模较小，部分企业仍以比较传统的作坊式生产为主，专业化程度不高、散户多、集中屠宰率较低，导致畜禽内脏的产量低且分散，原料的标准化收集、保鲜和贮运等环节较困难，且增加了市场监管的难度[12]。同时，智能化分割设备的系统研制水平薄弱导致畜肉快速扫描、肉品数据采集和分析技术发展滞后。尽管国内学者已经将机器人相关技术应用到畜类肉品加工行业，但目前仍处于实验理论基础研究阶段，未能转化到实际生产中。我国青岛建华、济宁兴隆和吉林艾斯克等公司相继研发了自动化分级、分拣和包装设备，但关于自主分级、分拣和包装等方面的智能化程度较低，亟须进行设备研发。基于视觉、力觉识别与定位的扫描技术，实现对胴体的精准识别、定位等更是处于行业空白状态。

自动刨毛机器人

胴体加工输送机器人

自动切肛机器人

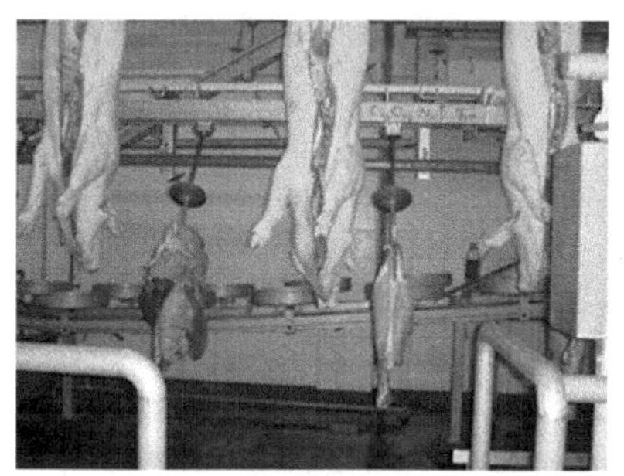
自动开剖输送机器人

图 1-1 国内部分畜禽类肉品加工机器人系统

1.2.2 国外肉品智能装备研究现状

全球对畜禽类肉品消耗量巨大，自动化生产程度需求最高。当前大多数自动化屠宰设备的制造商集中在欧美等发达国家和地区，并且通过与研究机构的合作，已经将机器人技术引入到屠宰自动化生产线中，较为著名的厂商和研究机构有新西兰农业科学院 AgResearch、丹麦 SFK 技术股份有限公司、美国佐治亚州研究院、日本 Mayekawa Electric 公司、澳大利亚 Linley Valley Fresh Pork 公司、丹麦肉类研究所等。其中，丹麦专注通用肉品切割装置研发，美国研发面向家禽自动去骨工艺，日本研制剔骨加工机器人系统，澳大利亚研发胴体三维外形和骨骼的建模技术[13,14]。另外，将机器视觉技术、3D 激光扫描技术、X 射线和 CT 成像技术用于畜类生产线肉品数据采集过程中，已初步实现肉品分级、分拣、包装与冷链运输全程自主化和可控化。例如，丹麦 ATTEC 公司依据 X 射线断层技术对猪胴体进行检测成像，根据相应位置的骨骼和肉质进行分级；美国、加拿大、欧洲等国家和地区在猪胴体评级过程中引入了先进的在线分级技术，如计算机视觉技术、瘦肉率智能化预测技术等，改进了猪肉质量分级手段，提高了猪肉质量分级的效率，先进的分级技术和分级仪器设备的运用使得美国、加拿大、欧洲等发达国家和地区的猪肉质量分级工作得以稳定有效实施。澳大利亚 Linley Valley Fresh Pork 公司将激光成像与分级机器人相结合，实现精准分级、分拣，保持猪肉品质；荷兰 Meyn 公司基于机器视觉技术与在线称重技术，实现家禽的质量(色泽)和重量分级等[15]；加拿大在分级过程中引入瘦肉率智能化预测技术与设备，如德斯特朗(Destron-DPG)猪肉分级机和轩尼诗(Hennessy-HGP)猪肉分级探头[16]；美国和日本的物流中心广泛采用自动分拣系统，该系统目前已经成为发达国家和地区大中型物流中心不可缺少的一部分。国外部分畜禽类肉品加工机器人系统如图 1-2 所示。

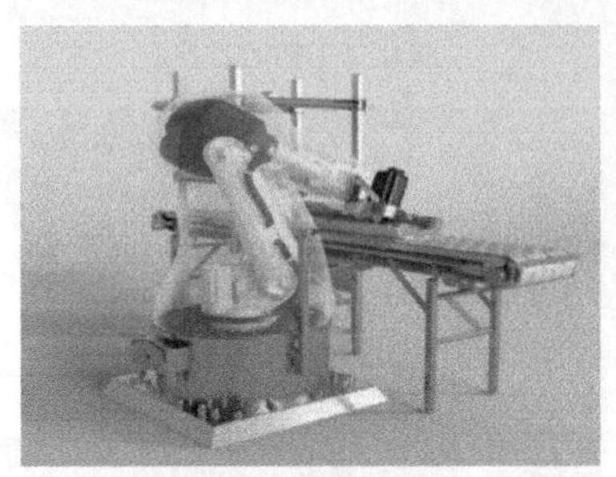

自动线骨锯机器人

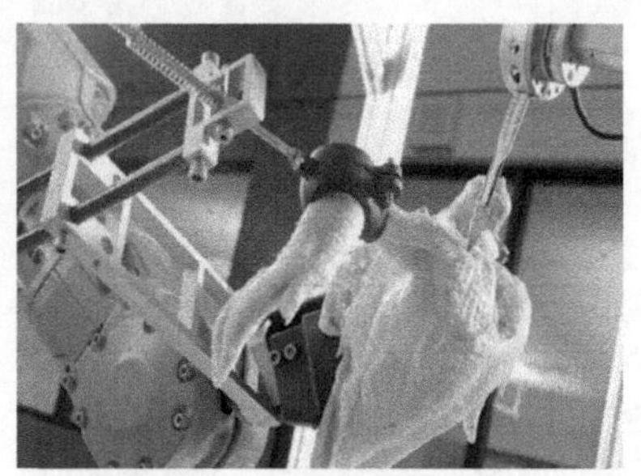

智能切割和剔骨机器人

剔骨加工机器人

激光成像与分级机器人

图 1-2　国外部分畜禽类肉品加工机器人系统

1.3　肉品智能装备面临的机遇与挑战

国家政策的大力支持与技术升级正加速着肉品智能装备的智能化转型。自《“十三五”国家战略性新兴产业发展规划》中明确提出“要大力发展智能制造系统，加快推动新一代信息技术与制造技术的深度融合”以来，国家陆续发布相关产业政策支持文件，为智能制造业的发展提供了稳定的政策基础。随着科学技术的不断突破与产业变革的加速发展，新一代的信息技术正在赋能传统制造业，推动实现肉品智能装备与人工智能等技术的深度融合。但现阶段我国的肉品智能装备与发达国家相比仍有一定差距，且相关专业技术人才短缺，对相关产业的发展支撑薄弱。

1.3.1 发展趋势与特点

目前我国肉品加工业正由传统分割工艺向“智能无人化加工”模式转变，自主机器人系统将开启畜禽类肉品加工新模式，如图 1-3 所示。智能加工发展呈现如下发展特点与趋势。

(1) 加工流程全自主化。胴体扫描与识别、快速分块、自主分级、高效分拣、定制化包装以及精准剔骨等核心工艺设备实现自主化，减少人工干预，保证肉质安全无污染。

(2) 加工工艺指标精确化。精准剔骨等瓶颈技术参数精确化，实现自主骨肉分离；分拣技术的突破，实现柔性化、自主调节等智能化分拣。

(3) 肉品安全可追溯。加工全流程数据实时采集、分析与处理，肉品加工全流程信息可追溯。

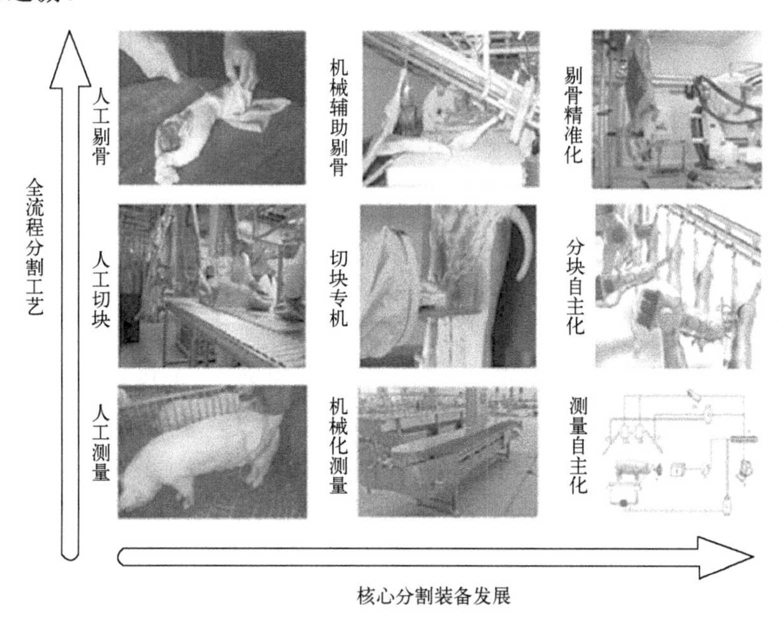

图 1-3 畜禽肉品分割装备发展趋势

1.3.2 当前面临的问题

1) 肉品加工装备机械设备手段落后、自主化程度低

(1) 肉品加工手段落后、误差大。我国现行的肉品分级标准只针对人工检测分

级，无自主化分级的相应标准。现行猪肉质量分级信息采集主要使用人工测量等方式进行，分级数据采集自主化程度低。现行行业标准中肉品分级评价方法主要采用称重、测量和人工感官测评等方式，分级手段落后[17]。在分块、剔骨等方面，尽管已经从传统的人工分割转变为机械加工，但是当前用于分块、剔骨的机械化设备为半自动化状态，不能达到精准切割与剔骨，造成生产出的产品质量参差不齐，甚至需后续人工进行二次加工；半自动化设备在进行剔骨、分块时常伴随着大量的损耗，造成严重的浪费和成本问题。肉品分拣存在自主化程度低、分拣准确度低、易损伤的特点。传统肉品分拣效率低、人力成本高，分拣过程繁琐、耗时长，且无法自主对肉品进行分类。国内肉品分拣普遍采用人工或者简易机械完成；在人工分拣过程中，由于人工操作的不确定性等原因，肉块摆放位置和姿态高度不统一，给后续工序带来不必要的麻烦；在机械装置分拣过程中，机器不能自主把控抓取的力度，造成肉块的二次损伤，影响肉的品质。此外，现有的分割肉分拣设备和工艺无法准确剔除分割肉中的残次品。

(2)生产线人员密集，疫情防控难度大。肉品加工行业属于劳动密集行业，人工参与度较高，且操作人员都属于畜类的密切接触者，因此相对感染一些动物源人畜共患病(如口蹄疫、猪链球菌病、非洲猪瘟)的概率较大，容易出现交叉感染的情况。

2)肉品包装环节自主化程度低，流通过程中易受微生物污染

肉品包装环节自动化规范程度低，不能根据分割肉的尺寸和不同部位进行差异化个体包装，包装过程中易造成袋内环境不均衡、包装袋易破损、密封性差、运输和储藏过程中出现肉品品质下降等问题[18]。现阶段，我国大部分肉品加工企业在包装过程中采用人工包装或者半自动化机械包装。人工包装易产生人为误差、不确定性及二次污染等问题；机械包装无法自主填充定制化气体，导致袋内气体环境不适宜，引起肉品氧化酸败、包装塌陷、色泽变化等问题。

目前冷却肉包装主要有两种方式：一是气调包装，通过改变环境中的气体比例抑制微生物生长，从而延长鲜肉货架期；二是托盘包装，这是超市冷柜中冷却肉最常用的销售形式，冷却肉切分后用泡沫聚苯乙烯托盘包装，上面用聚氯乙烯或聚乙烯覆盖，可保持冷却肉氧合肌红蛋白的鲜红色。目前有研究通过测定猪肉的蒸煮损失率、熟肉剪切力、挥发性盐基氮含量等指标，得出托盘包装猪肉的储藏期较真空包装猪肉短。目前的包装技术也有其弊端，需要人工辅助进行，没有统一化的标准，易造成包装破损、二次污染等，也不能与分拣自主衔接。

1.4 主要研究内容

本书相对完善地介绍了利用现代人工智能技术来改造和提升传统的肉品加工过程，以及新颖的机器人+肉品分割加工思路，实现了食品科学、人工智能、自动化等多个学科领域的交叉和融合。

1) 畜类胴体立体感知与重构系统

胴体立体感知与重构系统由多个传感器、摄像头和数据处理软件组成。通过拍摄猪胴体的照片，对图像进行分析和处理，以获取猪胴体的三维形状和特征。通过使用搭建的胴体立体感知系统可以扫描猪胴体表面来获取大量的三维坐标点数据，利用这些数据可以进行三维测量和建模。利用关键部位多层次提取技术对猪胴体通过CT断层实时扫描进行三维建模，获取猪胴体肌肉、骨骼、皮肤等组织的比重参数，从而得到猪胴体的肌骨模型的相关数据。将猪胴体的几何形状和细节数字化，从而创建出猪胴体三维模型，并且能够对猪胴体进行深度感知和测量。利用红外探测来获取猪胴体与相机之间的距离信息，并能够生成深度图像。可以对猪胴体的空间位置、大小和形状进行精确感知。基于图像构建的目标特征模糊和畸变，提出模糊畸变的猪胴体肌骨X射线图像精确分割方法，构建多尺度特征金字塔特征提取网络对模糊X射线图像进行多尺度特征提取，并对畸变后的X射线骨骼图片进行矫正，构建肌骨分割线获取骨骼与肌理之间的附着关系，为后续的猪胴体精准分块奠定基础。

2) 畜类肉品一刀多块自主分割机器人系统

针对当前机械化流水线式作业难以满足国内大部分畜禽肉品分割产品加工标准的问题，研制自主高效分块机器人，包含自主识别系统和切割系统，其中自主识别系统主要由猪胴体自适应分割面生成方法构成，对任何体型的猪胴体均能自主、快速、准确地生成分割面，减少了分割时的残次品数量；并考虑到骨肉之间的相同切割力度所引起的肉质损伤，应用了建立的肌骨模型，生成了骨头和肉之间的分割线。利用视觉传感器获取猪胴体图像，为设备提供准确的分割参数。提出一种融合空间语义关系的猪肉胴体分割方法，解决猪肉胴体图像出现猪胴体脊骨界面模糊不清、特征信息不完备的问题。切割系统包括切割装置和切割装置的控制模型。同时应用猪胴体分割机器人的自主调节方法对检测到的反馈数据进行响应，实时调节切割位置提高切割精度，从而实现猪胴体分块全自动化，极大节约人工成本，同时也提升了产品质量，实现批量高质量自主生产。

3) 畜类肉品机器人自主分级系统

针对传统的肉品分级方法存在的问题，如人工分级存在成本高、效率低等缺点，而机械分级易损伤肉品表皮，分级精度受限制，搭建自主分级系统，所需硬件主要包括工业相机、深度相机、线激光、高光谱以及传感器等。构建基于三维激光和立体视觉技术的分割肉全局参数自主提取方法和估测模型，实现对冷却分割肉的非接触式自主化分级信息采集。提出一种通过畸变补偿获得高精度三维点云模型的方法，利用线激光重构肉品三维点云模型，对模型中存在的夹角误差进行畸变补偿，实现高精度的点云数据获取。基于三维感知机器视觉和多源信息融合技术，构建冷却分割肉(外观、色泽及皮下脂肪厚度等)肉品模型，通过与数据库中的数据对比，实现冷却分割肉的分级。采用全谱段高光谱信息处理技术，对高光谱相机采集到的图片改善光谱特性并去除光谱信息中的噪声干扰，提高猪肉新鲜度检测稳定性和准确性。并采用径向基神经网络(Radial Basis Function Neural Network，RBF)模型对采集到的猪肉图片中肉品的瘦肉率进行预测，使用改进 Xception-CNN 的肉色识别技术对肉色精准识别。最后提出一种基于脉冲耦合神经网络点火技术的数据融合方法，对多传感器数据进行融合决策。根据表面微生物含量预测肉品保存期。研制冷却分割肉分级机器人系统，并将冷却分割肉分级的结果存储至肉品溯源数据库。基于最新的猪肉质量分级国家标准，结合主要部位肉等级评定与外观等级评定，主要从肉品的色泽、纹理、皮下脂肪厚度、瘦肉率等方面对猪肉进行分级。制定冷却分割肉自主化综合分级标准，并提出一种多指标特征融合的肉品分级系统。

4) 畜类肉品机器人自主变构型分拣系统

针对目前分拣设备工作方式单一，不能满足等级和类型复杂多样的分割肉精准快速分拣的问题，研制自调节分拣机器人，提出多指变构末端分拣装置应用于分割肉分拣的方法，利用一种末端装置来抓取不同形态的物体。分拣机器人主要包括识别子系统、机械臂、末端分拣装置、力觉感知子系统、夹取有效性判别子系统、分割肉摆放稳定子系统。识别子系统用于识别被分拣分割肉的表征，获取分割肉的外轮廓、厚度、姿态等信息特征；机械臂用于带动末端分拣装置在三维空间内进行运动；末端分拣装置用于对分割肉的抓取；力觉感知子系统用于抓取分割肉时感知抓取动作是否稳定；夹取有效性判别子系统用于处理末端分拣装置抓取分割肉过程中的信息，判断分割肉与末端分拣装置抓取后有效区域的匹配情况；分割肉摆放稳定子系统用于处理分割肉放置后的姿态信息，判断分割肉是否放置正确。依靠个体间交互耦合的多机器人系统具有多功能型和强鲁棒性等优势，提出协同分布式决策优化方法、协同作业行为规划策略体系和协同控制抓取方法，通过系统中各子机器人协同合作，实现分割肉前段、大排、中方、后段等不同部位的针对分拣和不同等级优劣分拣。

5) 畜类肉品机器人自主剔骨系统

针对当前剔骨工艺均为人工剔骨，剔骨工艺繁琐、误差大、易造成交叉感染等问题，开展畜类胴体精准剔骨机器人工作站核心问题研究，工作站搭建是对剔骨过程进行集中监控和管理的重要环节。通过搭建剔骨平台，可以实现对多个剔骨机器人的协调操作和任务分配，提高整体生产效率。研制精准剔骨机器人，利用剔骨末端执行装置和刀具端拾器自动清洗装置等实现对食品加工过程中的骨头剔除操作。结合先进的机器视觉和机器学习方法，精准识别并定位猪肉中的骨头，然后通过灵活、精确的执行装置进行剔骨操作，确保剔除效果准确。运用基于自主剔骨机器人的力位精确控制技术、三维视觉扫描、点云获取和点云配准技术准确获取畜类胴体的体征几何模型数据；通过与肌骨几何模型进行匹配，完成初步剔骨信息的提取及剔骨作业的坐标系转换，研究畜类胴体剔骨机器人轨迹自主生成技术，构建基于力反馈机制的机器人剔骨路径自主修正模型，完成精准自主机器人剔骨工作站的应用验证。研究面向畜类屠宰行业大规模生产的自主剔骨机器人剔骨工艺，设计剔骨专用机器人系统，研制融合视觉、力觉等传感模块的剔骨端拾器；开发具备剔骨路径自主修正的机器人剔骨工作站，实现对传统剔骨工艺的升级改造。

6) 畜类肉品机器人自主包装系统

针对现有自动包装机技术不能根据肉胴体切割的大小来切换不同尺寸的内胆进行包装的问题，研制一款包装内胆自动更换装置，针对分割完成后的肉胴体，自动变更内胆尺寸，对其进行针对性的变构包装。在差异化包装过程中，采用力视双模态自主包装技术和基于三维点云轮廓判断尖锐肉品包装技术。前者采用力觉和视觉两种模态融合的方法对包装尺寸数据进行预测，综合利用力觉和视觉两种模态的数据，通过互补消除歧义和不确定性，能够得到更加准确的判断结果，进而获取最接近于实际情况的包装尺寸。后者可以实现对尖锐肉品的模型构建，通过分析三维模型，可以获取尖锐部分的数据，然后将数据反馈给设备，从而在包装过程前对尖锐部分采取措施，使整体包装的效率大大提升，避免包装尖锐部分破损塑封膜。

对胴体进行加工运行实验，包括胴体三维建模实验、畜类胴体切块实验、自适应分级与分拣实验、畜类胴体剔骨实验与差异化个体包装实验，并对实验结果效果评估，综合分析加工质量、产量以及成本等因素，并结合操作人员的反馈做出改进决策。验证示范线的可行性和实用性，并为企业的生产活动提供指导和借鉴，推动畜类肉品加工行业的持续创新和发展。

1.5　本章小结

本章系统地介绍了畜类肉品智能加工装备的研究现状、技术难点及发展趋势。

从国内外角度分析现存肉品智能加工装备现状，分析了现有的肉品智能加工技术与装备发展亟待解决的问题。总结出现有智能装备加工流程全自主化、加工工艺指标精确化、肉品安全可追溯等发展趋势，以及肉品加工装备机械设备手段落后、自主化程度低，肉品包装环节自主化程度低、流通过程中易受微生物污染等特点。凝练出畜类胴体立体感知与重构系统、自主切块机器人工作站、精准剔骨机器人工作站、自主分级系统等主要研究内容。

参考文献

[1] 张德权，惠腾，王振宇. 我国肉品加工科技现状及趋势. 肉类研究, 2020, 34(1): 1-8.

[2] 曲超，陶翠，牛琳茹，等. 我国肉类加工业“十三五”期间发展状况及趋势. 肉类研究, 2021, 35(11): 44-49.

[3] 汤晓艳，赵小丽，徐学万. 大宗猪肉质量分级现状与实施对策建议. 农产品质量与安全, 2020, (5): 36-40.

[4] 高观. 2022 年中国肉类产业的发展前景. 肉类工业, 2022, (2): 1-5.

[5] 杨璐，刘佳琦，周海波，等. 面向畜禽加工的智能化装备与技术研究现状和发展趋势. 农业工程, 2019, 9(7): 42-55.

[6] 郭楠，叶金鹏，王子戡，等. 畜禽肉品分割加工智能化发展现状及趋势. 肉类工业, 2020, (2): 37-41.

[7] 郭鑫，李春保. 以智能化加工助推高端生鲜肉产业新发展. 中国农村科技, 2023, (8): 10-13.

[8] 毕然，王家敏，张建喜，等. 生猪屠宰监管技术系统设计与实现研究. 中国农学通报, 2012, 28(17): 57-62.

[9] 任涛，李伟，徐开春，等. 猪体自动劈半机的研发. 肉类工业, 2017, (9): 49-56.

[10] 邢东杰，张奎彪，张文辉. 一种家禽自动掏膛机: CN202999192U, 2013.

[11] 王斌. L-10000 型家禽自动掏膛生产线被评为全国重大装备首台套示范项目. 中国工业报, 2015-07-23.

[12] 王丽媛，高艳蕾，张丽，等. 畜禽副产物的加工利用现状及研究展望. 食品科技, 2022, 47(6): 174-183.

[13] Owen T. Robots for shearing sheep: shear magic. Robotica, 2009, 10(16): 398-579.

[14] Rasti B, Chang Y, Dalsasso E, et al. Image restoration for remote sensing: overview and toolbox. IEEE Geoscience and Remote Sensing Magazine, 2021, 10(2): 201-230.

[15] Meyn. Flex Plus Cut Up Line M3.0. https://www.meyn.com/products/cut-up/flex-plus-cut-up-linem3-0, 2019.

[16] Pomar C , Fortin A , Marcoux M. Successive measurements of carcass fat and loin muscle depths at the same site with optical probes. Canadian Journal of Animal Science, 2002, 82(4): 595-598.

[17] Csiba A, Ferenc A. Application the precision technologies the main product and by-product processing in food industry. International Multidisciplinary Scientific GeoConference: SGEM, 2022, 22(4): 177-184.

[18] 王继鹏, 涂宝峰, 葛雨萱, 等. 国内外猪胴体分级研究进展. 肉类工业, 2022, (6): 37-40.

第 2 章　畜类肉品特征三维感知与重构系统

2.1　胴体三维感知系统

胴体三维感知系统是一种由深度相机、线激光传感器、高光谱仪等先进设备和数据处理软件相结合的系统，用于自动化测量和检测猪胴体形状、尺寸及质量。该系统通过采集猪胴体的多维度图像，经过分析和处理，获取猪胴体的三维模型和特征数据。胴体三维感知系统的应用可以实现自动化检测，简化操作、降低人工检测的误差，提高猪胴体生产和加工的效率；并且消减猪肉质量评估的主观性，提高预测和管理的准确性[1]。分析猪胴体的形状、肌肉分布和脂肪含量等特征，实现对猪胴体的质量和等级的检测，并精确地测量出猪胴体的各项尺寸，如胸围、腰围、腿围等，为后续猪胴体精准切割和自主分级奠定基础。

2.1.1　设备选型

根据抓取及撕扯机器人的运动范围，初步选取全局激光扫描仪 GOCATOP 2300。扫描仪外观尺寸为 49mm×75mm×272mm，重量为 1.3kg，装载在机械臂上或者固定在龙门架上，均满足装载要求和数据采集尺寸要求。扫描仪如图 2-1 所示，详细参数如表 2-1 所示。

图 2-1　安装好的扫描仪外观

表 2-1　扫描仪详细参数

参数	数值
激光线轮廓点数	1280
线性度	0.04
分辨率 (*Z*) /mm	0.092～0.0488
分辨率 (*X*) /mm	0.375～1.100
重复性 (*Z*) /μm	12
安装净距离 (CD) /mm	350
测量范围 (MR) /mm	800
视野 (FOV) /mm	390～1260
激光等级	2,3R
外观尺寸/mm	49×75×272
重量/kg	1.3

在全局激光扫描仪的基础上，选取 Gocator 1300 局部激光扫描仪。获取猪胴体局部详细数据，更高效、更准确地定位分块和剔骨的切入点目标。局部激光扫描仪外观如图 2-2 所示，详细参数如表 2-2 所示。

图 2-2　局部激光扫描仪外观

表 2-2　局部扫描仪详细参数

参数	数值
扫描速度	32000
安装净距离 (CD) /mm	127
测量范围 (MR) /mm	1651
线性度 (*Z*) /mm	3.0

续表

参数	数值
分辨率/mm	0.0100～0.0450
光斑尺寸/mm	2.60
推荐激光等级	3B
推荐外形尺寸(侧面安装外壳)/mm	30×120×149
重量/kg	0.75

深度相机主要分为主动投射结构光深度相机、被动双目视觉相机和飞行时间相机，三种深度相机的性能对比如表 2-3 所示。通过对比三种深度相机的参数和分析实际应用场景，选择 Intel 的 RealSense D415 主动投射结构光深度相机。D415 相机不仅有较多的应用范例，且开发生态较成熟，精度较高，其外观如图 2-3 所示，详细参数如表 2-4 所示。

表 2-3　三种深度相机性能对比

	主动投射结构光相机	被动双目视觉相机	飞行时间相机
测量范围/m	0.1～10	中距	0.1～100
精度/mm	短工作范围能达到高精度 0.01～1	短工作范围能达到高精度 0.01～1	典型精度 1
软件复杂度	中	非常高	低
帧率	较低、几十赫兹	低到中、小于百赫兹	可以非常高
户外工作情况	影响较大，功率小的时候基本无法工作	无影响	有影响但较低，功率小的时候影响较大

图 2-3　RealSense D415 外观

表 2-4　RealSense D415 详细参数

参数	数值
深度视场角/(°)	65±2
最小深度距离(Min-Z)/m	0.16
RGB 分辨率/像素	1920×1080
帧率/帧/s	30

猪胴体内部信息难以获取或者内部信息获取不准确造成肉品三维模型构建出现误差，导致肉品分块及剔骨过程中出现损耗，因此选用 X 射线线束器，获得更加准确的猪胴体肌骨界面等内部信息，线束器选型为 RF501 自动医用 X 射线线束器，如图 2-4 所示，具体指标如表 2-5 所示。

图 2-4　X 射线线束器外观

表 2-5　X 射线线束器详细参数

参数	数值
适用最大电压/kV	150
最大照射野/mm	480×480
光野平均亮度/ux	>1601
照比度	>4：1
光野灯单次点亮时间/s	30
叶片驱动方式	电动/手动
电机控制方式	CAN 总线接口

2.1.2　感知系统搭建

畜类胴体三维精准感知解决的是猪胴体的自主分块问题。结合猪胴体的生理特征，数据采集包含 RGB 图像、三维点云图像和 CT 扫描图像三部分。其中，RGB 图像用于确定猪胴体区域、胴体前段和中段分块点；三维点云图像用于锁定胴体后段分块点，保存猪胴体三维信息；CT 扫描图像用于获取猪胴体内部肌骨界面的点云数据，确定内部关键部位之间的相对位置。

胴体前段：采集胴体的 RGB 图像，比较肋骨及其周围区域的颜色、纹理特征，确定肋骨前端点。通过查询调研并结合产线工人的工作经验，发现肋骨区域(图 2-5 中绿色框区域)呈现出与其他部分红肉明显不同的白色，第五、六肋之间存在肉眼可辨的长度差异(图 2-5 中蓝色框区域)。基于以上两点结论，确定胴体前端分块点提取策略。

胴体后段：采集胴体三维点云图像，发现胴体后段分割点(位置见图 2-6 中蓝色圆圈标注)三维信息特征明显，即 z 轴数据信息存在较大变化。根据这一特征，提出了计算点云图像的 z 轴数据的差值确定脊椎末端点的方法。

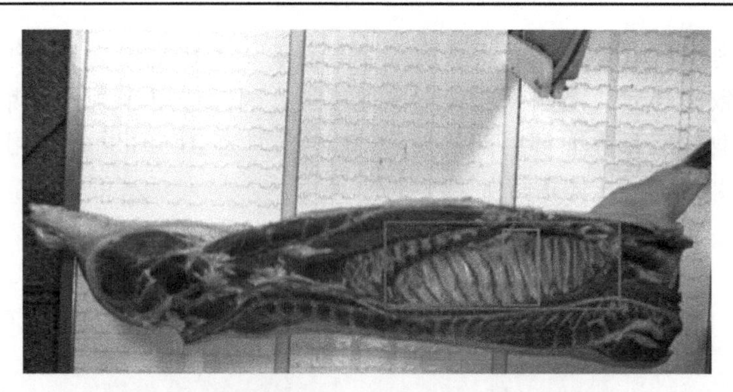

图 2-5　胴体前段分块点特征示意图(见彩图)

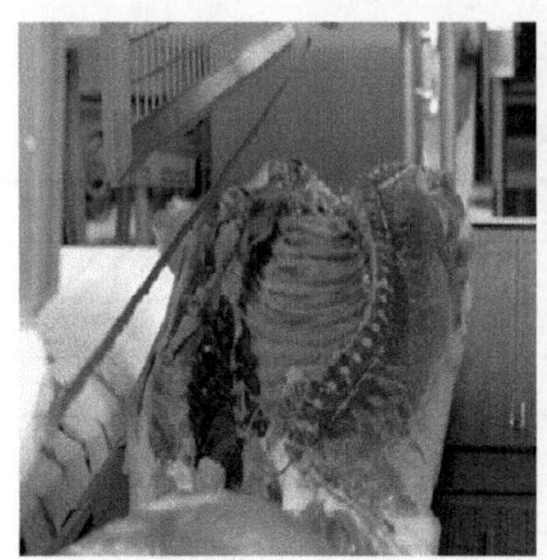

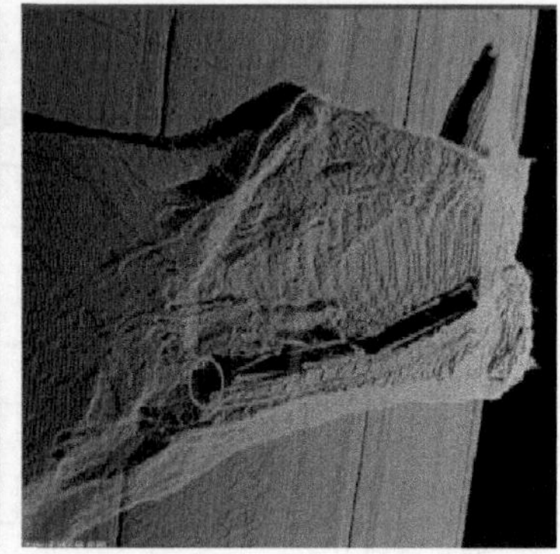

图 2-6　脊椎末端点示意图(左图为彩色示意图，右图为点云图)(见彩图)

胴体内部：对于猪胴体内部难以通过表面信息感知获取的数据，采用 CT 断层扫描技术获取猪胴体内部肌骨界面的点云数据，确定内部关键部位之间的相对位置，针对内部关键部位特征多层次提取，构建猪胴体部位三维模型。CT 断层扫描出的猪胴体轮廓结构如图 2-7 所示。

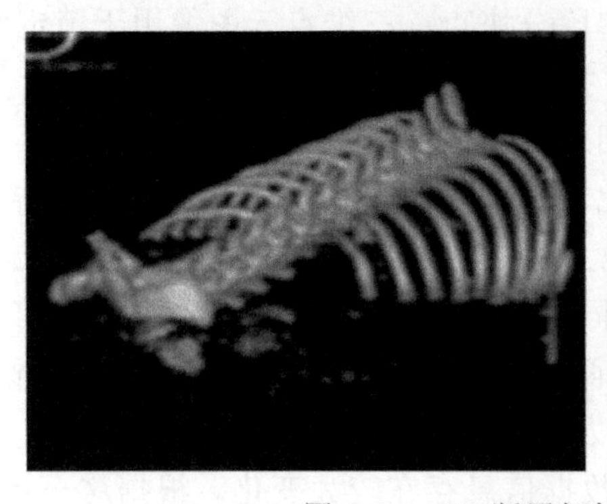

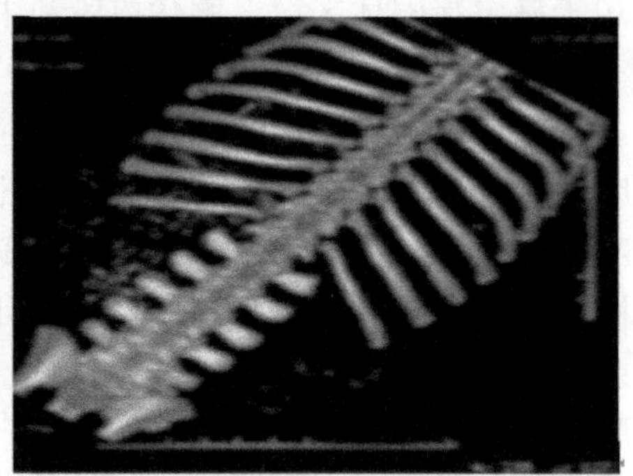

图 2-7　CT 断层扫描出猪胴体的轮廓结构

2.2　功 能 分 析

2.2.1　主要功能

通过已搭建的胴体立体感知系统扫描猪胴体表面，获取大量三维坐标点数据，用获取到的数据进行猪胴体的三维测量和建模。利用立体视觉感知技术和三维激光扫描技术对猪胴体进行精准化模型重构及特征提取。将猪胴体的几何形状和细节数字化，结合 CT 断层扫描技术获取猪胴体内部肌骨界面的点云数据，确定内部关键部位之间的相对位置，针对内部关键部位特征多层次提取，构建猪胴体部位三维模型；并对猪胴体进行深度感知和测量。利用红外来获取猪胴体与相机之间的距离信息，生成深度图像。对猪胴体的空间位置、大小和形状进行精确感知。同时，对猪胴体图像采集和局部区域横截面参数进行检测与映射，测量部位骨骼区域信息提取，进行骨骼曲面稠密三维重构。

2.2.2　工作流程

首先选用 Gocator 1300 的扫描仪，将猪肉放置在激光扫描仪的扫描范围内，打开激光扫描仪和数据采集设备，调整扫描仪的角度和位置，使猪胴体表面完全被扫描仪捕捉到。然后，通过数据采集设备获取猪肉的点云数据和纹理信息，并将采集到的点云数据和纹理信息进行处理，包含去噪、着色、导出彩色点云数据等。根据需求，利用处理过的点云数据和纹理信息进行数据分析。分析猪肉的形状、大小、纹理等特征，以及与其他猪肉的差异等，将分析得到的数据应用于实际中，将数据保存起来，用于后续的查询和分析。

其次选取 Intel 的 RealSense D415 深度相机，将其安装在架子上，调整相机的位置和角度，确保能够捕捉到猪肉的表面。同时，准备好相应的数据处理设备，启动深度相机，对猪肉进行扫描，获取猪肉的深度图像或点云数据。在这个过程中，相机可以捕捉到猪肉表面的凹凸不平和纹理等细节信息。将采集到的深度图像或点云数据进行处理，包括去噪、平滑、精简等操作。这些处理可以减少图像中的噪声和冗余信息，提高数据的准确性和可读性。

再选用 X 射线线束器，对猪胴体通过 CT 断层实时扫描进行三维建模，获取猪胴体不同组成成分，主要包括肌肉、骨骼、皮肤等组织的比重参数，从而得到猪胴体的肌骨模型的相关数据。使用基于灰度的模糊连接分割方法对猪胴体脊骨、肋骨关键部位的二维平面序列图像进行分割，按照空间体素的构造方式将分割后的图像构造成一个三维体数据，根据处理好的图像序列，建立三维显示的全局模型，按照建立的全局模型对二维图像序列进行三维重建。采用光照、渲染、透视等计算机绘制手段将三维物体绘制出来并显示在计算机屏幕上。然后通过三维激光雷达扫描物体获得原始点云信息，经过三维空间变换后，对点云信息进行缺失数据修补，再通过滤波和下采样处理进行点云去噪和点云数据的精简。最后采用一种隐式曲面重建的方法，构建三维点云信息的 mesh 网格模型，计算实体的体积。

2.3　立体感知与重构关键技术

将不同方法中建立的猪胴体模型数据源相合，在三维模型中展示出猪胴体轮廓与骨骼肌肉间的位置关系，极大提高了畜类分割的准确性。具体流程如图 2-8 所示。

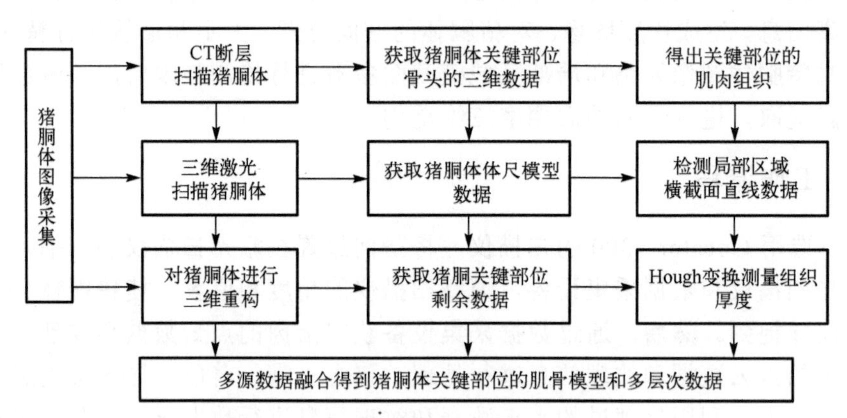

图 2-8　关键部位多层次提取流程图

2.3.1　关键部位多层次提取技术

1) 猪胴体三维构建

对猪胴体通过 CT 断层实时扫描进行三维建模，获取猪胴体不同组成成分，主要包括肌肉、骨骼、皮肤等组织的比重参数，从而得到猪胴体的肌骨模型的相关数据。可以清楚看到猪的轮廓结构、猪胴体骨头的位置分布，从而获取猪胴体脊骨、肋骨关键部位的二维平面序列图像。获取图像后，使用基于灰度的模糊连接分割方法对二维图像序列进行分割，并将分割后的图像序列按照空间体素的构造方式生成三维体数据，根据处理好的图像序列，建立三维显示的全局模型，并按建立的全局模型对二维图像序列进行三维重建。将建立的三维体数据应用到全局模型中，按照光线投射方法绘制整个三维物体，采用光照、渲染、透视、色彩和不透明度等计算机绘制手段将三维物体绘制出来并显示在计算机屏幕上。然后通过三维激光雷达扫描物体获得原始点云信息，经过三维空间变换后，对点云信息进行缺失数据修补，再通过滤波和下采样处理进行点云去噪和点云数据的精简。最后采用一种隐式曲面重建方法构建三维点云信息的 mesh 网格模型，可计算实体的体积[1]。

2）猪胴体体尺模型数据的获取

通过相机对猪胴体关键部位进行图像采集，对样本的要求是能完整清晰地显示出猪胴体的关键部位，如脊骨、肋骨、腿骨等关键部位。通过激光扫描进行数据测量能够提高猪胴体体尺模型测量精度，其工作原理是将一束光打向猪胴体表面，然后使用光学摄像头采取反射的激光光点，根据猪胴体表面的 X、Y 坐标得出每一像素位置，得出 X、Y 坐标之后，按照三角学原理计算出 Z 坐标值[2]。通过几何光学透视原理将平面的二维图像数据转变为立体三维图像数据，在激光光源发出之后，在一定的空间区域内会形成一个激光扫描区域，将激光平面称为 A_1，当 A_1 射出后遇到猪胴体所测部位，会在该部位上形成一束束光条，接着通过一定的角度则会观察到光条的存在。用激光反射值代替所测部位平面特征，就是将胴体二维数据转变三维数据的过程。

最后使用激光结构扫描仪获取猪胴体的三维数据。在测量的过程中，对摄像机的结构进行参数标定，之后建立摄像机的线性模型。除了确立像素坐标系与物理坐标系，还应当考虑摄像机的摄像环境与安放位置，而且在实际环境中还应当选取基准坐标系用以描述坐标的位置，并用此坐标系描述环境中物体的位置，这种坐标系又被称为世界坐标系，摄像机的基准坐标系与世界坐标系之间的关系可以用旋转矩阵 R 与平移向量 T 来描述。计算后可以得出摄像机内部参数和外部参数。在求出矩阵之后，便可以实现二维数据的三维转化。并且由于线性公式的适用，在测量过程中可以很轻松地求出逆变换公式，实现猪胴体三维数据的构建与识别。

3）使用 Hough 变换得出关键部位横截面面积数据

如图 2-9 所示，首先利用获取的图像数据得到想要的猪胴体横截面关键部位横截面数据，然后利用 Hessian 矩阵使得图像数据增强，为后续检测与提取带来便利。猪胴体关键部位的横截面大多数为一个圆形，Hough 变换是圆形检测的常用方法，其原理是把图像中的曲线检测问题变成参数空间中的峰值问题，对参数空间中的点进行累加统计，其中，累加最大值的参数就是所求圆的参数[3]。Hough 变换方法具有可靠性和精度高等优点。对于获取的猪胴体横截面，采用 Sobel 算子对边缘进行判断，获得骨骼肌的边缘图像，以减少 Hough 变换的计算量，同时引入一阶边缘梯度幅度，显著降低了肌肉图像中肌纤维对数据检测造成的影响。使用 Canny 算子进行边缘检测，具有更好的边缘强度估计，能产生梯度方向和强度两个信息[4-7]。可以得出猪胴体关键部位横截面的上下定位数据，从而得到想要的组织厚度等数据，最终得到猪胴体关键部位肌骨模型的三维数据。

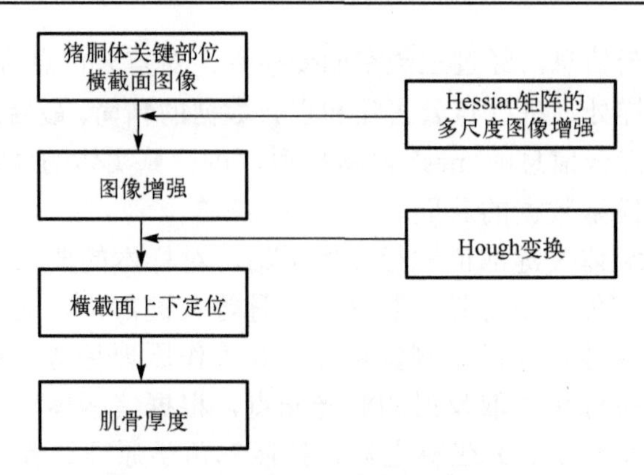

图 2-9　关键部位横截面变换流程图

4) 对提取的多源数据进行融合

如图 2-10 所示，首先进行数据采集，通过获取的数据提供给数据预处理模块进行下一步的操作。

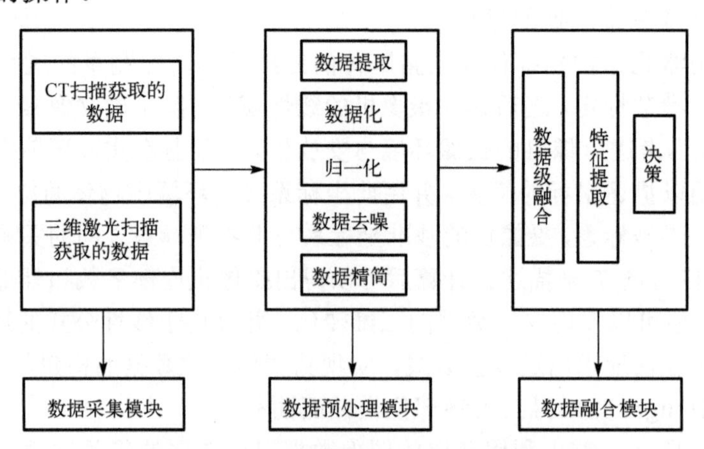

图 2-10　多源数据进行融合流程图

数据采集模块获取的数据无法直接在数据融合模块进行融合。因为获取数据中存在数据类型不统一、数据冗余等现象，同时非数值型的数据也无法直接进行量化处理，为了保证融合结果的精确以及使各类数据集的数据类型和度量方式保持一致，要对数据进行预处理。数据预处理模块的主要功能是生成标准化、精简的数据以供数据融合模块使用[8]。数据预处理模块的数据源是 CT 扫描获取的数据和三维激光扫描获取的数据，以及上面通过 Hough 变换获取的数据。后续数据预处理阶段的流程是：提取数据、确定数据的基本类型、数值标准化、数据归一化、特征选择精简数据。具体来讲，将数据划分为数值型数据和非数值型数据，将所有非数值型数据进行标准化处理，以一定的规则转换成为数值型数据，然后将所有的数值型数据按照一定的规则进行归一化处理。随后将数据集中的干扰数据去除，再对其进行特征选择，再一次删减冗余数据，降低数据维度和后续的计算复杂度。

对预处理后的数据进行融合，然后进行数据的特征提取，从原始数据中提取数据融合的操作对象，即将要融合的特征属性，再通过数据融合操作进一步得出融合结果[9-12]。数据融合结构分类的方法有多种，本节选用数据级融合。数据级融合也被称为像素级融合，其直接对未经进一步处理的数据进行关联和融合，融合后才进行特征提取工作，这样能够最大程度上保留原始数据的特征，也能够提供较多的数据信息[13,14]。

在数据融合计算阶段，将提取到的特征信息进行融合以得到优化的决策，常用的经典数据融合方法有粗糙集、神经网络、D-S 证据理论等，本节选用神经网络方法。通过神经网络的自学习能力，根据输入的猪胴体数据之间的相似性制定融合规则，数据融合计算后可以清楚地得到猪胴体关键部位的统一数据。

5) 对于剩余数据进行三维重建

以上步骤获取了猪胴体的大部分数据，剩余数据使用三维重构方法来获得，为了实现对猪胴体的三维重建，需要首先进行图像采集，采用三维激光扫描方法获取猪胴体海量数据，然后对三维激光扫描获取的图像进行粗配准和精配准以去除图像采集产生的噪声，然后对关键部位信息采样，在此基础上实现对猪胴体的重构。

根据图 2-11 进行猪胴体三维图像信息采样，假设猪胴体的激光三维扫描采样的坐标值为 $\{(z_k,a_k)\}$，用 P_n 和 P_{n+1} 表示第 n 次和 $n+1$ 次三维激光扫描下猪胴体姿态变化的关键点，用激光扫描猪胴体的多个关键点来表征猪胴体图形，由此构成封闭的猪胴体边缘轮廓 $T(m,n)$，边缘轮廓是一个维数为 $M\times N$ 的高维矩阵。当邻域的中心像素确定时，激光扫描的网格模型为 $k=1,2,\cdots,n,z_k\in w^s,a_k\in\{1,2,\cdots,R\}$，对像素灰度进行调整，取得每一层的匹配点进行动态信息的图形渲染，得到输出的激光三维扫描图像记为

$$\overline{x}_T=\frac{1}{T}\sum_{i=1}^{T}x_i \tag{2-1}$$

式中，$x_1,x_2,x_3,\cdots,x_T$ 是关键部位点 X 的姿态信息参数，T 为标记点数。根据上述图像扫描结果，得到边缘轮廓的幅值 N_l 为

$$N_l=\begin{cases}1, & l=0,L\\ \left[\dfrac{2\pi\cdot\dfrac{D}{2}\cdot\sin\eta}{l_{\text{triangle}}}\right], & l=1,\cdots,L-1\end{cases} \tag{2-2}$$

式中，$l_{\text{triangle}} = \dfrac{\pi \cdot D}{2L}$表示种子点的四邻域像素值，$L$为猪胴体轮廓线的灰度差异值。以欧氏距离最小化为判据，进行猪胴体运动三维激光扫描图像分割[15-18]，分割区域为$M \times M$，在分割之前，对图像中的像素$f(x,y)$进行信息增强，使得猪胴体三维激光信息增强到最大值

$$P\lim_{n\to\infty}(\overline{x}_T = K) = 1 \tag{2-3}$$

式中，$\overline{x}_T$是像素均值；K为迭代变形误差修正值，表示图像$Q(x_i, y_i)$的轮廓线初始误差，设$i=1$，读入运动三维激光动态信息，将$V(s)$沿着s增强成N个点，对图像进行边缘增强，得到输出结果为

$$E_{\text{Snake}} = \sum_{0}^{N-1}[E_{\text{int}}(v_i) + E_{\text{ext}}(v_i)] \tag{2-4}$$

式中，v_i为拉普拉斯锐化算子，$i = 0,1,\cdots,N-1$。通过图像增强，得到猪胴体三维激光扫描图像的边缘轮廓分割输出为

$$E_{\text{int}}(v_i) = \frac{1}{2}\left(\delta_i \left|d - |v_i - v_{i-1}|\right|^2 + \beta_i \left|v_{i-1} + 2v_i + v_{i+1}\right|^2\right) \tag{2-5}$$

式中，$d = \dfrac{1}{n}\sum_{i=0}^{N-1}|v_i - v_{i-1}|$，表示初始轮廓的控制点间的平均距离。

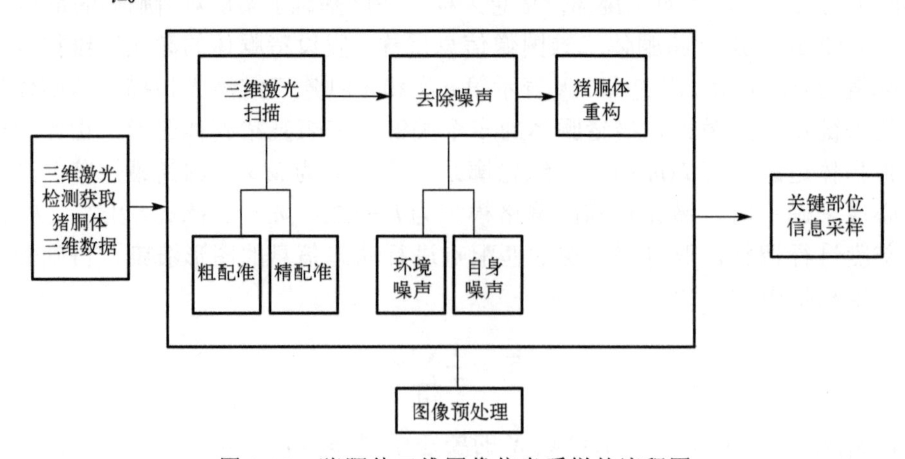

图 2-11　猪胴体三维图像信息采样的流程图

2.3.2　切割路径自主缩放技术

机器人分割猪肉将成为分割业的主流，全自动化、高精度分割能够有效解决分割时带来的安全和品质问题。在机器人分割领域最主要的问题是切割路径自适

应化，一个优秀的路径自适应化方案能够有效减少猪肉分割时带来的肉品损耗和残次品的数量，而且能极大提高机器人的分割精度和效率。但是，应用传统方法已经不再适用目前的需求，主要原因有两个：一是本身计算量大，而且计算精度不高；二是猪胴体结构复杂，不同体型猪胴体的身体结构差异大。并且在计算猪胴体的切割路径时，由于猪胴体的体重大小不同，且相同体重猪胴体的身体结构也会有所不同，对计算出来的切割路径产生较大影响，所以一般的切割路径方法很难准确预测具体切割位置，其预测的切割路径结果也不能有效解决问题。针对当前问题，开发了一种能够对不同体重大小的猪胴体以及特殊猪胴体模型进行自适应调整切割路径的技术，如图 2-12 所示。

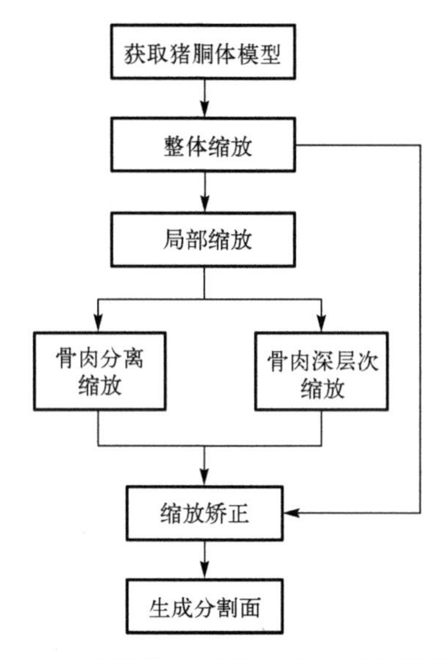

图 2-12　猪胴体切割路径自主缩放流程图

(1)创建先整体缩放后局部缩放的缩放链，对猪胴体分割面进行粗缩放，得到粗缩放分割面。

对猪胴体模型进行整体均匀缩放，缩放后得到的猪胴体模型与真实值有较大差距，不能满足猪胴体的精确切割路径的自适应化，说明猪胴体不同部位的缩放比例有所不同[19]。于是采用切割路径自主缩放的缩放链技术，该缩放链先整体后局部，其中局部缩放包含骨肉分离缩放和骨肉深层次缩放。缩放链的缩放流程是先面(肉)再里(骨)，先外(肉的外部和骨的外部)再内(肉的内部和骨的内部)，层层递进，缩放深化。整体缩放是对待缩放物体整体进行缩放，首先，通过深度相机对物体进行不同角度的拍摄，获取彩色 RGB 图像以及深度值，再根据深度值建立相机的三维坐标系，深度值与彩色 RGB 图像上的点一一对应建立点云模型，最终获取待缩放物体的三维特征信息，得到三维特征信息后，对三维特征信息的特征点进行均值缩放，具体为取 3×3×3 的滤波器，将滤波器中心周围的特征点取平均值计算，计算公式为

$$s=\frac{\sum_{i=1}^{27}x_i}{27} \tag{2-6}$$

式中，x_i 为第 i 个特征点的三维特征值，27 为滤波器一次处理数据个数，s 为处理后的平均值。将平均值 s 作为输出结果，把 27 个特征点的值合成为一个，以此达到缩放目的。

通过设置一个步长获得更精准的缩放信息和较好的图像平滑度，步长决定其缩放效果，步长越小，缩放信息越不易丢失，图像越平滑。一般步长的选取主要视缩放对象而定，较大的目标物，步长的阈值在 10～25，而较小的目标物，步长阈值通常在 1～10，这样设置的好处是大目标物不丢失信息，小目标物信息更精准。因此对于猪胴体这种较大目标物步长应设置在 10～25。整体缩放是对物体的粗缩放，要想获得完整的分割面缩放图，还需对猪胴体细缩放，细缩放也就是局部缩放。对物体的整体缩放只能近似得到物体的轮廓，其中关键的分割面缩放信息缺失严重，因此要对整体缩放后的猪胴体采取局部缩放方法，局部缩放方法主要包括骨肉分离缩放和骨肉深层次缩放，通过二者结合能够使缩放深化的同时还能保留更多缩放信息。骨和肉有不同的属性，所以缩放时不能用相同的缩放方法。为了确保缩放能达到使用水平，需要将骨和肉分别采用适应自身的缩放方法缩放，即骨肉分离缩放。

在对肉进行缩放时采用数字图像缩放方法，具体为采用多角度拍摄，通过大量不同角度拍摄的二维图像的缩放，采用 Visual SfM 和 Open MVS 结合的方法进行模型重建得到三维缩放图景[20]。为了解决以上最关键的二维图像缩放技术问题，需要用到双线性差值缩放方法，在二维图像缩放中，如果原图像像素为 (a,b)，缩放后图像的像素为 (m,n)，那么原图像与缩放后图像在 x、y 方向上的缩放比分别为 $\frac{a}{m}$、$\frac{b}{n}$，则缩放后图像在 (p,l) 点上的像素值对应于原图像在 $\left(p\times\frac{a}{m},l\times\frac{b}{n}\right)$ 点上的像素值。

由于在原图像中并不存在点 p 的像素值，需要根据缩放前该位置周围的 4 个像素点的像素值进行双线性差值得到该点的像素值，这样也就求得了缩放后图像在位置 (p,l) 上的像素值，对缩放后的图像的每个像素点遍历一遍，就可以得到整幅缩放后的图像[21-27]。通过大量的缩放实验研究，猪胴体不同部位的缩放比例有所不同，具体表现为猪胴体的骨截面缩放并不是均匀的缩放，在各个方向上有比

较明显的差异，所以根据观察标准猪胴体模型骨面周长与真实猪胴体骨面周长的比值，最后采用缩放因子调整法对骨进行缩放。引入缩放因子 R 属性近似表示猪胴体骨骼的特征尺寸与猪胴体体型之间的联系，取 n 个猪胴体骨骼的三维数据，对于获得的 n 个猪胴体骨骼的任意一个数据点，它存在 n 个不同的坐标值，可表示为 $(g_i, v_i)(i=1,2,3,4,\cdots,n)$，其中，$g_i$ 为第 i 个猪胴体骨骼的几何尺寸，v_i 为第 i 个猪胴体骨骼的任意一个数据点，对于猪前腿上的特征点 A，其在不同尺寸 $g_i,g_2,g_3,\cdots,g_n$ 的对应点分别为 $v_1,v_2,v_3,\cdots,v_n$，如图 2-13 所示，为了使计算变得简便，可认为这些数据点近似在一条直线上变化，这样根据这 n 组数据采用最小二乘法可以求解该点的缩放因子，把顶点 v 看成 x 坐标，几何尺寸 g 看成 y 坐标，则 R 为直线斜率，即

$$R=\frac{\sum_{i=1}^{n}\left(g_i-\frac{1}{n}\sum_{i=1}^{n}g_i\right)\left(v_i-\frac{1}{n}\sum_{i=1}^{n}v_i\right)}{\sum_{i=1}^{n}\left(g_i-\frac{1}{n}\sum_{i=1}^{n}g_i\right)} \tag{2-7}$$

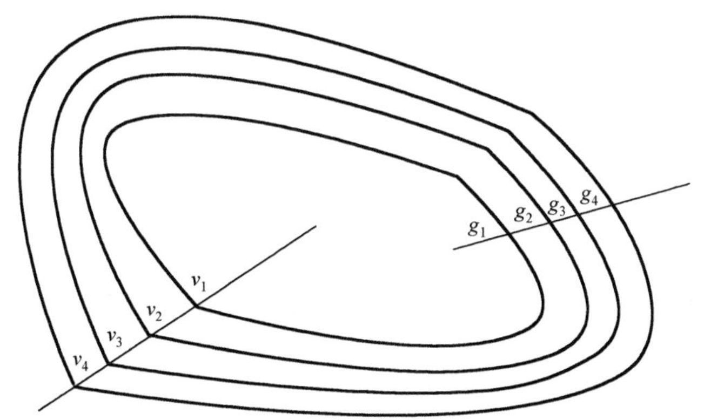

图 2-13　缩放滤波器的结构示意图

通过引入缩放因子 R，把猪胴体骨骼的特征尺寸与猪胴体体型的数学关系表示出来[28]，以猪前腿为参考模型，对于其上任意一点，设数据点与对应的特征尺寸分别为 v_a、g_a，则在已知期望的几何尺寸 g_{des} 的情况下，对应的数据点 v_{des} 的计算为

$$v_{des}=v_a+(g_{des}+g_a)R \tag{2-8}$$

最后，获取 CT 扫描的猪胴体骨骼模型的三维点云数据，按照式(2-7)计算出缩放因子 R，通过猪胴体模型相应部位数据点给定相应的增量来对猪胴体进行缩放。一个猪胴体骨骼模型对应一个三维数据，一共有 n 个这样的模型，其模型大小不一样，所以一个模型对应一个特征尺寸，v_i 是第 i 个猪胴体骨骼模型中的任

意一个数据点。为了使缩放精度得到进一步的提升，需要对骨和肉进行同程度的缩放，即骨肉深层次缩放。此缩放面对的是骨头和肉的外表和内里，所以骨头和肉具有相同的缩放属性，以骨头为例，其外表和内里的缩放系数不同。根据式(2-8)的增量与原始值做比得到其缩放系数，为了操作简便，分别取骨头外表和内里的缩放系数 j_i 和 k_i，得到关于骨头外表和内里的融合缩放系数，公式为

$$E = \frac{\sum_{s=1}^{t}(j_i - k_i)}{\sum_{s=1}^{t} j_k k_i} \tag{2-9}$$

式中，E 为融合后的缩放系数，s 表示项的序数，t 为数据总量，数据总量 t 越大，缩放系数 E 越趋近真实值。不同的部位有不同的缩放比例，将缩放比例的数值称为缩放系数 E，来代替缩放比例。

(2)对通过缩放链得到的粗缩放分割面依次进行缩放校正，生成精细缩放分割面。

当猪胴体分割面经历整体缩放和局部缩放后，它所得到的缩放分割面会与实际值产生偏差，原因有两个：一是缩放方法带来的误差，二是缩放对象不标准影响缩放结果，所以在缩放后需要进行缩放矫正。缩放矫正分为两步：第一步是对粗缩放分割面的点云信息进行矫正，点云信息由缩放链技术中的 CT 扫描和深度相机提供，然后绘制数据散点图，找出离群值，最后剔除离群值，从而减轻异常数据对缩放分割面的影响。第二步是对缩放分割面的模型比例进行矫正，具体为测量猪胴体的体长和体重，根据猪胴体的体长和体重的大小将其划分为大、中、小三个等级，将中等级猪胴体定为标准猪胴体模型，以标准猪胴体模型为依据，将非标准猪胴体模型各部位的模型比例按照标准猪胴体模型比例进行调整。

为进一步提高缩放效率，需要对缩放分割面进行分类，避免重复缩放。通过研究发现猪胴体不同部位分割面的缩放系数相等。例如，对猪胴体四肢部位的分割面进行缩放时，根据骨肉分离缩放计算四肢的缩放系数，具体参考式(2-7)和式(2-8)，缩放系数如表 2-6 所示。

表 2-6 不同规格的猪胴体不同部位缩放系数表

体重/kg	前肢 1	前肢 2	后肢 1	后肢 2
300	i+0.462	i+0.462	i+0.464	i+0.464
350	i+0.231	i+0.231	i+0.232	i+0.232
450	i−0.231	i−0.231	i−0.232	i−0.232
500	i−0.462	i−0.462	i−0.464	i−0.464

可以看出，同种体重的猪胴体模型中其缩放系数都为固定值，如 300kg 的猪胴体，其前肢后肢的缩放系数都在 i+0.462 左右。根据不同体重的测量结果发现，每 50kg 其前后肢的缩放系数增长数值相同，都为 0.231 不等，所以对表中的数据进行横向和纵向比对，其四肢的缩放系数为同一个缩放指标，基于该方法得到猪胴体的龙骨与尾骨、肋排与大排分别为一个缩放系数，以及八分体猪肉的左右两刀分割面为一个缩放系数，所以把缩放系数相同的分割面分为一类，最终确定出几类分割面缩放系数相同的组别。该方法不仅简化了多次缩放操作而且提高了缩放精度。

以上缩放技术只能对具有标准猪胴体特征的分割面进行缩放，但在生猪养殖过程中可能会出现猪的畸形发育，原来得到的缩放分割面将不适用这种猪胴体模型，所以要提高模型分割面的泛化能力，找到适应特殊猪胴体的分割面缩放比例。

(3) 比较待缩放猪胴体模型与标准猪胴体模型的点云信息，不吻合的特殊部位通过缩放链和缩放校正进行缩放。

为了提高模型缩放的泛化能力，需对缩放分割面的差异进行分析。首先，判断猪胴体模型是否为特殊猪胴体模型，将得到的猪胴体模型根据体征划为大、中、小三个等级，再从相应的等级中随机选取一个猪胴体模型，将二者进行模型相似度对比，通过缩放链技术对两个猪胴体模型进行模型重建，两个模型点云数据信息吻合得越多则越相似，将相似度低于 90%的模型视为特殊猪胴体模型。然后对特殊猪胴体模型点云信息吻合部位进行比对计算，将重建后的猪胴体模型进行部位拆分，各部位数据信息越吻合说明越逼近标准值，不吻合的部位定为特殊部位，主要对特殊部位进行模型缩放。该特殊部位由于没有标准模型做参考，所以无法进行分类缩放，因此需要单独应用缩放链技术完成缩放操作。具体为：取特殊部位猪胴体模型，通过缩放链获取分割面的缩放特征，对特殊部位的分割面进行缩放矫正，得到特殊猪胴体模型的分割面。然后通过对模型分割面泛化，获得对标准和特殊猪胴体模型缩放结果的研究，得到能适用于复杂猪胴体的缩放技术。

2.3.3　基于胴体骨骼 X 射线图像畸变矫正的肌骨界面分割线构建方法

畜禽屠宰及分割的全机械化在肉类生产效率与品质安全方面十分重要。在实际的猪胴体分割流水线中，由人工控制猪胴体的方位角度，用固定位置分割的机器进行分割。人工无法根据分割标准精准判断出肌骨分界，导致肉品损耗严重且残次品的数量巨大。因此，对猪胴体进行智能化的全自动分割技术，需要精准的分割轨迹预测。随着机器视觉的发展，多样化的图像采集设备使得获取有关目标对象的外部特征和内部结构的信息在技术上是可行的[29]，因此可以基于图像构建猪胴体肌骨分割线。

由于猪骨骼结构复杂且始终伴随着肌肉和软组织的附着，尤其是关节各部位，骨块相互嵌合，形状各异。加上猪胴体包括肌肉组织、骨骼等多层次结构，导致获取的猪骨骼 X 射线图像肌骨目标特征模糊和畸变，极大地增加了图像分割的难度，从而无法对猪胴体进行按需剔骨。并且现有的机器均是以同一力度的刀具对猪胴体进行切割，骨头和肌肉相同的切割力度会产生切割损伤，破坏肉的嫩度，甚至会影响猪肉的存储时间，无法实现高端肉品的生产。针对以上问题，本节提出一种模糊畸变的猪胴体肌骨 X 射线图像精确分割方法。整体方法如图 2-14 所示，包括三个步骤。

第一步，构建多尺度特征金字塔特征提取网络，对模糊 X 射线图像进行多尺度特征提取，获取图像空间与语义信息。

第二步，通过特征映射空间特征距离对比映射，对畸变 X 射线图像进行特征矫正，得到正常的肌骨分界图像。

第三步，对猪肌骨 X 射线图像进行实例分割得到较为精确的猪骨骼位置及范围，再通过计算轮廓信息得到分割线。

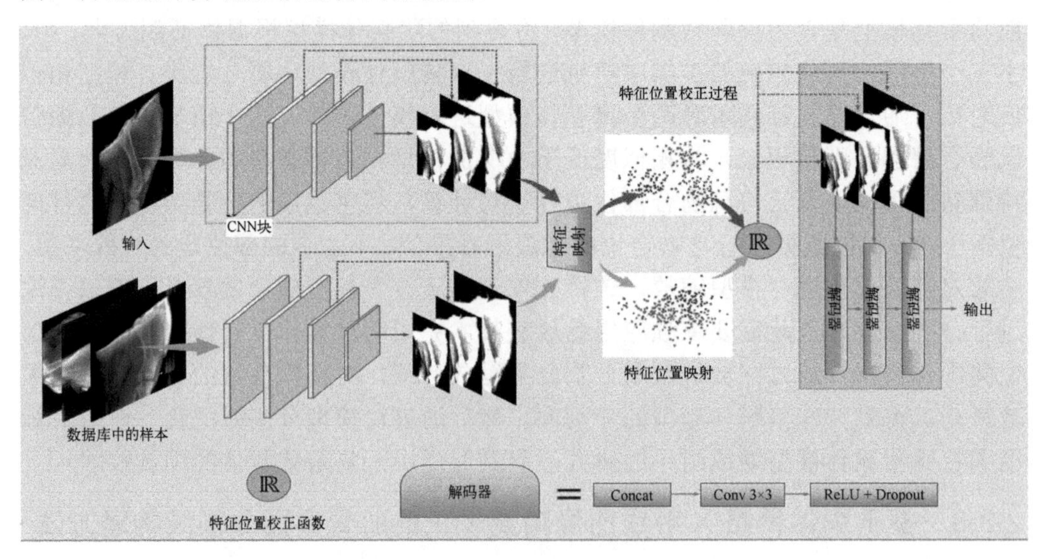

图 2-14 模糊畸变的猪胴体肌骨 X 射线图像精确分割方法

1）基于特征增强的多尺度特征提取网络

X 射线图像特征的模糊性严重影响下游的分割任务。在图像特征提取阶段，需要对图像特征进行锐化和降噪处理，增强图像特征。采用基于卷积神经网络（Convolutional Neural Network，CNN）的网络模型，通过融合残差学习与批量归一化进行多尺度图像特征提取。X 射线图像特征提取网络结构如图 2-15 所示。

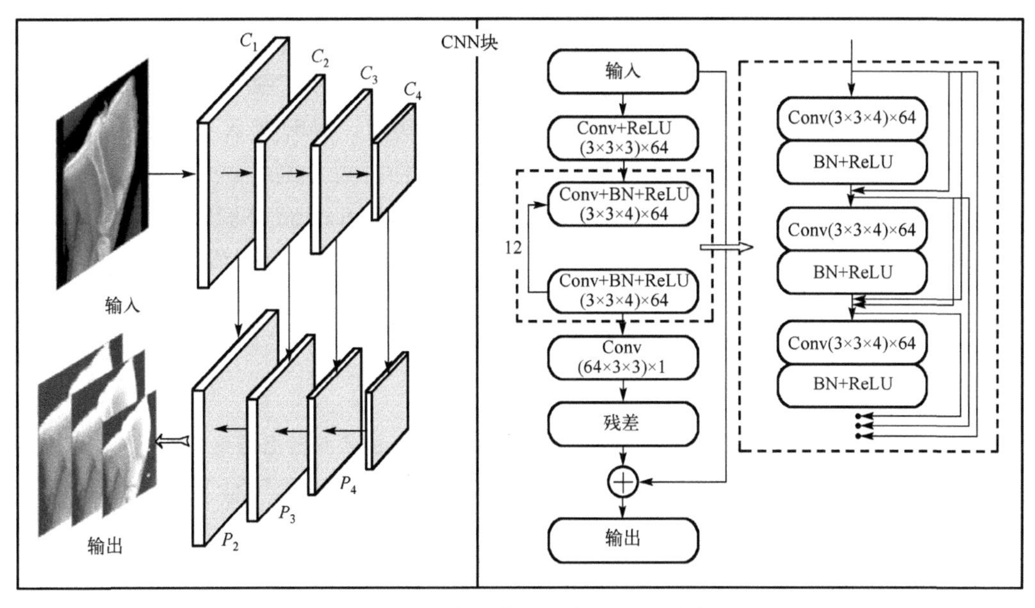

图 2-15　X 射线图像特征提取网络结构图

2) 基于多尺度特征的 X 射线图像对比矫正方法

受骨块嵌合、肌肉和软组织附着等复杂多层次结构的影响，X 射线图像存在畸变现象，造成骨骼几何特征识别陷入困境。在对肌骨图像进行分割线识别前需要对畸变图像进行修复，尽量降低骨骼边缘特征信息受图像畸变干扰的影响。本节提出一种特征对比矫正的方法。该方法依据输入图像特征与标准模型图像特征的相对位置信息，修正图像相似特征位置。之后再通过特征解码实现图像的畸变修复。

3) 猪胴体肌骨 X 射线图像精确分割方法

在图像分类任务中，模型只关心图像中是否有肌骨特征信息存在，而不考虑肌肉和骨头的位置。但是在分割线自主构建任务中，骨骼位置信息和语义信息对于获得准确的分割结果同样重要。猪肌骨分割线自主构建通过对猪骨骼和肌肉进行基于 X 射线的图像分割，通过准确的分割结果来计算分割边缘得到分割线。

对校正后的多尺度特征 F_i^* 进行特征解码。本节特征解码器由三个相同的模块组成。首先，将接收的高尺度特征与来自跳跃连接输入的低尺度特征融合。然后，利用 3×3 卷积层计算串联融合特征。再将串联融合特征依次通过 ReLU 层和 Dropout 层计算。为了增强解码器的细节信息恢复能力，上采样层利用 2×2 的反卷积核，步长为 2。上采样层放大输出的特征图，输入到下一个解码模块。解码模块的输出通过 1×1 卷积层和 Softmax 层得到图像中每个像素属于各个类别的概率结果。根据输出的概率张量得到输入图像的分割结果。

将本节提出的分割方法与一些经典的医学分割模型仿真进行分析比较[30-32]。通过本节方法先构建多尺度特征金字塔特征提取网络，对模糊 X 射线图像进行多尺度特征提取，再对特征映射空间特征距离对比映射，对畸变 X 射线图像进行特征矫正，得到正常的肌骨分界图像，计算轮廓信息得到分割线。表 2-7 表明，本节方法在 IoU(Intersection over Union)、PP(Pixel Precision)和 SQ(Segmentation Quality)中取得了最佳性能，分别达到 76.42%、85.68%和 91.43%，IoU 值比位居第二的 CANet 高了 2.60%。这表明了上下文特征信息和畸变矫正的优越性，本节方法的肌骨分割能力得到了有效增强。图 2-16 显示了各方法在数据集上的肌骨分割效果。

表 2-7　本节方法和其他方法在数据集上的实验数据结果

方法	IoU/%	Acc/%	PP/%	SQ/%
DARCNN	73.38	94.32	82.36	79.43
LCP-Net	72.51	95.25	81.92	86.42
CANet	73.82	**96.63**	83.37	86.57
本节方法	**76.42**	94.32	**85.68**	**91.43**

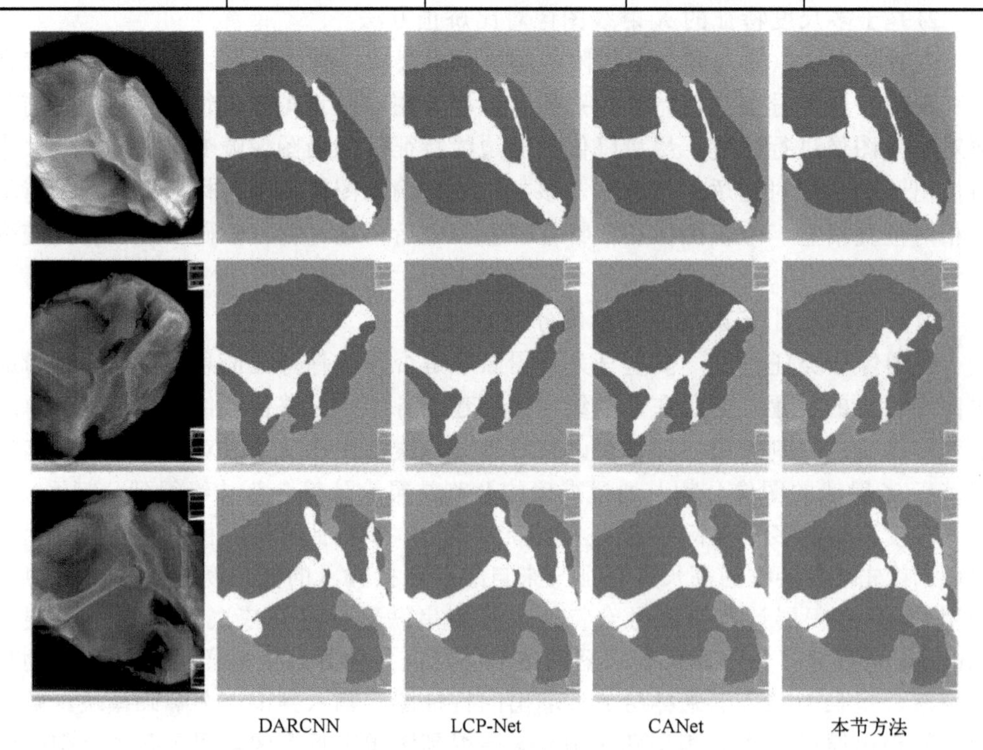

图 2-16　本节方法和其他方法在数据集上的肌骨分割效果对比图

从分割线几何边缘构型来看，本节方法在肌骨界面上有较为细致、准确的轨迹路线，避免了因肌肉组织粘连而造成的边界误判的情况，如图 2-17 所示。综上，本节方法在基于 X 射线的猪肌骨图像数据集上有最好的实例分割与分割线生成优势。

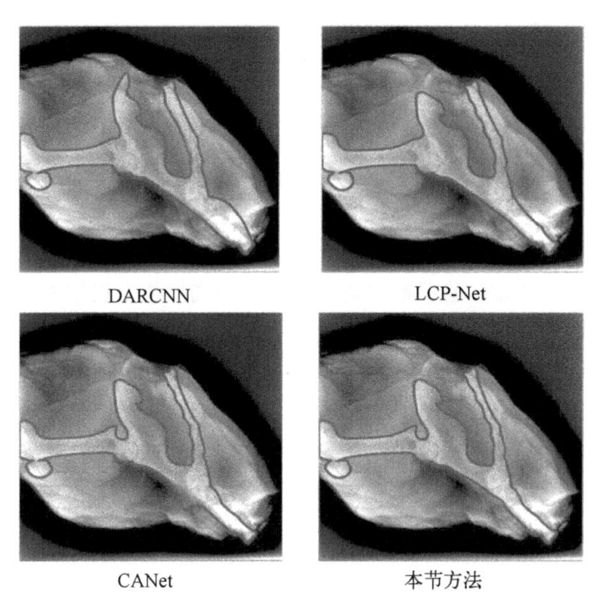

图 2-17　本节方法和其他方法在数据集上的肌骨分割线生成结果

2.4 本章小结

本章深入探讨了畜类胴体立体感知与重构系统的设计理念、关键技术及其实现方法。首先，介绍了畜类胴体立体感知的重要性，阐述了传统的评估方法存在的局限性，以及采用先进技术进行改进的必要性。接着，详细描述了选取的设备，并用其搭建一个感知系统，然后描述了整个感知系统的工作流程。在关键技术方面，具体讨论了立体感知与重构关键技术和切割路径自主缩放技术。总体来说，本章提供了一个全面而深入的畜类胴体立体感知与重构系统的技术概览，为下一步研究和实践打下了坚实基础。

参考文献

[1]　胡燕威, 王建军, 范媛媛, 等. 基于激光雷达的空间物体三维建模与体积计算. 中国激光, 2020, 47(5): 10.

[2] 王云龙. 基于三维扫描的人体尺寸测量方法研究. 自动化技术与应用, 2015, (11): 115-118.

[3] 李建森, 项偲. 基于随机采样的随机 Hough 变换快速圆检测方法. 科技创新与应用, 2021, 11(29): 3.

[4] 孙晓婉, 贾静, 徐平华, 等. 基于结构线拟合的残损丝织品文物虚拟修复. 丝绸, 2023, 60(1): 1-8.

[5] 马秀梅, 李文兆, 赵坤, 等. 非线性 VAD 反演低层风廓线拟合阶数优化方法. 应用气象学报, 2014, 25(3): 321-329.

[6] 董佳康, 段金英, 李楠, 等. 基于三角基线性拟合方法的后视镜外形优化. 计算机系统应用, 2018, 27(5): 183-187.

[7] 刘亚静, 李胜男, 王诚聪. 基于稳健估计局部多项式插值定权模型分析. 西安科技大学学报, 2022, (2): 42.

[8] 贺雅琪. 多源异构数据融合关键技术研究及其应用. 成都: 电子科技大学, 2018.

[9] Zhang L, Xie Y, Xi D L, et al. Multi-source heterogeneous data fusion//The 2018 International Conference on Artificial Intelligence and Big Data (ICAIBD), 2018: 47-51.

[10] Xu D, Zhou D, Wang Y, et al. Temporal and spatial heterogeneity research of urban anthropogenic heat emissions based on multi-source spatial big data fusion for Xi'an, China. Energy and Buildings, 2021, 240: 110884.

[11] Liu W, Zhang C, Yu B, et al. A general multi-source data fusion framework//Proceedings of the 11th International Conference on Machine Learning and Computing, 2019: 285-289.

[12] Zhang P, Li T, Wang G, et al. Multi-source information fusion based on rough set theory: a review. Information Fusion, 2021, 68: 85-117.

[13] 翟运开. 面向精准医疗的多源异构数据融合技术研究. 医学信息学杂志, 2021, 42(5): 6.

[14] 姜建华, 洪年松, 张广云. 一种多源异构数据融合方法及其应用研究. 电子设计工程, 2016, 24(12): 4.

[15] 于海鹏, 王闻达. 基于融合型深度学习的人体动态特征提取. 河南工程学院学报: 自然科学版, 2019, 31(1): 71-76.

[16] Zhou H, Sadka A H, Swash M R, et al. Feature extraction and clustering for dynamic video summarisation. Neurocomputing, 2010, 73(10-12): 1718-1729.

[17] Sakaguchi T, Morishima S. Face feature extraction from spatial frequency for dynamic expression recognition//International Conference on Pattern Recognition, 1996.

[18] Guo L, Wu P, Lou S, et al. A multi-feature extraction technique based on principal component analysis for nonlinear dynamic process monitoring. Journal of Process Control, 2020, 85: 159-172.

[19] 王教金, 蹇木伟, 刘翔宇, 等. 基于 3D 全时序卷积神经网络的视频显著性检测. 计算机科学, 2020, 47(8): 195-201.

[20] 王倩, 范冬艳, 李世玺, 等. 基于双流卷积神经网络的时序动作定位. 软件导刊, 2020, 19(9): 4.

[21] 王成弟, 章毅, 李为民, 等. 基于 3D 全卷积神经网络与多任务学习的肺叶分割方法: CN202110273759, 2021.

[22] 汪超, 刘思远, 郑慧, 等. 基于轻量化卷积神经网络的人体动作识别. 北京信息科技大学学报: 自然科学版, 2023, 38(3): 22-26.

[23] 周文晖, 李贤, 张桦, 等. 基于 3D 全卷积神经网络的脊柱分割方法: CN201711236700, 2017.

[24] 李贤, 何洁. 3D 全卷积网络在脊柱分割中的应用. 电子科技, 2018, 31(11): 5.

[25] Soo K T, Reiter A. Interpretable 3D human action analysis with temporal convolutional networks//Proceedings of the IEEE Conference on Computer Vision and Pattern Recognition Workshops, 2017: 20-28.

[26] Cao C, Zhang Y, Wu Y, et al. Egocentric gesture recognition using recurrent 3D convolutional neural networks with spatiotemporal transformer modules//The 2017 IEEE International Conference on Computer Vision (ICCV), 2017.

[27] Lin B, Zhang S, Bao F. Gait recognition with multiple-temporal-scale 3D convolutional neural network//The 28th ACM International Conference on Multimedia, 2020.

[28] 杨子田, 杨阳, 水翠翠. 基于平均体模型的标准中间体人台建模方法. 天津工业大学学报, 2015, 34(2): 28-32.

[29] Liu Z, Tong L, Chen L, et al. CANet: context aware network for brain glioma segmentation. IEEE Transactions on Medical Imaging, 2021, 40(7): 1763-1777.

[30] Lou A, Guan S, Ko H, et al. CaraNet: context axial reverse attention network for segmentation of small medical objects// Medical Imaging 2022: Image Processing, 2022, 12032: 81-92.

[31] Gu R, Wang G, Song T, et al. CA-Net: comprehensive attention convolutional neural networks for explainable medical image segmentation. IEEE Transactions on Medical Imaging, 2021, 40(2): 699-711.

[32] Peng D, Xiong S, Peng W, et al. LCP-Net: a local context-perception deep neural network for medical image segmentation. Expert Systems with Applications, 2021, 168: 114234.

第3章 畜类肉品一刀多块自主分割机器人系统

当前，国内的畜类加工主要依赖于机械化的流水线作业，但这一过程仍需人工辅助，导致人工成本高昂且效率低下。为了解决这一问题，本章提出了一种创新的自主分块机器人系统，其集成了两个核心部分：自主识别系统和切割系统。自主识别系统是实现全自动胴体分割的关键前提。为了实现这一目标，本章提出一种猪胴体自适应分割面生成方法。该方法涵盖了三个核心步骤：切割路径的自主缩放、切块机器人分割面的自主生成和针对骨骼畸变矫正的肌骨界面构建。切割系统作为自主分块机器人系统的另一核心组成部分，由高精度的切割装置和控制模型共同组成。这一系统能够实现猪胴体的全自动化分块，从而大大降低人工成本，同时显著提升产品质量，实现高质量的自主批量生产。

3.1 一刀多块切割装置

3.1.1 一刀多块切割装置设计

在猪肉加工过程中，需按照国家畜类胴体分割标准对猪肉进行分割。一般步骤为：将整猪去头、去尾，沿猪脊柱一分为二，形成片猪肉(即猪的二分体)；将片猪肉分割为带皮后段、带皮前段、肋排和带皮中方；进行精细分割，分出前腿肉、里脊肉、排骨等。目前，片猪肉的切割采用人工和机械结合的方式。工人首先对流水线上的片猪肉位置进行矫正，然后使用分割锯片将片猪肉切割为四分体，获取带皮前段和其他部分；切割完成后，再次进行位置调整，对猪肉进行六分体切割，得出带皮后段和其他部分；若要对猪肉进行八分体分割，需再次执行上述动作，由此可见，现有分割技术存在胴体分割步骤多、效率低等问题。另外，需要人工进行重复定位、多次调整，增加了肉品的安全风险。针对上述问题，本节提出一种用于猪胴体的可变构一刀多块切割装置，装置结构和模型如图 3-1 和图 3-2 所示。

切割装置包括组装架、双锯片切割机构和单锯片切割机构。组装架由底架、两个侧架、吊装板和后安装架组成。侧架垂直固定在后安装架两侧，吊装板和底架相对固定在两个侧架的侧棱之间。双锯片切割机构包括两个横切锯片、轴、横切电动机、减速机和支撑架。支撑架上设置有轴承，轴安装在两个轴承中且端部

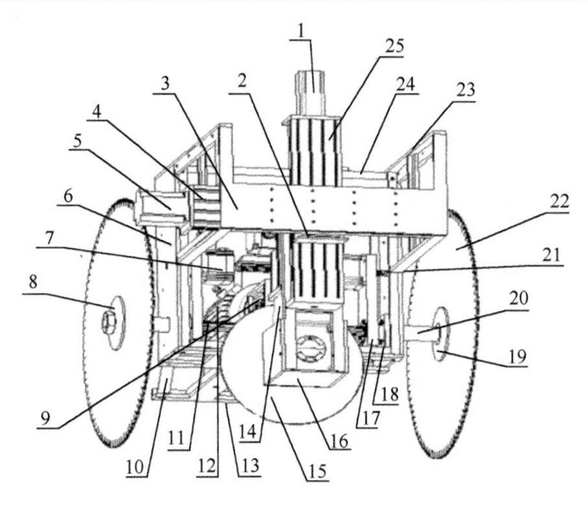

图 3-1 一刀多块装置结构图

1-上下移动电机；2-上下移动导轨连接块；3-后安装架；4-左右平移导轨；5-左右平移电机；6-侧板；7-滑动电机；8-外侧法兰；9-减速机 1；10-减速机 2；11-轴；12-横切电机；13-底架；14-纵切电机；15-纵切锯片；16-纵切电机安装架；17-滑板；18-支撑架；19-内侧法兰；20-花键轴套；21-丝杆；22-横切锯片；23-侧架；24-吊装版；25-上下移动导轨

(a)三维图 (b)实体图

图 3-2 一刀多块切割装置模型图

伸出两个侧架之外。两个横切锯片分别固定在轴的两端，横切电动机通过减速机驱动轴转动。单锯片切割机构包括圆盘状的纵切锯片、纵切电机和纵切电机安装架。纵切电机安装架设置在后安装架上且可相对于轴左右移动，纵切电机连接纵切锯片。在双锯片切割机构中，两个横切锯片间的距离可通过电机调节，而单锯片也可以通过导轨调节间距。一刀多块切割装置能够准确切割不同大小的片猪肉，可一次完成猪八分体的切割，减少分割工序，节约分割时间和流转空间，有效降低肉品交叉污染风险，提高分割效率。

3.1.2 自主变构设计

3.1.2.1 双锯片切割机构自主变构设计

横切双锯片用于对胴体带皮前段、带皮中段和带皮后段进行分割，在实现分割需求的基础上，设计双锯片切割机构进行自主变构，确保该机构能适用于不同大小的胴体。双锯片切割机构如图 3-3 和图 3-4 所示。该机构核心部分由花键轴组成，其两端分别通过花键轴套实现滑动设置。在组装过程中，双锯片切割机构的花键轴套安装在两个支撑架上的轴承中，两个横切锯片固定在花键轴套的两端。

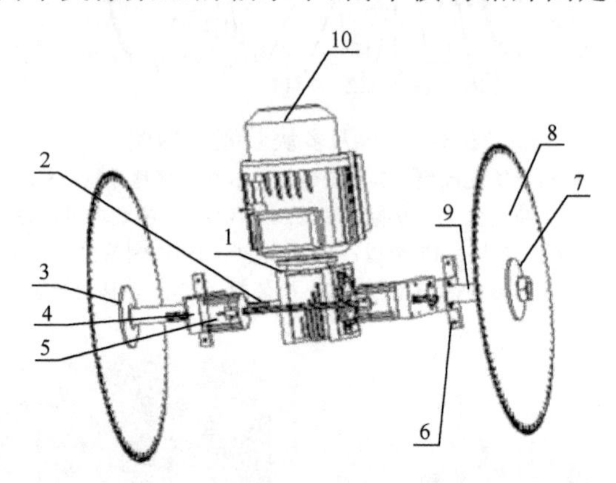

图 3-3　双锯片切割机构图(1)

1-减速机；2-丝杠；3-内侧法兰；4-滑板；5-滑动电机；6-支撑架；7-外侧法兰；8-横切锯片；9-花键轴套；10-横切电机

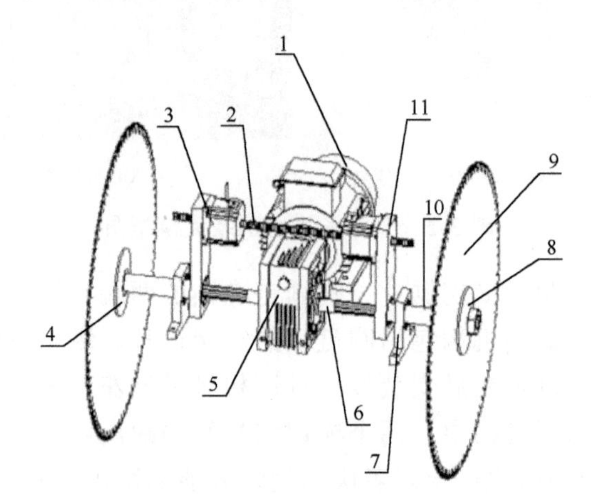

图 3-4　双锯片切割机构图(2)

1-横切电机；2-丝杠；3-滑动电机；4-内侧法兰；5-减速机；6-轴；7-支撑架；8-外侧法兰；9-横切锯片；10-花键轴套；11-滑板

花键轴上滑动贯穿连接有两块滑板，滑板与花键轴套固定连接。两块滑板之间的间隙贯穿有丝杆，两块滑板的相对侧分别固定有滑动电机，滑动电机为贯穿电机，与丝杆螺纹连接。

丝杆两端的螺纹为正反丝，通过滑动电机转动带动丝杆旋转，使得两个滑动电机相向移动到丝杆两端；两个滑动电机分别推动固定在其上的两个滑板，使其分别移向花键轴的两端；滑板推动花键轴套，使其分别移向花键轴的两端，从而使两个横切锯片相背移动，增大锯片距离，使其能够切割不同大小的片猪肉，实现一机多用。

3.1.2.2　单锯片切割机构自主变构设计

纵切单锯片切割机构用于对带皮中段与大排进行分割，如图3-5和图3-6所示。在后安装架上固定有左右平移导轨，左右平移导轨的两端连接有左右平移丝杠，左右平移丝杠由设置在端板上的左右平移电机驱动；左右平移丝杠上螺接有平移导轨连接块，平移导轨连接块的背面固定有上下移动导轨，上下移动导轨与左右平移导轨相垂直；上下移动导轨的两端的端板间固定连接有上下移动丝杠，上下移动丝杠由设置在上下移动导轨的两端端板上的上下移动电机驱动；上下移动丝杠上螺接有上下移动导轨连接块，上下移动导轨连接块固定在纵切电机安装架的背面。

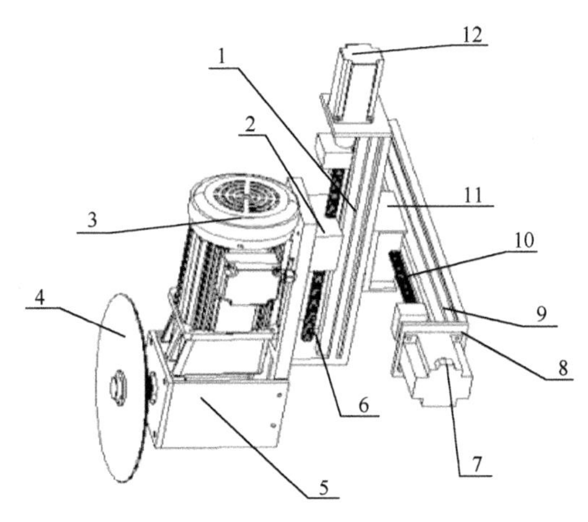

图3-5　单锯片切割机构(1)

1-上下移动导轨；2-上下移动导轨连接块；3-纵切电机；4-纵切锯片；5-纵切电机安装架；6-上下移动丝杠；7-左右平移电机；8-端板；9-左右平移导轨；10-左右平移丝杠；11-导轨连接块；12-上下移动电机

单锯片切割机构在工作时，左右平移电机转动使得左右平移丝杠转动，带动平移导轨连接块在左右平移导轨上左右平移，带动纵切锯片相对于组装架左右平移；上下移动电机转动使得上下移动丝杠转动，带动上下移动导轨连接块沿上下

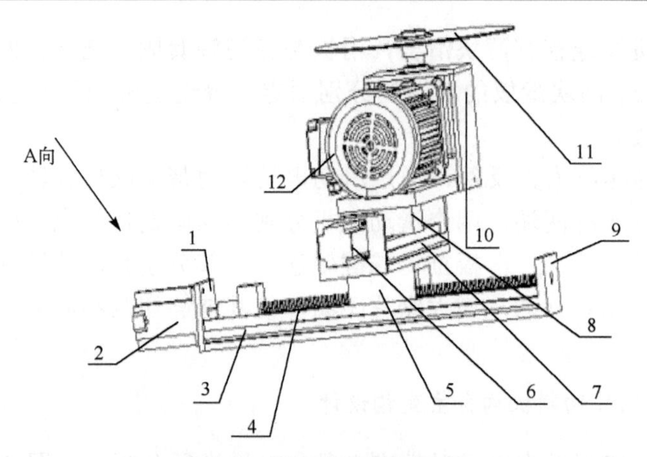

图 3-6　单锯片切割机构(2)

1-端板；2-左右平移电机；3-左右平移导轨；4-左右平移丝杠；5-平移导轨连接块；6-上下移动电机；7-上下移动导轨；8-上下移动导轨连接块；9-端板；10-纵切电机安装架；11-纵切锯片；12-纵切电机

移动导轨上下移动，带动纵切锯片相对于组装架上下移动。在进行片猪肉切割时，对于较大片猪肉，可以通过纵切锯片的上下移动调整纵切锯片部分伸出到两个横切锯片最低位置之下，然后纵切锯片通过左右平移电机带动在左右平移导轨上左右平移，纵切锯片在两个横切锯片之间移动，从而实现对带皮中方和大排的精准分割，降低交叉污染风险，提高分割效率。

3.1.3　工作原理

一刀多块切割装置主要包括三个关键组件：双锯片切割机构、单锯片切割机构以及其他支撑结构。在双锯片切割机构中，两个横切锯片的间距通过电机进行调节，单锯片通过导轨来调整间距。通过设置滑动电机，带动丝杆旋转，推动花键轴套相对滑动，实现两个横切锯片间的距离可调，对不同大小片猪肉进行精准切割。此外，一刀多块切割装置采用了左右平移电机、左右平移导轨和左右平移丝杠，以实现纵切锯片的左右移动；同时设置了上下移动电机、上下移动导轨和上下移动丝杠，以实现纵切锯片的上下移动。侧架采用工字型架，并固定有侧板，丝杆的两端固定在侧板上，同时轴的两端穿过侧板伸出两个侧架之外。通过在侧架上固定丝杆，可以使两个横切锯片在左右移动时更加稳定，避免出现前后左右的晃动。另外，横切锯片的两侧分别设置有内侧法兰和外侧法兰，通过内侧法兰和外侧法兰夹紧横切锯片，这种夹紧固定的设计有助于提高整体的切割稳定性，可以保证横切锯片与轴的连接更加稳定，有效避免横切锯片在切到骨头时产生不稳定性晃动，提高分割质量。

3.2　自主分块机器人工作站

3.2.1　自主分块机器人

自主分块机器人由龙门式框架和一刀多块切割装置组成，龙门框架上装有水平移动导轨和左右移动导轨。水平移动导轨和左右移动导轨使一刀多块切割装置可以在整个工作台上进行猪胴体的分割工作；一刀多块切割装置的支撑轴也带有上下移动导轨，通过上下移动导轨来调节单锯片的间距，如图 3-7 所示。

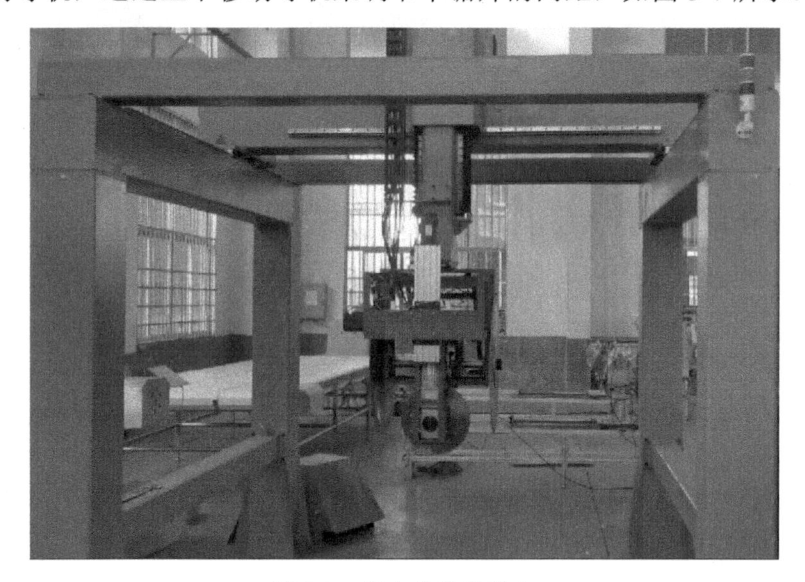

图 3-7　自主分块机器人

为满足市场需求并促进产业升级，在搭建自主切割机器人工作站时，需要注意一些关键要点：①提高分割质量。自动化猪肉分割工作站通过高精度的传感器和机器视觉技术，可以实现对猪肉的快速、准确分割，减少分割过程中的误差，提高产品的一致性。②降低人工成本。传统的手工猪肉分割需要大量的劳动力，而且往往需要经验丰富的工人进行操作。而自动化猪肉分割工作站通过机械化和自动化技术，可以大大减少人力成本，同时也可以减轻工人的劳动强度，提高工作效率。③降低安全风险。在传统的猪肉分割过程中，由于操作环境的限制，往往存在很大的安全风险，而自动化猪肉分割工作站可以在封闭的环境中进行操作，降低交叉污染的可能性。猪胴体自主切割机器人工作站总体布局如图 3-8 所示。

图 3-8　猪胴体自主分块机器人工作站

3.2.2　切块装置工作台

针对一刀多块装置切割过程中下刀难的问题，本节提出一种适用于一刀多块切割装置的工作台，如图 3-9 所示。工作台上设置有横切刀槽和纵切刀槽，横切刀槽为平行的两个通透槽，纵切刀槽设置在两个横切刀槽之间且与横切刀槽垂直，横切刀槽用于承接横切锯片，纵切刀槽用于承接纵切锯片。在进行片猪肉的切割时，将片猪肉放置在工作台上，且使其纵切锯片切割位置与纵切锯片平行，然后通过吊装板将组装架下移，开启双锯片切割机构上的横切电机和单锯片切割机构上的纵切电机进行切割，切割过程中纵切锯片切入纵切刀槽，两个横切锯片切入横切刀槽。

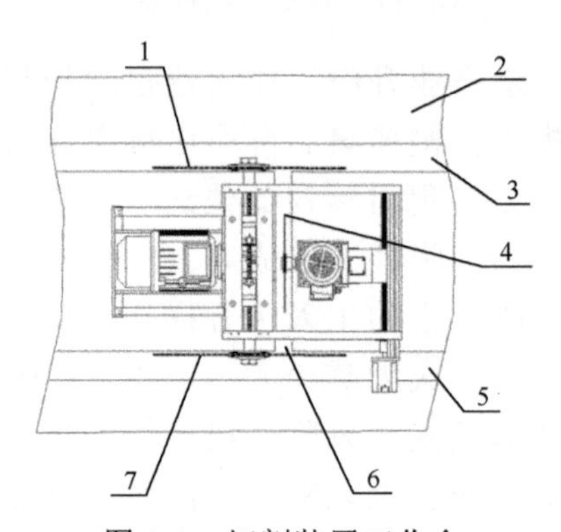

图 3-9　切割装置工作台

1-横切锯片；2-工作台；3-横切刀槽；4-纵切锯片；5-横切刀槽；6-纵切刀槽；7-横切锯片

横切电动机固定在底架上。侧架为工字型架，可减轻组装架的整体重量，侧架上固定有侧板，丝杆两端固定在侧板上；轴的两端穿过侧板伸出两个侧架之外，使结构更加稳定；横切锯片的两侧分别设置有内侧法兰和外侧法兰，内侧法兰和外侧法兰夹紧横切锯片；将工作台设置成传送带，在工作台的上方设置扫描仪对片猪肉的大小进行识别，控制双锯片切割机构自主变构，控制单锯片切割机构自主变构，完成对猪肉的精准切割，从而实现对不同大小的片猪肉进行自适应切割，自动化程度高，人工接触少，安全风险低。

3.3　功能分析

3.3.1　主要功能

1) 自主识别

自主识别系统作为自主切割机器人工作站的核心部分，作用在于能够实现对猪胴体的快速、准确识别，并生成相应的切割面，控制刀具准确分割，减少残次品数量。针对猪胴体骨骼并非完全一致、精准生成分割线困难的问题，本章提出一种基于猪胴体骨骼畸变矫正的肌骨界面分割线构建方法，建立肌骨模型，生成分割线。胴体骨骼畸变矫正的肌骨界面分割线构建方法通过多尺度特征金字塔特征提取网络对模糊X射线图像进行特征提取，再对扭曲的图像边缘进行特征对比修正，然后对猪肌骨X射线图像进行实例分割得到较为精确的猪骨骼位置及范围，最后通过分割轮廓信息得到分割线。针对由运动因素影响而造成猪肉胴体脊骨界面图像模糊不清的问题，提出融合猪肉胴体视觉特征和空间语义特征，利用最小化损失函数训练网络模型，实现猪肉胴体的快速分割。

2) 自主分块

通过研制猪胴体精确识别分割系统，实现对畜禽类切块装置自主路径规划的“粗-细”多级自主调节控制策略。一刀多块切割装置由双锯片切割机构和单锯片切割机构组成。工作时，通过双锯片切割机构中的两个横切锯片和单锯片切割机构中的纵切锯片同时转动，实现对片猪肉一次三刀，将片猪肉分割为八分体，从而减少猪肉加工工序，避免多次接触污染。

3) 自主防护

畜类胴体自主切块机器人长期处于高湿、低温、腐蚀性强等恶劣作业环境，其工作效率、可靠性和使用寿命受到严重影响。为了克服这些困难，工作站采用“元件→部件→整体”三级防护策略构建覆盖机器人系统自身强化、表层护理、外层防护的三大层面立体防护体系，研究适用于机器人本体、伺服驱动、控制系统及末端切块装置等部件的防护技术。首先，研究机器人本体及配电装置的结构密封性、电气隔离、绝缘等精细化设计方法，使机器人本体防护性能达到 GB/T4208-2017 外壳防护 IP65 等级，为机器人系统搭建防尘、防水的“强健体魄”；其次，通过研究防水涂层、聚四氟乙烯薄膜层压、硅纳米防水等高科技面料防护技术，为机器人及关键部件提供表层防护；最后，进一步研究基于核心关节、零部件包裹的机器人外层防护服设计理论，为机器人构建坚实的外层防护体系。针对国内畜类肉品分块机器人防护工艺流程、要求和标准规范不健全的问题，制定适用于高湿、低温、腐蚀性环境下畜类胴体自主切块机器人工作的防护规范体系。

3.3.2 工作流程

1) 自主识别胴体切割线

本节结合三维胴体模型进行坐标点提取，根据骨肉特征进行切割路径自主规划，如图 3-10 所示。最左边一列为采集的猪胴体图像，进行图像分割及旋转后形成高质量数据集。中间一列采用 VGG-19(Visual Geometry Group 19)模型进行训练，最终识别得出八分体中每一块部位特征。

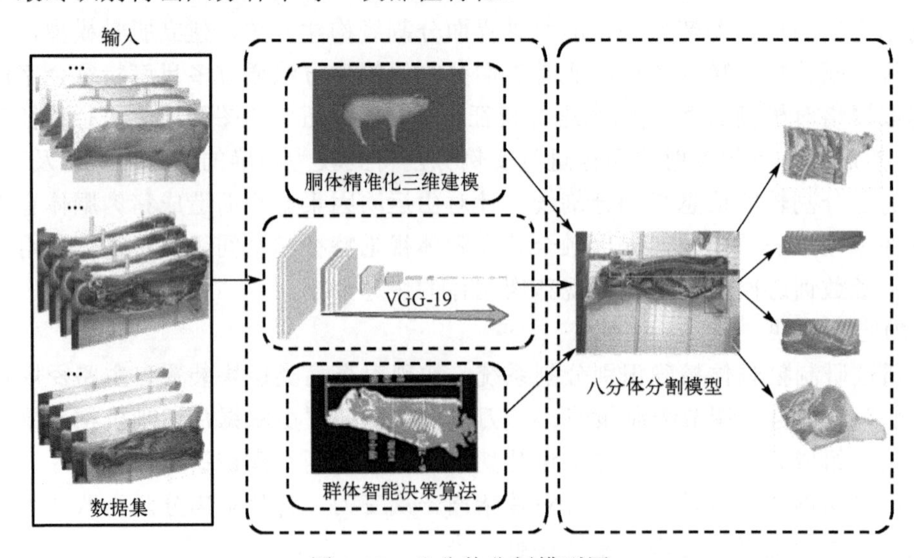

图 3-10　八分体分割模型图

2) 自主规划切割路径

在对猪胴体八分体各部位准确识别的基础上，利用三维坐标空间转换原理，把像素坐标转换为工作台中的现实坐标。然后，结合不同猪胴体的实际情况，通过分析计算，规划出猪胴体八分体的粗切割路径，如图 3-11 所示。

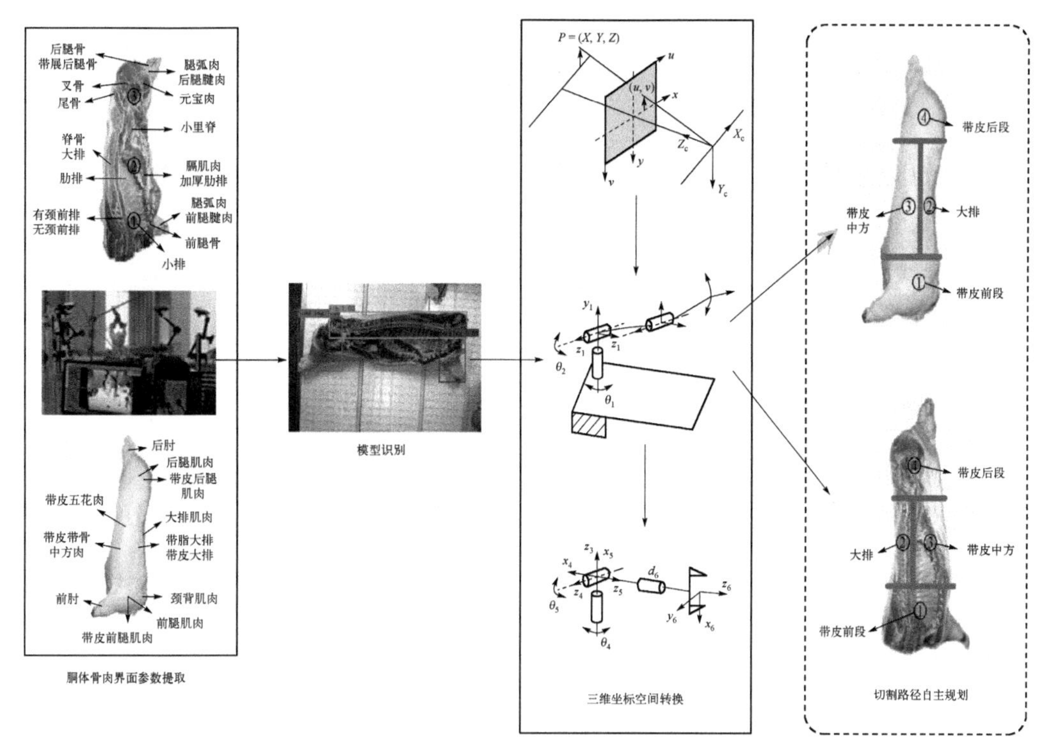

图 3-11 切割路径规划图

3) 自主切块

一刀多块切割装置在工作时，首先，通过装板将片猪肉的切割装置向上吊起，使两个横切锯片、纵切锯片的平面竖直向下；然后将片猪肉放置在工作架上，使片猪肉的长度方向与纵切锯片平行；将一刀多块切割装置逐渐下移，并且开启横切电动机，使轴转动，从而带动两个横切锯片旋转；开启纵切电机使纵切锯片旋转，两个横切锯片和纵切锯片接触到片猪肉并继续向下逐渐移动，实现对片猪肉的一次三刀的切割。八分体切割示意图如图 3-12 所示，两个横切锯片在横切锯片切割位置 9 处切割，纵切锯片在纵切锯片切割位置 10 处切割，从而将片猪肉切割成带皮前段 5、带皮后段 6、带皮中方 7 和大排 8，一次完成从片猪肉到猪八分体的切割，减少工序和流转空间，有效降低肉品污染风险。八分体切割现场图如图 3-13 所示。

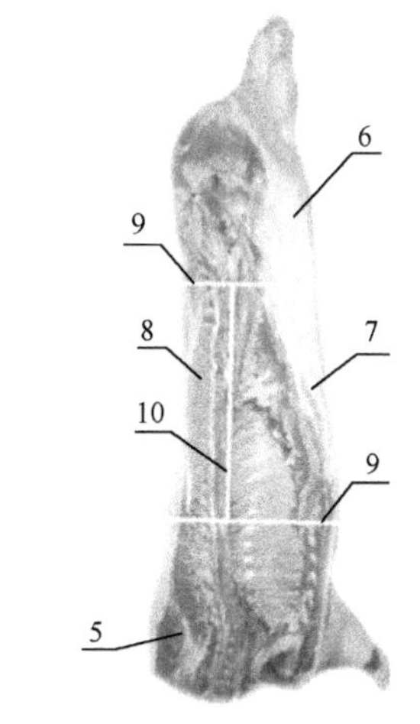

图 3-12 八分体切割示意图

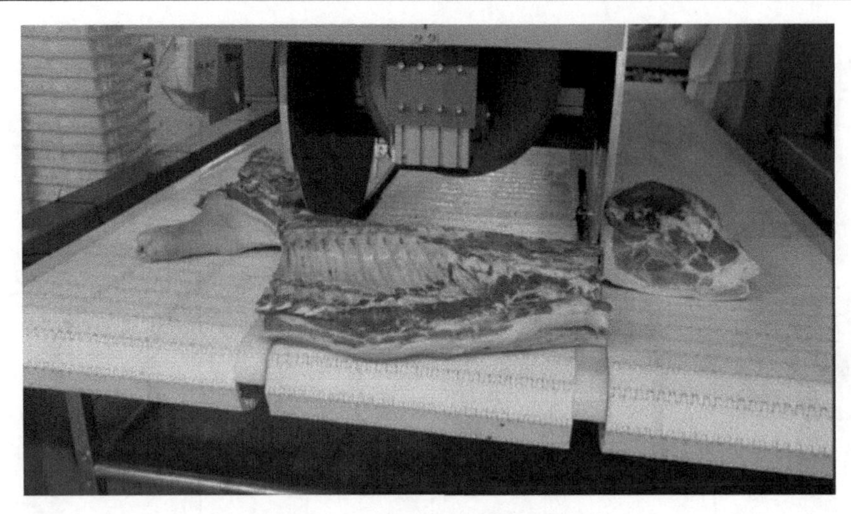

图 3-13　八分体切割现场图

3.4　精准分割关键技术

本节主要对胴体分割过程中所用到的方法及相关技术进行简要介绍，主要包括猪胴体切块机器人分割面自主生成方法，针对切割过程中猪肉胴体脊骨界面模糊不清的融合空间语义关系的猪肉胴体分割方法，应用于猪类胴体分割机器人的自主调节方法。

3.4.1　猪胴体切块机器人分割面自主生成方法

猪胴体切块机器人分割面自主生成方法能够针对不同大小的猪胴体，自主、快速、准确地生成分割面，从而有效降低因分割位置不准确而产生的残次品数量。同时，考虑到骨肉之间需要不同的切割力度以减少肉质损伤的问题，本章引用肌骨模型，生成骨头和肉之间的分割线。这种方法不仅提高了分割的精度，还有效地保护了肉质，使得猪肉的品质更加优良。

1) 关键点预测网络

关键点预测网络是一种针对 X 射线扫描出的二维图像进行关键点检测的网络，它是对 Yolo-FPN (You Only Look Once - Feature Pyramid Network) 网络的改进[1]，其网络流程图如图 3-14 所示。Yolo-FPN 网络主要分为胴体各部位识别网络和关键点检测网络两个部分。其中，胴体识别网络是基于 Yolo 系列网络提出的，而关键点检测网络则是一个全卷积网络[2]。在应用时，这两个部分的模型可以独立使用，并且后续的模型还可以通过参数调整对结果继续进行优化，获得更高的精度。该网络的主要优点是可以直接从原始图像中预测出关键点，而不需要任何预处理或后处理步骤。这意味着该网络可以在没有任何额外操作的情况下，直接将输入图像映射到关键点位置。此外，该网络是一个端到端的网络，因此它可以更好地捕捉到图像中的全局信息，从而更准确地预测关键点位置。

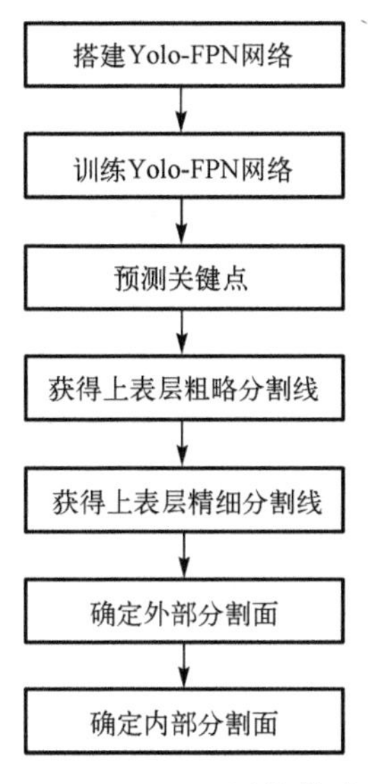

图 3-14　Yolo-FPN 网络的流程图

胴体各部位识别网络分为主干特征提取网络[3]、加强特征提取网络[4]和预测识别部位网络三个部分。主干特征提取网络和加强特征提取网络主要用来学习输入图像特征，预测识别部位网络用来预测胴体的各部位。网络结构图如 3-15 所示，其过程为：首先输入的 X 射线图像经过预处理之后，将图像大小固定至 608×608 输入主干特征提取网络部分。主干特征提取网络 CSPNet(Cross Stage Paritial Network)先经过 CBM 处理输出 608×608 特征图[5]。CBM 处理包括卷积、标准化和 Mish 激活函数，卷积用来提取图像纹理信息[6]，标准化使数据更符合均值为 0、方差为 1 的标准差分布，Mish 激活函数用来解决卷积过程中的线性问题，为网络提供非线性模型表示能力，相比于 LeakyReLU 激活函数性能更加稳定，精度更高，但具有更高的算法复杂度。608×608 特征图依次经过 Resblock_body×1 模块、Resblock_body×2 模块、Resblock_body×8 模块、Resblock_body×8 模块、Resblock_body×4 模块进行处理，在两个 Resblock_body×8 模块处理后分别提取出 76×76、38×38 的特征图，分别直接输入加强特征提取网络的路径聚合网络(Path Aggregation Network，PANet)[7]，Resblock_body×4 模块处理后得到 19×19 的特征图，经过一些处理后，输入到加强特征提取网络的空间金字塔池化层(Spatial

Pyramid Pooling，SPP)[8]。每个 Resblock_body 模块由一次下采样和多次残差堆叠而成，避免了网络深度增加而带来的训练困难的问题。Resblock_body 模块过程为：特征图先经过一次 CBM 处理后，分为两个部分，两部分均经过一次 CBM 处理后，其中一部分先经过 1、2、8、8、4 个 Rse unit 残差组件(Resblock_body 模块由 Res unit 残差组件与 CBM 组成)[9]，再经过一次 CBM 处理，与另一部分实现张量拼接，以整合特征图的信息，之后再进行一次 CBM 处理后输出。一个 Res unit 残差组件包括经过两次 CBM 处理后的特征图与原特征图的张量相加。将 19×19 的特征图经过 3 次 CBL 处理后得到 19×19 的特征图，再输入 SPP 网络。CBL 处理包括卷积、标准化和 LeakyReLU 激活函数[10]，LeakyReLU 激活函数用来解决卷积过程中的线性问题，为网络提供非线性模型表示能力。

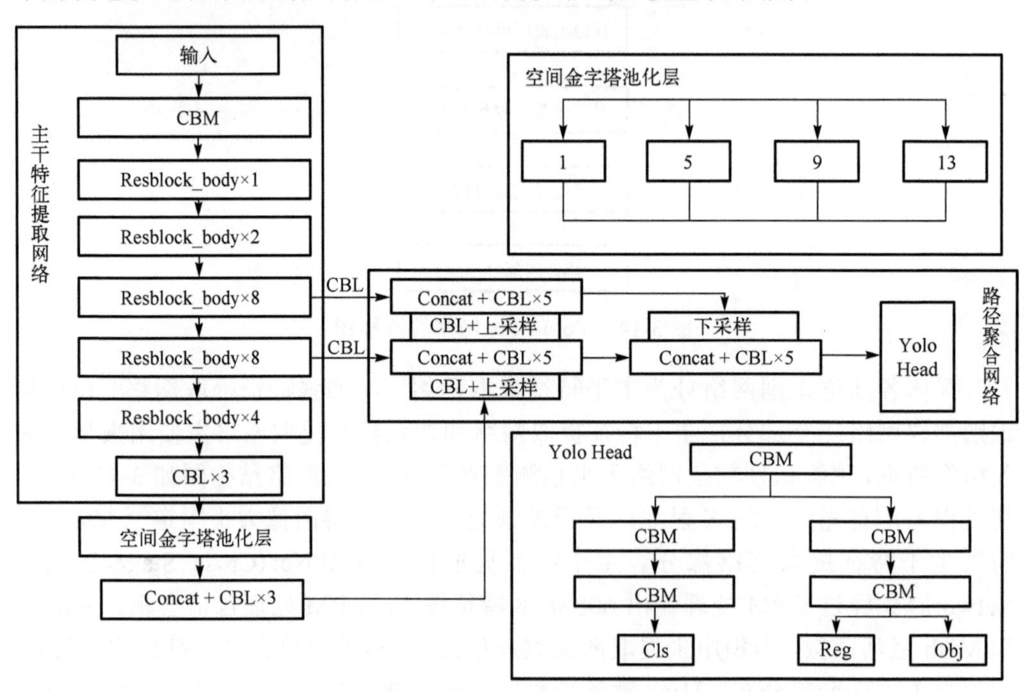

图 3-15 Yolo-FPN 网络中胴体各个部位识别的网络流程图

加强特征提取网络 SPP+PANet 先将通过主干特征提取网络 CSPNet53 的 3 次 CBL 处理后得到的 19×19 的特征图传送至 SPP 网络中[11]，SPP 网络采用 1×1、5×5、9×9、13×13 的最大池化方式进行尺度融合，继续经过 3 次 CBL 处理后得到 19×19 的特征图，传入 PANet 网络中。PANet 网络对 19×19 的特征图经过一次 CBL 处理和上采样后，与经过第二次 Resblock_body×8 模块提取的 38×38 特征图 CBL 处理后进行张量拼接，继续进行 5 次 CBL 处理，一部分输出 38×38 特征图，另一部分再次经过一次CBL处理和上采样后，与第一次Resblock_body×8模块提取的76×76特征图进行CBL处理后进行张量拼接，继续进行5次CBL处理、一次下采样后，与另一部分输出的38×38特征图进行张量拼接后，继续进行5次CBL处理，得到的38×38特征图传入预测识别部位网络[12]。

预测识别部位网络YoloHead将分类与回归分开预测，使PANet网络中传递的38×38特征图经过一次CBM处理后分为两部分，两部分均进行两次CBM处理，一部分输出种类Cls(Class)判断每一个特征点所包含物体的种类，另一部分输出Reg(Regression)和Obj(Object)，以判断每一个特征点的回归参数以及是否包含物体[13,14]，用于接下来的训练过程。

在加强特征提取网络中，使用Yolov4中的特征金字塔(SPP+PANet)结构融合不同的特征层[15]，提高不同分辨率特征的表示能力，强化详细信息，抑制噪声，改善模型性能。在实际的场景中，由于胴体的大小基本一致，为防止计算资源的浪费，提高检测的速度，采用聚类的方法减去两个检测头，将已人工标注的目标框宽高作为聚类对象，按照宽高大小分为几个簇，使同一个簇内目标框宽高具有较大的相似性，不同的簇内目标框宽高具有较大的差异性，得到聚类之后每一个簇内目标框的宽高 $F\times\theta/2=F_4$ 和 h_i，计算聚类后数据集中目标框的平均面积 S_{avg}，公式如下

$$S_{\text{avg}}=\frac{\sum_{i=1}^{k}w_i\cdot h_i}{k} \tag{3-1}$$

根据聚类结果的尺寸范围，对不同尺度的识别预测部分的检测头进行调整，修改模型中预测识别部位网络YoloHead的数量，删除两个检测头，以优化神经网络，防止计算资源的浪费，提高模型的检测速度。

在创建关键点检测网络时，采用全卷积网络。全卷积网络由卷积和反卷积两部分组成，不须保证输入图像维度大小一致。关键点检测网络结构图如图3-16所示，首先，使用胴体各部位识别网络预测X射线图像中的各部位目标框，将整体的X射线图像根据预测的目标框进行裁剪，得到各个部位预测结果的图像，然后，将各部位预测结果的图像输入全卷积网络后先经过5次卷积＋池化处理以提取图像特征，后3次卷积＋池化处理分别输出缩小8倍、16倍、32倍的特征图。最后，使用跳跃结构将高层和底层语义信息相结合，得到更为精确的检测结果。具体结构如下：32倍的特征图进行反卷积2倍上采样后与16倍的特征图进行张量拼接，拼接后的特征图继续进行上采样后与8倍的特征图张量拼接，最终输出结果。

2)模型训练

在得到预训练的模型之前，需要对数据进行标注。在目标框标注时，第一部

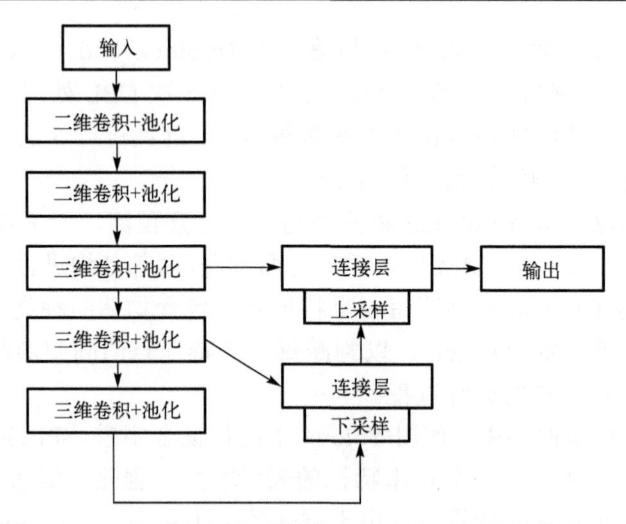

图 3-16　Yolo-FPN 网络中胴体各个部位识别的网络流程图

分带皮前段标注胴体的第六、七根肋骨之间平行分开的前腿部位，第二部分大排标注胴体的脊椎骨下的部位，第三部分带皮后段标注胴体的腰椎和荐椎连接处分开的后腿部位。在关键点标注时，第一部分带皮前段标注胴体的第五、六根肋骨之间平行分开的前腿部位，第二部分大排标注胴体的脊椎骨下的部位，第三部分带皮后段标注胴体的腰椎和荐椎连接处分开的后腿部位。标注位置与分割标准不同的原因主要有两方面：一是根据 X 射线图像在标注的过程中并不能准确判断 4～6cm 的距离，而这个距离可以使用深度相机得到的距离信息解决；二是目标框标注六、七根肋骨之间的带皮前段部分能够保留完整的分割线，防止因标注的目标框不能完全包含五、六根肋骨之间形成的分割线，而导致分割线数据的丢失。

数据标注完成后，便可将标注好的数据传入建立的 Yolo-FPN 网络进行训练，得到预训练的 Yolo-FPN 检测模型。训练过程中，将胴体各部位识别网络和关键点检测网络分开训练，二者输入输出的数据不同，但是训练的过程相同。训练胴体各部位识别网络时，将标注目标框的数据输入胴体各部位识别网络，以计算输出值与目标值之间的误差，反向传播得到参数。训练关键点检测网络时，对整体的 X 射线图像根据目标框进行裁剪得到各个部位的图像，将各部位包含标注关键点的图像输入关键点检测网络，以计算输出值与目标值之间的误差和反向传播参数[16]。两个网络训练时，均是先对网络的权值进行随机初始化，接着将初始化的权值分别经过两个网络中每一层网络，前向传播后得到输出值，然后进行反向传播，计算输出值与目标值之间的误差，逐层向前传递误差并进行权重更新，继续进行前向传播与反向传播。当达到设定的循环次数时，训练结束，获得 Yolo-FPN 检测模型。

3) 关键点提取

将 X 射线图像传入 Yolo-FPN 检测模型的胴体各部位识别网络检测模型中，利用胴体各部位识别网络检测模型输出相应的预测结果，对预测结果进行解码，将解码后的图像根据预测出的目标框进行裁剪，输入关键点检测网络预测模型中，根据关键点检测网络预测模型中的参数输出相应的预测结果，即为预测出的关键点。

胴体各部位识别网络模型中解码过程为：在对胴体各部位识别网络检测模型预测出的图像进行解码时，先根据传入图像后输出的向量，对每一个类别按照置信度排序，判断得分最高框与其他框的交并比，提前设定交并比阈值，当计算出的交并比大于阈值时，表示两个框重合过多，即可剔除其中得分较小的框，再从没有处理的框中选择得分最大的框求交并比，最后遍历所有的预测框，输出检测结果。

4) 分割线生成

将 X 射线图片输入前期准备工作中得到的预训练 Yolo-FPN 检测模型，获得预测出的关键点。由于深度相机拍摄的图像与 X 射线图像为相同场景下的图像，故每一个像素点是一一对应的，可直接将 X 射线预测出的关键点像素坐标作用到深度相机相同场景下拍摄的图像中，连接相机拍摄图像中各个部位的关键点后，形成线条。

为减小检测结果的误差，采用的点动成线方法将相机拍摄图像中的关键点形成线条，具体实现方法为：根据检测出的关键点之间的距离设置阈值以抑制检测错误的点，假设以深度相机拍摄图像上与左上角原点最近的一点为起点，从起点出发，在阈值范围内，遍历四周一圈的像素点，若出现像素点为网络检测出的关键点且与起点距离最近，则将两点连接起来，将距离最近的一点作为新的起点，并删除原来的起点，循环该过程，直至不再出现关键点为止。

获取三维坐标之前需要对深度相机进行标定，本节采用张正友标定法，利用 Kinect Calibration Toolbox 标定软件完成相机对内部参数和外部参数的获取[17]。接着进行图像像素坐标转化和相机三维坐标转化[18]，首先是图像像素坐标系转化，得到图像坐标 $v(x,y)$，转化公式如下

$$\begin{cases} x=(n-n')\times k \\ y=(v-v')\times l \end{cases} \tag{3-2}$$

式中，(u',v') 为像素坐标系下的像素坐标，k、l 为像素单位坐标系在物理坐标系中的转化尺寸，(u,v) 表示像素单位坐标系中的像素位置。

然后是相机三维坐标转化，将图像坐标 $v(x,y)$ 转化为以 Kinect 摄像头光心为

原点的三维坐标 $V(X,Y,Z)$，其中 X、Y 轴与图像的 x 、 y 平行， Z 垂直于图像平面[19]，转化公式如下

$$\begin{cases} X = \dfrac{1}{f}(d - x + \cos\theta \times y) \\ Y = \dfrac{1}{f}(\sin\theta \times y \times d) \\ Z = d \end{cases} \tag{3-3}$$

式中，f 为深度相机的焦距，θ 为 Kinect 深度相机三维坐标与物理坐标系的夹角，一般情况下近似 90°，(x,y) 为图像坐标系中该点的坐标值，d 为 Kinect 深度相机测得的深度数据。结合式(3-2)和式(3-3)可得

$$\begin{bmatrix} X \\ Y \\ Z \end{bmatrix} = \frac{1}{f}\begin{bmatrix} -k & \cos\theta \times l & u'k - \cos\theta \times v'l \\ 0 & \sin\theta \times ld & -\sin\theta v'ld \\ 0 & 0 & fd \end{bmatrix}\begin{bmatrix} u \\ v \\ 1 \end{bmatrix} \approx \begin{bmatrix} -\dfrac{k}{f} & 0 & \dfrac{u'k+d}{f} \\ 0 & \dfrac{ld}{f} & -\dfrac{v'ld}{f} \\ 0 & 0 & d \end{bmatrix}\begin{bmatrix} u \\ v \\ 1 \end{bmatrix} = K^{-1}[u,v,1]^{\mathrm{T}} \tag{3-4}$$

式中，K 表示深度相机的内参矩阵。

标定完成获得内参矩阵 K 后，根据每个点在像素系下的坐标 (u,v)，即可得到拍摄场景下所有像素点在以 Kinect 摄像头光心为原点的三维坐标，根据上述计算，得到二维分割线的像素坐标，即可获得上表层粗略分割线的三维坐标。

5) 三维坐标获取

由于实际分割标准中的脊椎骨与带皮中段之间的分割线是在脊椎骨下约 4～6cm 的肋骨处平行分开，X 射线扫描出的图像虽然可以清晰地获得骨骼特征，但却不能确定距离信息，因此，本节采用深度相机得到的距离信息计算出 4～6cm 对应的像素点，进而调整上表层粗略分割线，形成精确的上表层分割线。调整粗略分割线时，需要获得分割线移动的目标像素值，移动上表层粗略分割线后，得到新的上表层分割线目标像素值，进而利用 Kinect 深度相机三维坐标转化公式获得移动后精确分割线的三维坐标，求解需要移动的目标像素公式如下

$$h = \frac{f}{d} \times H \tag{3-5}$$

式中，H 是受到实际分割标准限制的高度，大小为 4～6cm，h 为对应像素移动的距离，d 为相机到胴体的真实距离。

6) 分割面的获取

根据深度相机与工作台的距离信息，确定下表层精确分割线的三维坐标。在获得下表层精确分割线三维坐标过程中，需要先确定深度相机与工作台的距离 d'，假设上表层精确分割线的坐标为 $(x_n, y_n, z_n), n=1,2,3,\cdots$，则对应的下表层精确分割线的坐标为 $(x_n', y_n', z_n'), n=1,2,3,\cdots$。由位置关系可知，取上表层精确分割线坐标中最靠近 Kinect 深度相机三维坐标原点一端的点与对应的下表层精确分割线坐标中 X、Y 轴坐标相同点连接，上表层精确分割线中另外一端的点与下表层精确分割线另外一端的点连接后，便可形成外部分割面。

在已建立的肌骨模型中寻找外部分割面对应的位置，获取肌骨模型中该位置对应的信息，得到内部分割面。通过建立肌骨模型可得知胴体中每一根骨头的分布情况、每一个面上骨头和肉的大小、骨头在面中的位置、骨头的轮廓等信息。根据国家分割标准可知，带皮前段与带皮中段、带皮中段与带皮后段处均是沿着骨头之间的缝隙将二者分开，只有在分割大排与带皮中段时，骨头才会穿过大排与带皮中段的外部分割面，因此考虑内部骨头和肉之间的分割面时仅考虑分割大排与带皮中段之间的内部分割面即可。在确定大排与带皮中段之间的内部分割面时，为避免猪胴体沿着肋骨劈开后左右两边形态不同，首先需要根据流水线上建立的溯源系统，确定在肌骨模型之中待分割的半片胴体的位置；接着，在胴体的肌骨模型中找到脊椎骨下 4～6cm 对应的分割面，该分割面中包含骨头和肉的大小、骨头在面中的位置、骨头的轮廓等参数；然后，沿分割面将腰椎与第六根肋骨截断，只保留中间的分割面，获取中间分割面中所有骨头在面中的位置、骨头的大小、轮廓等信息；最后，将获取到的骨头在面中的位置、大小、轮廓等信息传递给已经获得的大排与带皮中段之间的外部分割面，按照骨头的轮廓和位置，在外部分割面中形成内部分割面，两个面融合之后即为最终的分割面，如图 3-17 所示。

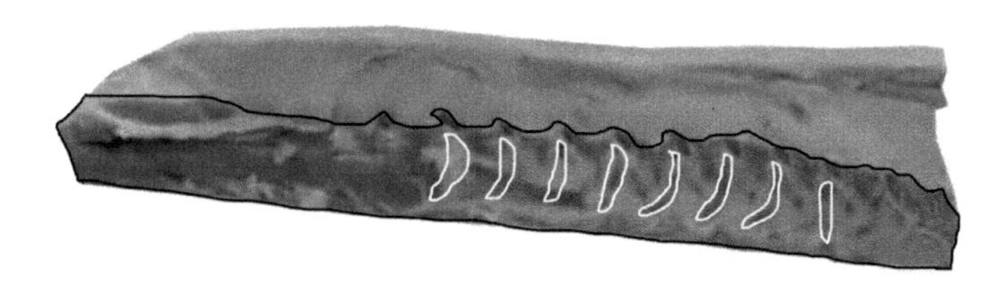

图 3-17　猪大排部位精确分割面的示意图

3.4.2　融合空间语义关系的猪肉胴体分割方法

3.4.2.1　猪肉胴体分割方法

视觉技术是实现猪肉胴体自动化分割的关键前提[20]，通过利用视觉传感器获取猪肉胴体的图像，可以为设备提供准确的分割参数[21]。在猪肉胴体加工过程中，为了提高加工效率，需要尽量减少猪肉胴体经过分割工位的时间。然而，这个过程可能会导致猪肉胴体图像出现运动模糊现象，使得猪肉胴体脊骨界面模糊不清，特征信息不完备，从而影响分割精度。针对上述问题，本节提出了一种融合空间语义关系的猪肉胴体分割方法，该方法主要包括以下步骤：使用视觉传感器获取猪肉胴体的图像，并进行预处理，减少图像噪声和改善图像质量；利用深度学习技术对预处理后的图像进行特征提取，识别和区分猪肉胴体的各个部位；根据提取的特征信息，结合空间语义关系，使用分割算法对猪肉胴体进行精确分割；对分割后的猪肉胴体进行后期处理，如去除多余部分、修整边缘等。这种方法可以有效地解决运动模糊和特征信息不完备的问题，提高猪肉胴体分割的精度和效率。

本节提出的融合空间语义关系的猪肉胴体分割方法如图 3-18 所示。首先，利用串行叠加扩张卷积对特征提取网络进行改进，通过设置不同扩张率和添加跳跃连接，提高猪肉胴体分割网络的感知能力和训练速度。然后，结合猪肉胴体脊骨界面不同部位之间的语义关系，学习空间语义特征，解决猪肉胴体脊骨界面特征信息不完备问题。最后，融合猪肉胴体视觉特征和空间语义特征，利用最小化损失函数训练网络模型，实现猪肉胴体的快速分割。

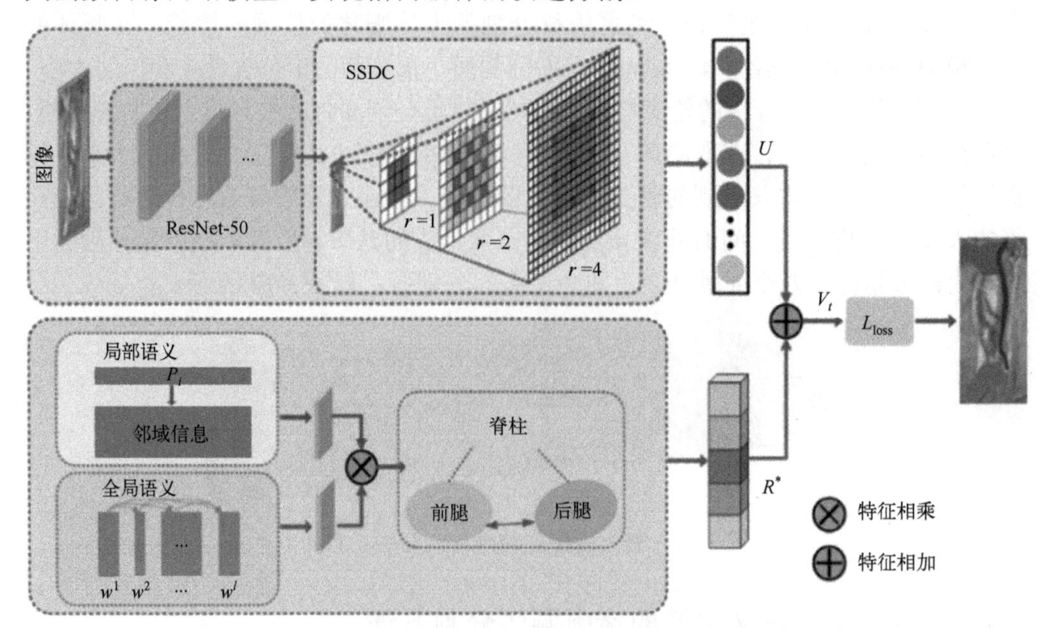

图 3-18　融合空间语义关系的猪肉胴体分割方法

1）网络模型构建

为提高猪肉胴体的分割效率，降低猪肉胴体分割网络模型的参数量并实现快速分割，本节采用了深度残差神经网络(Deep Residual Network，ResNet)作为猪肉胴体分割的基础网络[22]。ResNet 是一种深度学习网络结构，通过引入残差块和跳跃连接，有效地解决了深度神经网络中的梯度消失和模型退化问题。相较于传统的卷积神经网络(CNN)或其他分割网络，ResNet 在保持较高分割精度的同时具有更少的参数量和更快的推理速度，因此，基于 ResNet 的猪肉胴体分割网络模型在满足生产需求方面具有显著优势。

ResNet 的分割网络模型如图 3-19 所示。首先对输入的猪肉胴体图像进行卷积，设置卷积核大小为 3×3，步长为 2，经过 13 层卷积后进行批量归一化，然后通过 ReLU 激活函数将上层输出转换为非线性[23]，这一操作可降低计算复杂度，提升猪肉胴体分割网络的拟合能力，避免梯度消失，经过上述过程得到特征图 F_1。此外，对输入的猪肉胴体图像进行 2×2 最大池化，加快猪肉胴体分割网络模型的训练速度，输出特征图 F_2。在猪肉胴体分割网络模型中添加跳跃连接，使得特征提取更为高效，将 F_1 和 F_2 融合并与跳跃连接结果相叠加，得到最终的分割结果。

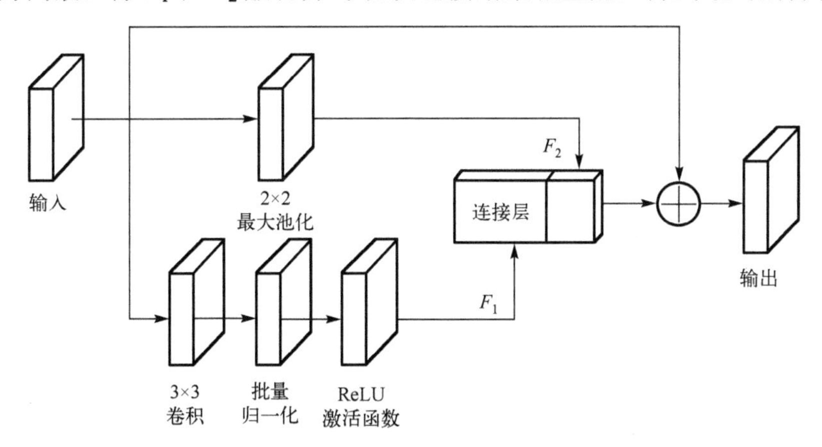

图 3-19　ResNet 的分割网络模型

为了进一步改善猪肉胴体分割网络的性能，本节采用一种串行叠加扩张卷积模块。通过设置不同扩张率，改善猪肉胴体分割网络的感受野[24]，从而更好地捕捉猪肉胴体脊骨界面的特征信息。串行叠加扩张卷积模块具有较少的网络层数，因此在无附加参数的情况下，能够提高猪肉胴体分割网络的感知能力，该模块利用 3×3 的扩张卷积对输入特征图进行空洞卷积，通过设置不同的卷积扩张率，可以将三个不同扩张率的卷积依次进行叠加连接，形成串行叠加扩张卷积模，如图 3-20 所示。串行叠加扩张卷积模块能以较少的参数保证猪肉胴体分割网络的精度，其设计思路是通过扩张卷积操作增加网络模型的感受野，从而更好地捕捉到猪肉胴体脊骨界面的特征信息。同时，通过串行叠加的设计，可以在保持较低网络层数的情况下，保证良好的特征捕捉和分割性能。在实际应用中，可以根据具体的猪肉胴体类型和分割需求，调整卷积扩张率等参数，实现最佳的分割效果。

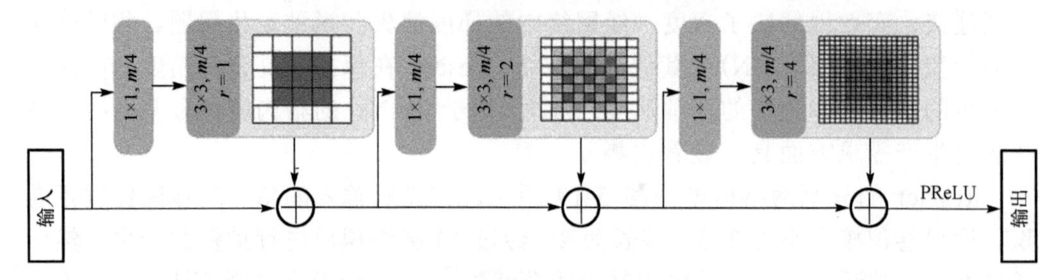

图 3-20　串行叠加扩张卷积模块

2) 空间语义特征提取

在猪肉胴体的传输过程中，运动等因素往往会导致猪肉胴体脊骨界面图像模糊不清，特征信息不完备。针对上述问题，本节根据猪肉胴体前腿、肋骨、脊骨和后腿的位置关系构建空间语义相关矩阵并提取空间语义特征，从而实现对猪肉胴体不同区域的有效分割。空间语义特征提取模型如图 3-21 所示。首先通过图像处理技术识别和提取猪肉胴体各部位的轮廓和特征点。然后，根据这些特征点和它们之间的空间位置关系构建空间语义相关矩阵，矩阵的每个元素都表示相应部位之间的语义关系，例如，肋骨和脊骨之间的相对位置、角度等信息。通过分析该矩阵，可以获取猪肉胴体各部位之间的空间关系和运动信息。

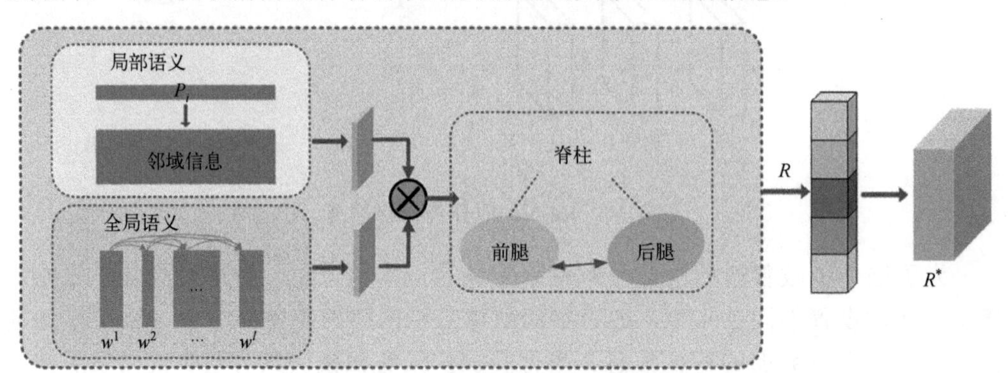

图 3-21　空间语义特征提取模型

猪肉胴体脊骨界面不同部位标签的空间语义相关矩阵表示为

$$R = \omega_M M + \omega_N N = \begin{Bmatrix} x_{00} & \cdots & x_{0(c-1)} \\ \vdots & & \vdots \\ x_{(c-1)0} & \cdots & x_{(c-1)(c-1)} \end{Bmatrix} \tag{3-6}$$

式中，M 表示猪肉胴体不同部位间的全局相关性，N 为输入猪肉胴体图像的局部相关矩阵，ω_M 和 ω_N 为权重向量，c 表示类别。

通过学习猪肉胴体不同部位标签的全局和局部语义相关性，提高猪肉胴体分割网络性能。全局语义相关性表示为

$$M = \frac{1}{2}\sum_{i=1}^{l}\sum_{j=1}^{l} s_{ij} r_i^{\mathrm{T}} r_j \tag{3-7}$$

$$s_{ij} = \frac{\left|w^i \Delta w^j\right|}{\left|w^i \cup w^j\right|} \tag{3-8}$$

式中，l 为标签数，r_i^{T} 和 r_j 分别表示第 i 个标签和第 j 个标签的判别性，s_{ij} 表示标签间的相关系数，w^i 和 w^j 可以用来表示标签间的共现关系。

在计算标签的局部语义相关性时，利用欧氏距离获得 k 个最近邻。标签的概率计算公式为

$$P_i = \frac{1}{k}\sum_{i=1}^{k} w_{P_i} \tag{3-9}$$

式中，P_i 表示邻域标签概率，w_{P_i} 为第 i 个邻域标签。

然后，通过标签邻域信息计算局部语义相关性，猪肉胴体不同部位标签的局部语义相关性可表示为

$$N = \sum_{i=1}^{l} \left\| A w_i - P_i \right\|_2^2 \tag{3-10}$$

式中，A 为线性回归系数，w_i 表示标签。

猪肉胴体分割网络通过迭代训练，得到猪肉胴体不同部位的空间语义相关关系，实现猪肉胴体脊骨界面的空间语义特征提取。

3）融合空间语义关系的猪胴体分割方法

本节提出的方法是通过融合猪肉胴体的视觉特征和空间语义特征，实现对猪肉胴体的快速分割，该方法能够捕捉到猪肉胴体不同部位之间的信息，建立不同部位之间的连接关系，获得猪肉胴体脊骨界面特征信息不完备区域的空间语义特征，通过融合这些空间语义关系[25]，进一步提升猪肉胴体视觉特征的准确度。该方法首先对猪肉胴体图像进行预处理[26]，提取出不同部位的特征信息，如形状、纹理和颜色等。然后，利用图像处理技术和机器学习算法，对猪肉胴体不同部位的轮廓和特征点进行识别和提取。接下来，根据提取的特征点和它们之间的空间位置关系，构建猪肉胴体的空间语义相关矩阵[27]，描述不同部位之间的相对位置、角度等信息。最后，将视觉特征和空间语义特征进行匹配和对应，建立它们之间

的联系，通过一定的融合策略，如加权融合或叠加融合等[28]，将视觉特征和空间语义特征进行有效融合。

首先，对猪肉胴体图像的视觉显著特征图的候选区域进行提取，将候选区域作为一个单元，对单元特征 U 和更新后的猪肉胴体脊骨界面空间语义特征 R^* 进行融合，预测猪肉胴体分割区域，上述过程表示为

$$V_t = F_V(U, R^*) \tag{3-11}$$

式中，V_t 为特征向量，F_V 为特征融合输出，包含视觉信息和空间语义信息。

然后，特征向量 V_t 通过全连接层实现猪肉胴体部位类别预测[29]，完成猪肉胴体的分割任务。利用最小化损失函数训练模型，包括分类损失和回归损失，可以表示为

$$L_{\text{loss}} = \frac{1}{N_f}\sum_{b}\sum_{c=1}^{C} -(1-\hat{y}_b^c)^{\sigma} \log \hat{y}_b^c + \lambda \frac{1}{N_h}\sum_{b} Q_b^* H(E_b - E_b^*) \tag{3-12}$$

式中，N_f 和 N_h 表示损失函数的归一化，c 为类别，b 为候选区域编号，y_b^c 为预测概率，E_b 和 E_b^* 分别为候选区域坐标和真实区域坐标，H 为 Smooth L2 函数，σ 为 Sigmoid 函数，λ 为平衡权重。

3.4.2.2　猪肉胴体清晰图像分割结果

本节提出的方法对清晰猪肉胴体图像的分割结果如图 3-22 所示。利用三种色块表示猪肉胴体的前腿(绿色)、脊骨(红色)和后腿(黄色)，其中，图 3-22(a)～(e)分别为不同网络下对猪肉胴体图像的分割结果，图 3-22(f)为本节方法的分割结果。

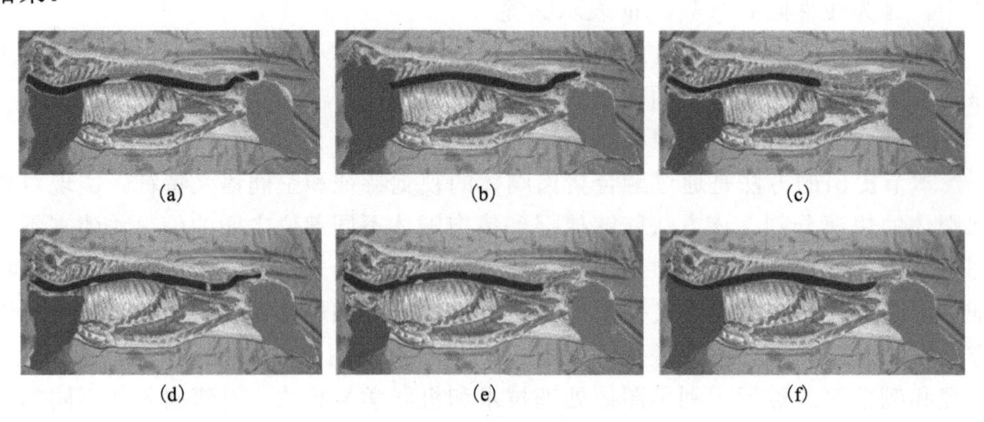

(a)　(b)　(c)　(d)　(e)　(f)

图 3-22　清晰猪肉胴体图像分割结果(见彩图)

表 3-1 为清晰猪肉胴体图像的平均交并比和分割时间。根据表中分割结果可

得出，本节方法的平均交并比最大，为 74.8%，本节方法对猪肉胴体脊骨的分割精度最为优秀，为 62.7%。PDBNet(Program Database Net)[30]对猪肉胴体前腿的分割精度最好，为 75.8%。LADNet(Link Automatic Discovery Net)[21]对猪肉胴体后腿的分割精度最好，为 87.8%。DRSNet(Dynamic Resource Scheduler Net)[31]的分割时间最短，为 0.106s。

表 3-1　清晰猪肉胴体图像的平均交并比和分割时间

网络	脊骨/%	前腿/%	后腿/%	mIOU/%	t/s
SPSSNet	60.3	74.7	85.7	73.5	0.379
PDBNet	60.4	75.8	84.6	74.2	0.384
DRSNet	58.3	72.4	85.9	71.8	0.106
LADNet	58.6	71.2	87.8	72.2	0.207
LSNet	60.2	70.1	84.3	70.7	0.376
本节方法	62.7	75.1	86.4	74.8	0.208

3.4.2.3　猪肉胴体模糊图像分割结果

本节提出的方法对模糊猪肉胴体图像的分割结果如图 3-23 所示。

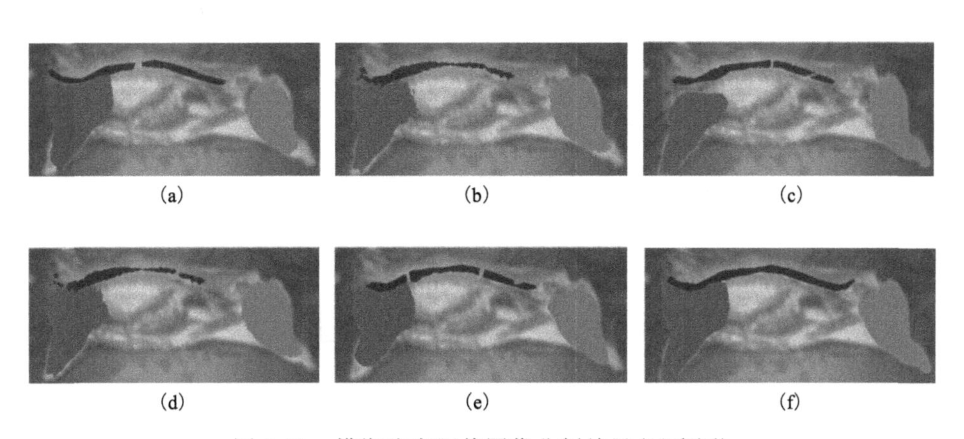

(a)　(b)　(c)　(d)　(e)　(f)

图 3-23　模糊猪肉胴体图像分割结果(见彩图)

表 3-2 为模糊猪肉胴体图像的平均交并比和分割时间。根据表中分割结果可以得出，本节方法的平均交并比最大，为 70.3%。本节方法对猪肉胴体脊骨和后腿的分割精度最为优秀，分别为 59.8%和 85.2%。SPSSNet(Statistical Product and Service Solutions Net)对猪肉胴体前腿的分割精度最好，为 71.5%。DRSNet 的分割时间最短，为 0.115s。本节方法的分割时间略高于 DRSNet，为 0.217s。

表 3-2　模糊猪肉胴体图像的平均交并比和分割时间

网络	脊骨/%	前腿/%	后腿/%	mIOU/%	t/s
SPSSNet	59.1	71.5	82.6	69.6	0.414
PDBNet	55.6	69.2	83.9	63.4	0.392
DRSNet	56.4	66.5	84.7	67.1	0.115
LADNet	54.3	69.4	83.3	65.3	0.219
LSNet	58.8	68.7	81.4	67.7	0.401
本节方法	59.8	70.6	85.2	70.3	0.217

3.4.3　应用于猪类胴体分割机器人的自主调节方法

本节提出了一种猪胴体自动化精确切割方法，该方法结合了深度学习、机器学习和图像处理等技术，通过高斯模糊[32]、灰度化[33]、图像二值化[34]和轮廓提取[35]等方法，实现了对猪胴体表面体尺特征的准确提取。首先，通过深度相机提取猪胴体表面体尺特征[36]，依次对深度相机获得的图像使用高斯模糊、灰度化、图像二值化和轮廓提取，获取猪胴体的最大轮廓，同时，寻找五个特殊点以及三个分割框的位置[37]，粗计算切割目标点的位置；然后，根据得到的切割目标点位置围成分割框对猪胴体图像进行裁剪，将裁剪后的图像输入目标检测网络进行精细化特征提取与分割[38]，获取半精确分割路线；最后，刀具根据半精确切割位置对猪胴体进行切割，采用力控传感器对刀具的力反馈数据进行监测，设置奖惩值，根据奖惩值判断分割路线的偏差，获取精确切割路线。具体流程如图 3-24 所示。

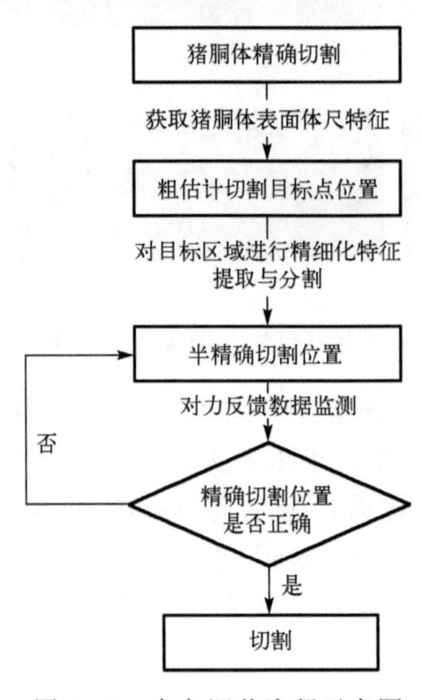

图 3-24　自主调节流程示意图

(1)深度相机在深度分辨率、深度测量精度方面具有较大优势，并且具有实时处理和全天候工作的保障，功耗也相对较低，因此采用深度相机对猪胴体进行拍摄得到猪胴体图像。在拍摄猪胴体时，为了对猪胴体进行精准定位并确定分割线位置，需要将猪胴体内腔部分向上摆放，确保胴体完全伸展，无折叠部分，以便得到猪前腿、后腿和脊骨部位的图像。然后，对深度相机拍摄的图像进行预处理，获取猪胴体表面体尺特征，包括体型特征和尺寸特征，提取猪胴体的最大轮廓，根据最大轮廓粗略估计切割目标点位置。同时，选用高斯模糊去噪，高斯正态分布密度函数[39]如下

$$f(x)=\frac{1}{\sigma\sqrt{2\pi}}\mathrm{e}^{-x^2/2\sigma^2} \tag{3-13}$$

式中，μ 是 x 的均值，σ 是 x 的标准差。

将图像上各点以“中心点”作为原点，其他点按照正态曲线上的位置分配权重，得到一个加权平均值[40]。加权后像素值为

$$G(x,y)=\frac{1}{2\pi\sigma^2}\mathrm{e}^{-(x^2+y^2)/2\sigma^2} \tag{3-14}$$

然后进行灰度化处理，将高斯模糊后的三个通道的猪胴体图像经过灰度化公式变换为只有一个通道的灰度化图像，简化矩阵，提高运算速度。灰度化公式为

$$\mathrm{Gray}=0.3R+0.59G+0.11B \tag{3-15}$$

式中，Gray 为灰度化图像的灰度值，R 为高斯模糊后图像的红色通道的像素值，G 为高斯模糊后图像的绿色通道的像素值，B 为高斯模糊后图像的蓝色通道的像素值。

通过图像二值化来提取灰度化图像中的信息，得到二值化图像，增加轮廓提取效率[41]。接着应用轮廓提取法提取猪胴体的最大轮廓[42]。为了得到轮廓图，使用掏空内部点法，遍历二值化图像上的每一个像素点，若该像素点与周围八个相邻像素点的灰度值相同，则将该点的灰度值变为 255(白色)，最后将最大轮廓提取出来[43]。寻找最大轮廓的五个特殊点，根据五个特殊点粗略估计切割目标点位置，如图 3-25 所示。

为了缩小切割线所在范围，粗略估计切割目标点位置，运用寻找特殊点的方法。寻找能够包围猪胴体外部轮廓的最小长方形，将最小长方形的两条对角线的交点作为第一特殊点；将对角线与后腿上半部分的交点作为第二特殊点；将对角线与前腿上半部分的交点作为第三特殊点；以图像左上角的点为原点，图像的横向和纵向分别为 x、y 轴[44]，取每条对角线与猪胴体的最大轮廓的交点中 y 轴最

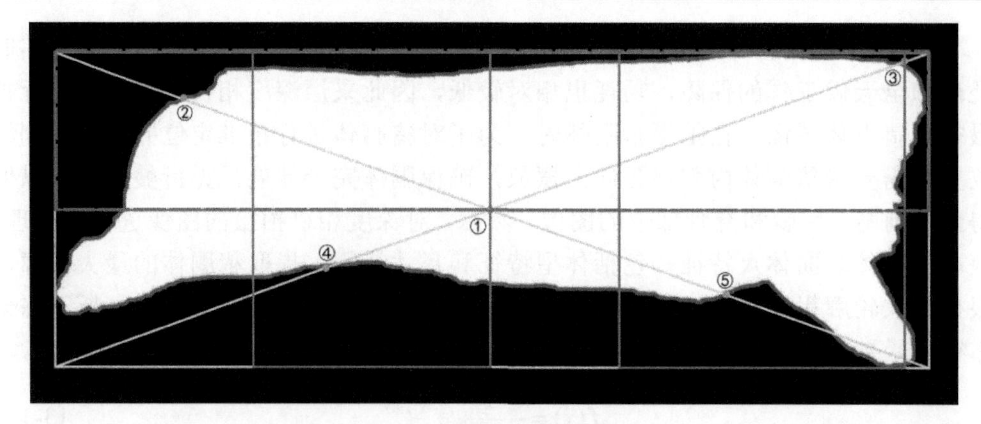

图 3-25　特殊点粗估计图

小的两个点，一共组成五个特殊点，其中靠近后腿部分的交点为第四特殊点，靠近前腿部分的交点为第五特殊点。

设第一特殊点的位置坐标为 (X_1,Y_1)，第二特殊点的位置坐标为 (X_2,Y_2)，第三特殊点的位置坐标为 (X_3,Y_3)，第四坐标点的位置坐标为 (X_4,Y_4)，第五特殊点的位置坐标为 (X_5,Y_5)，包围猪胴体的最大轮廓的最小长方形的 y 轴坐标分别为 Y_6、Y_7。

以点 $\left(\dfrac{X_2+X_4}{2},Y_6\right)$、$\left(\dfrac{X_2+X_4}{2},Y_7\right)$、$(X_1,Y_6)$、$(X_1,Y_7)$ 为顶点做矩形，此矩形就为第一分割框，第一分割框为后腿和脊椎骨粗略切割目标点范围；以 $\left(\dfrac{X_1+X_5}{2},Y_6\right)$、$\left(\dfrac{X_1+X_5}{2},Y_7\right)$、$(X_3,Y_6)$、$(X_3,Y_7)$ 为顶点做矩形，此矩形就为第二分割框，第二分割框为前腿和脊椎骨粗略切割目标点范围。

(2) 根据获得的切割目标点位置所构成的分割框，对猪胴体图像进行裁剪，随后将裁剪后的图像输入至目标检测网络中进行精细化特征提取与分割，从而获取半精确的分割路径。通过粗略估计的切割目标点位置，根据五个特殊点所确定的分割框对原始图像进行裁剪，并在裁剪后的图像上进行分割线标注。随后，将标注后的图像输入至目标检测网络中，通过神经网络对分割线位置进行检测，得到半精确的切割位置。此方法具有以下优点：首先，不需要将完整的图像传入目标检测网络中，从而减小了计算量，便于特征的提取；其次，避免了各个部位相互干扰，使目标检测网络预测结果更加准确。

目标检测网络为 YoloX (You Only Look Once X) 网络，网络结构图如图 3-26 所示。YoloX 网络由主干特征提取网络 (Cross Stage Partial Darknet，CSPDarknet)、加强特征提取网络 (Feature Pyramid Network，FPN)、分类器与回归器 YoloHead 三个部分组成[45]，CSPDarknet 和 FPN 主要用来学习输入图像的特征，YoloHead

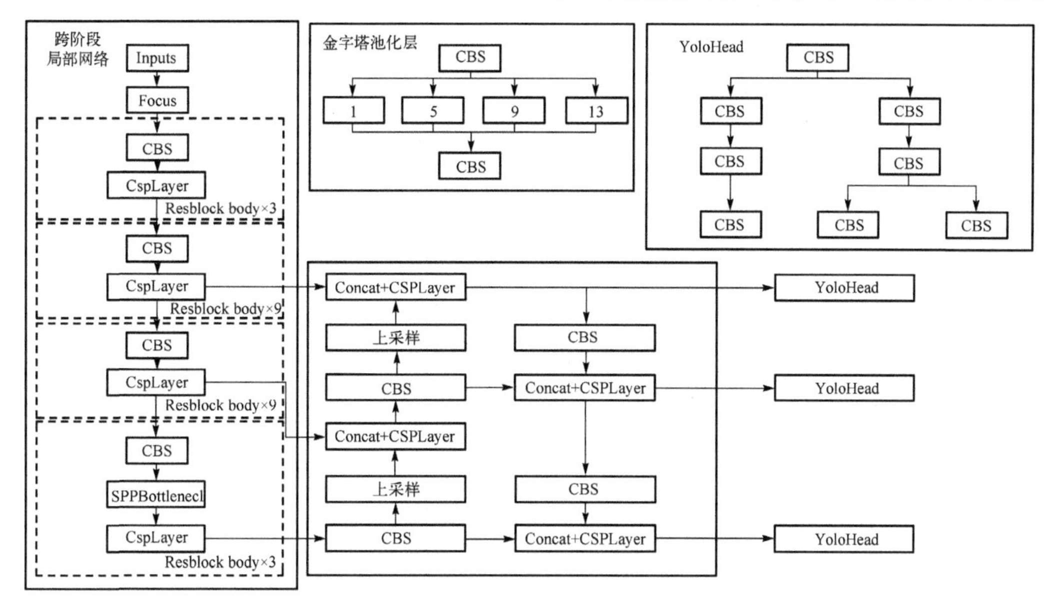

图 3-26　基于自主调节的 YoloX 网络结构图

用来预测猪胴体各部位分割线的位置。YoloX 网络对裁剪后的标注分割线的图像进行处理的过程为：图像经过预处理之后，将图像大小固定至大小为 604×604，输入 CSPDarknet，CSPDarknet 先将图像输入 Focus 结构中，得到大小为 320×320 的特征图，使得运算参数减少，减少计算量，Focus 结构先采用切片操作再经过一次 CBS 处理[46]，CBS 处理包括卷积+标准化+SiLU 激活函数，卷积用来提取图像纹理信息，标准化使数据更符合均值为 0、方差为 1 的标准差分布，SiLU 激活函数用来解决卷积过程中的线性问题，为网络提供非线性模型表示能力。320×320 特征图依次经过 Resblock_body×3 模块、Resblock_body×9 模块、Resblock_body×9 模块、Resblock_body×3 模块进行处理，在后三个 Resblock_body 模块处理后提取出 80×80、40×40、20×20 的特征图，分别直接输入 FPN 中。每个 Resblock_body 模块由一次下采样和多次残差堆叠而成，避免了网络深度增加而带来的训练困难的问题[47]。Resblock_body 模块过程为：特征图先经过一次 CBS 处理后，进入 CspLayer 层，CspLayer 层将特征图分为两部分，两部分经过一次 CBS 处理后，其中一部分先经过 3、9、9、3 个 Rse unit 残差组件，再经过一次 CBS 处理，与另一部分实现张量拼接，以整合特征图的信息，之后再进行一次 CBS 处理后输出。一个 Res unit 残差组件包括经过两次 CBS 处理后的特征图与原特征图的张量相加。其中，最后一个 Resblock_body×3 模块将上一个 Resblock_body×9 模块得到的 40×40 的特征图经过一次 CBS 处理后，需要先经过 SPPBottlenecl 模块后进入 CspLayer 层，再分为两部分处理。SPPBottlenecl 模块将特征图经过一次 CBS 处理后，采用 1×1、5×5、9×9、13×13 的最大池化方式进行尺度融合，继续经过一次 CBS 处理后得到 20×20 的特征图。

FPN 将大小为 20×20 的特征图先经过一次 CBS 处理后，将得到的 20×20 的特征图分为两个部分[48]。20×20 的特征图一部分等待与后续得到的特征图进行张量拼接，另一部分经过上采样与主干特征提取网络中得到的大小为 40×40 的特征图进行张量拼接，再次输入一个 CspLayer(FPN 网络中 CspLayer 中的 Res unit 残差组件均为 3 个)层，继续一次 CBS 处理后得到 40×40 的特征图，并分为两部分。40×40 的特征图一部分经过上采样与主干特征提取网络中得到的大小为 80×80 的特征图进行张量拼接，再次输入一个 CspLayer 模块，得到 80×80 的特征图，并分为两部分。80×80 的特征图一部分直接传入 YoloHead 中，另一部分继续经过一次 CBS 处理后，与得到的 40×40 的特征图的另一部分进行张量拼接后，再次传入一个 CspLayer 层，得到 40×40 的特征图，并分为两部分。40×40 的特征图一部分直接传入 YoloHead 中，另一部分继续经过一次 CBS 处理后，与得到的 20×20 的特征图的另一部分进行张量拼接，再次传入一个 CspLayer 层，得到 20×20 的特征图，将 20×20 的特征图直接传入 YoloHead。YoloHead 将分类与回归分开预测，使 FPN 网络中传递到的 80×80、40×40、20×20 的特征图经过一次 CBS 处理后分为两部分，两部分均进行两次 CBS 处理，一部分输出 Cls 以判断每一个特征点所包含物体的种类[49]，另一部分输出 Reg 和 Obj，以判断每一个特征点的回归参数以及是否包含物体。

(3)根据半精确的切割位置，控制刀具对猪胴体进行切割。在此过程中，力控传感器对刀具的力反馈数据进行监测，运用强化学习方法使刀具受到的力和环境进行交互，从而获得奖惩值。根据奖惩值可以判断分割路线的偏差，进一步获取精确的切割路线。

当刀具在切割猪肉时，会给猪肉一个挤压的力，由于力的相互性，猪肉也会给刀具一个大小相等的反作用力。以这个刀具所受到的反作用力作为研究对象，将其与力控传感器相连接，力控传感器所显示的数值即为刀具受到的力。根据半精确的切割位置，刀具对猪胴体进行切割，通过力控传感器对刀具的力反馈数据进行监测，以刀具两侧受到的力为研究对象，根据力传感器传出的力的数值，运用强化学习方法获得奖惩值；根据获得的奖惩值，可以对分割路线进行偏差分析，大致确定偏差所处范围；根据分割路线的偏差所处范围，返回到 YoloX 目标检测网络，在原分割线的基础上调整分割范围坐标点，重新对目标区域进行精细化特征提取与分割，再次获取半精确切割位置，进行切割。通过这样的迭代过程，最终可以获取精确的切割路线。这种方法结合了力控传感器和强化学习方法，能够实现精准的猪肉切割。

在分割前期，根据获得的半精确分割位置对猪胴体各部位进行多次分割实验，对得到的多个力进行汇总并绘制直方图，利用直方图进行分析，并根据直方图的波峰和波谷之间的关系，选择出一个较好的阈值，设置阈值分割力 F 。假设刀具足够锋利(即刀具的刀刃的截面为一个三角形，顶角的角度为 θ)，不考虑刀具的材料，当刀具切割猪胴体时，会对猪胴体产生一个竖直向下的力 F_1 ，猪胴体会对刀具刀刃两侧产生两个垂直于刀刃两侧的力 F_2 、 F_3 ，三力的关系如下

$$F_2 = F_3 = F_1 \times \frac{\theta}{2} \tag{3-16}$$

以刀具刀刃两侧受到的力 F_2 、 F_3 为研究对象，运用强化学习方法使刀具受到的力和环境进行交互，将力控传感器测量得到的力 F_2 和 F_3 分别与分割力阈值 F 进行比较，假设 $F \times \theta/2 = F_4$ ，对分割结果进行奖励和惩罚。从环境中获得的奖励值越高，说明当下分割路线更有利于对猪胴体准确地分割；反之，如果分割系统从环境中获得很大的惩罚值，则表示此分割路径发生了偏差，不够准确，应该尽量避免，对分割机器人进行奖惩的训练，使其能够根据奖惩值的大小来判断分割路线的偏差量，奖惩值的设置如下

$$\text{Reward}\begin{cases}100, & 0.95F_4 \leqslant F_2 = F_3 \leqslant 1.05F_4 \\ 50, & 0.90F_4 \leqslant F_2 = F_3 \leqslant 0.95F_4,\quad 1.05F_4 \leqslant F_2 = F_3 \leqslant 1.1F_4 \\ 10, & 0.85F_4 \leqslant F_2 = F_3 \leqslant 0.90F_4,\quad 1.10F_4 \leqslant F_2 = F_3 \leqslant 1.15F_4 \\ -50, & 0.80F_4 \leqslant F_2 = F_3 \leqslant 0.85F_4,\quad 1.15F_4 \leqslant F_2 = F_3 \leqslant 1.20F_4 \\ -100, & F_2 \neq F_3,\quad F_2 = F_3 \geqslant 1.20F_4,\quad F_2 = F_3 \leqslant 0.8F_4 \end{cases} \tag{3-17}$$

分割机器人根据所获得的奖惩值大小对分割路线进行偏差判断，更加准确地获得偏差数据。奖惩值的大小与偏差的关系主要为五种情况，如表3-3所示。

表3-3　奖惩值的大小与偏差的关系

序号	奖惩值	偏差 N/mm
1	100	N=0
2	50～100	5>N>0
3	10～50	10>N>5
4	−50～10	15>N>10
5	−100～−50	N>15

根据奖惩值的大小，按照上表数据对分割路线进行偏差分析，可以大致确定分割路线的偏差所处范围。然后，根据分割路线的偏差所处范围，返回到步骤(2)，即在原分割线的基础上调整分割范围坐标点。通过调整分割范围坐标点，重新对目标区域进行精细化特征提取与分割，再次获取半精确的切割位置。然后，重复

步骤(3)，再次进行切割操作。通过这样的迭代过程，可以逐步优化切割路线，提高猪肉加工的质量和效率。

3.5 本章小结

本章主要针对现有分割效率低的问题，研制可变构型畜类胴体快速切块机器人，突破现有畜类肉品分步、多次切块方法，设计集成多种分割刀具的一刀多块快速切块设备，该设备由可移动电锯、可变构型刀具、自主感知与调节系统、实时通信模块、协同控制模块等组成。同时，针对现有畜类肉品切块装置缺乏自主切割路径规划功能的问题，提出了一种“粗-细”多级自主调节控制策略。该策略不仅提高了切割的精度，而且能够使机器人在加工过程中自主完成各种动作要求。此外，本章还研究了畜类胴体的最优切割路径自主规划方法。通过自主规划机器人本体及末端刀具的运动轨迹，实现畜类胴体的高效精准分割。

参考文献

[1] 江波, 屈若锟, 李彦冬, 等. 基于深度学习的无人机航拍目标检测研究综述. 航空学报, 2021, 42(4): 137-151.

[2] 王淑青, 黄剑锋, 张鹏飞, 等. 基于 Yolo v4 神经网络的小龙虾质量检测方法. 食品与机械, 2021, 37(3): 120-124.

[3] 罗相好, 邹朝鑫. 基于改进 Yolo v5 特征提取的安全帽检测算法研究. 信息与电脑, 2023, 35(11): 97-99.

[4] 胡艺馨, 张逸杰, 方健, 等. 面向目标检测任务的轻量化网络模型设计. 计算机工程与设计, 2023, 44(2): 548-555.

[5] 黄志强, 李军, 张世义. 基于轻量级神经网络的目标检测研究. 计算机工程与科学, 2022, 44(7): 1265-1272.

[6] 于源卓. 融合物体语义信息的移动机器人视觉 SLAM 算法研究. 无锡: 江南大学, 2022.

[7] 张燊, 胡林, 孙祥娥, 等. 基于注意力机制及多尺度融合的红外船舶检测. 激光与光电子学进展, 2023, 60(22): 256-262.

[8] 金雨芳, 吴祥, 董辉, 等. 基于改进 Yolo v4 的安全帽佩戴检测算法. 计算机科学, 2021, 48(11): 268-275.

[9] Du H, Wang W, Xang X, et al. Scene image recognition with knowledge transfer for drone navigation. Journal of Systems Engineering and Electronics, 2023, 34(5): 1309-1318.

[10] 张凯煊, 蔡国永, 朱琨日. 图像美学信息增强的视觉感知推荐系统. 计算机科学, 2023,

50(S2): 285-292.

[11] 李兰, 刘杰, 张洁. 基于 Yolo v4 改进算法的复杂行人检测模型研究. 计算机工程与科学, 2022, 44(8): 1449-1456.

[12] 张路达, 邓超. 多尺度融合的 Yolo v3 人群口罩佩戴检测方法. 计算机工程与应用, 2021, 57(16): 283-290.

[13] 张智坚, 曹雪虹, 焦良葆, 等. 基于改进 YoloX 的输电通道工程车辆检测识别. 计算机测量与控制, 2022, 30(9): 67-73.

[14] 史浩琛, 金致远, 唐文婧, 等. 基于深度学习的高精度晶圆缺陷检测方法研究. 电子测量与仪器学报, 2022, 36(11): 79-90.

[15] 杨飞帆, 李军. 面向自动驾驶的 Yolo 目标检测算法研究综述. 汽车工程师, 2023, 14(11): 1-11.

[16] 刘红军, 魏旭阳. 基于卷积神经网络的电缆同轴度检测技术. 南方电网技术, 2021, 15(4): 121-126.

[17] 赵浚壹. 基于深度相机的无人机三维场景重建技术研究. 桂林: 桂林电子科技大学, 2021.

[18] 姜萌萌. 鱼群密度光学检测系统的研究. 秦皇岛: 燕山大学, 2018.

[19] 张巍. 基于深度相机 Kinect 的植物叶片重建研究. 镇江: 江苏大学, 2016.

[20] Jackman P, Sun D W, Allen P. Recent advances in the use of computer vision technology in the quality assessment of fresh meats. Trends in Food Science and Technology, 2011, 22(4): 185-197.

[21] Modzelewska-Kapitua M, Jun S. The application of computer vision systems in meat science and industry: a review. Meat Science, 2022, 192: 108904-108906.

[22] Fan T, Wang G, Li Y, et al. MA-Net: a multi-scale attention network for liver and tumor segmentation. IEEE Access, 2020, 8: 179656-179665.

[23] Lei X, Sun B, Peng J, et al. Fisheye image object detection based on an improved yolo v3 algorithm//The 2020 Chinese Automation Congress (CAC), Shanghai, 2020.

[24] Zhang Z, Wang X, Jung C. DCSR: dilated convolutions for single image super-resolution. IEEE Transactions on Image Processing, 2018, 28(4): 1625-1635.

[25] Zhou W, Jin J, Lei J, et al. CIMFNet: cross-layer interaction and multiscale fusion network for semantic segmentation of high-resolution remote sensing images. IEEE Journal of Selected Topics in Signal Processing, 2022, 16(4): 666-676.

[26] Mamoon S, Manzoor M A, Zhang F, et al. SPSSNet: a real-time network for image semantic segmentation. Frontiers of Information Technology and Electronic Engineering, 2020, 21(12): 1770-1782.

[27] Dai Y, Wang J, Li J, et al. PDBNet: parallel dual branch network for real-time semantic segmentation. International Journal of Control, Automation and Systems, 2022, 20(8): 2702-2711.

[28] Wang F, Zhang Y. A de-raining semantic segmentation network for real-time foreground segmentation. Journal of Real-Time Image Processing, 2021, 18: 873-887.

[29] Hu X, Gong Y. Lightweight asymmetric dilation network for real-time semantic segmentation. IEEE Access, 2021, 9: 55630-55643.

[30] Sheng P, Shi Y, Liu X, et al. LSNet: real-time attention semantic segmentation network with linear complexity. Neurocomputing, 2022, 509: 94-101.

[31] Wang Q, Li Z, Zhang S, et al. A versatile wavelet-enhanced CNN-transformer for improved fluorescence microscopy image restoration. Neural Networks, 2024, 170: 227-241.

[32] Zhao H, Xu J, Hao Y, et al. Recognition of the orbital-angular-momentum spectrum for hybrid modes existing in a few-mode fiber via a deep learning method. Optics Express, 2023, 31(19): 30627-30638.

[33] 周家柠，郭红宇，陈红．基于深度学习的磁共振液体衰减反转恢复序列图像合成方法．生物医学工程学杂志, 2023, 40(5): 903-911.

[34] 叶蕾，王婷婷，郭海燕，等．一种基于图信号处理的BP神经网络语音识别方案．南京邮电大学学报：自然科学版, 2023, 43(5): 1-8.

[35] Liu Z, Tong L, Chen L, et al. CANet: context aware network for brain glioma segmentation. IEEE Transactions on Medical Imaging, 2021, 40(7): 1763-1777.

[36] Hsu J, Chiu W, Yeung S. DARCNN: domain adaptive region-based convolutional neural network for unsupervised instance segmentation in biomedical images // Proceedings of the IEEE/CVF Conference on Computer Vision and Pattern Recognition, 2021: 1003-1012.

[37] Peng D, Xiong S, Peng W, et al. LCP-Net: a local context-perception deep neural network for medical image segmentation. Expert Systems with Applications, 2021, 168: 114234.

[38] 涂本帅．基于视觉的猪胴体智能开膛机器人系统研究．武汉：华中农业大学, 2022.

[39] 崔智泉．浅谈高斯分布的原理和应用．中国校外教育, 2018, (16): 63-64.

[40] 吴宪君．高斯模糊算法的改进及图像处理应用．计算机光盘软件与应用，2013，16(19): 129-131.

[41] 葛志霞，魏海坤，张侃健．基于图像处理的自动化焊接缺陷特征提取与焊接质量分析．工业控制计算机, 2018, 31(5): 64-65.

[42] 王鹤．一种猪腹剖切机器人系统的设计与实现．大连：大连理工大学, 2019.

[43] 李长有，王振，何开振．基于 DXF 数据的图像真实边缘提取．制造业自动化, 2023, 45(1): 45-49.

[44] 辛鑫. 基于多传感器信息交互的自动泊车系统关键技术研究. 合肥: 合肥工业大学, 2019.
[45] 王鹏. 基于深度学习的葡萄叶片病害识别方法研究. 咸阳: 西北农林科技大学, 2022.
[46] 段志坚. 基于遥感图像的交通工具检测识别方法研究. 重庆: 重庆交通大学, 2022.
[47] 虞成俊. 复杂环境下交通标志检测与识别改进算法的对比研究. 宜昌: 三峡大学, 2021.
[48] 党宏社, 狄国栋, 张选德. 一种改进型 RetinaFace 的遮挡人脸检测算法. 实验技术与管理, 2022, 39(10): 80-85.
[49] 陈志琳. 基于面部特征的疲劳驾驶检测系统设计与实现. 西安: 西安工业大学, 2022.

第 4 章　畜类肉品机器人自主分级系统

本章首先介绍用于肉品无损检测的硬件选型与分级系统的搭建流程，然后搭建肉品等级数据库，接着从主要功能、工作流程两方面对自主分级系统进行功能分析，然后介绍多种肉品分级技术，提出基于全谱段高光谱信息的处理方法对实时采集到的肉品图像进行处理，最后提出一种脉冲耦合神经网络的多数据融合方法，通过多检测数据融合，对猪肉的色泽、背膘厚度、瘦肉率、断面脂肪最大厚度、pH、肉品含水量等进行综合评判分级。

4.1　非接触式分级系统搭建

非接触检测(非破坏检测或无损检测)可以提高肉品分级速度和精度，同时避免主观因素的影响，实现产品等级评定的客观性和一致性。目前，用于肉品的无损检测技术主要有近红外光谱、超声波、机器视觉、高光谱成像和嗅觉可视化等。以上几种无损检测技术在实验阶段均取得了良好的效果，部分已应用于实际生产且分级准确率较高[1]。本节主要对非接触检测分级系统搭建过程中所需要的相机、传感器及安装架等硬件进行选型，完成系统搭建。

4.1.1　硬件选型

根据我国国家标准，本节提出的无损检测系统将从肉品的色泽、纹理、皮下脂肪厚度、瘦肉率等方面对猪肉进行分级，所需硬件主要包括工业相机、深度相机、线激光传感器、高光谱相机等。

1) 工业相机

工业相机是分级系统中的一个关键组件，其主要作用是实时采集图像信息，将采集到的图像信息转换为数字信号，通过数据线上传给图像处理板卡[2]，比一般的数码相机具有更高的稳定性、抗噪性和数据传输能力，通常被用于工业自动化、机器视觉、医疗诊断、安防监控等领域。在选择工业相机时，需要综合考虑应用场景、图像质量、接口协议、品牌售后服务以及成本效益等因素[3]。选择合适的相机是机器视觉系统设计中的重要环节，相机的选择不仅直接决定所采集到的图像分辨率、图像质量等，同时也与整个系统的运行模式直接相关。在肉品自主分级系统中，由于肉品位于传送带上且处于持续运动状态，所以工业相机需要具备较高的帧率和画质，以便采集出清晰的图像。如图 4-1 所示，本书选用海康威视工业相机。与其他相机相比，海康威视工业相机能够实现高速的图像采集和传输，精准获取物品的细节信息，实现高精度的检测和测量。除了普通的成像功能外，该工业相机还可实现位置识别、颜色识别、缺陷检测、人脸识别等多种功能，具有丰富的应用场景。同时，该相机采用工业级标准设计，具有防尘、抗震、防水等多种保护措施，能够在恶劣的环境下稳定工作。

图 4-1　海康威视工业相机

2) 深度相机

在分级系统中，用于分析和计算的图像信息来源于深度相机拍摄的红外、彩色和深度图像数据。深度相机的工作原理、精度、工作距离和使用环境等都会影响图像数据的准确性，从而影响表型测量的精度，所以选择一款合适的深度相机关系到整个研究工作的顺利进行[4]。综合考虑，选用微软的 RealSense D415 深度相机作为分级系统图像传感器。

3) 线激光传感器

线激光传感器是以单个相机与线激光发射器为硬件核心，以三角测量法为基本原理的一种高度集成化应用设备。线激光传感器的工作原理为：将激光器的条形光束发射到被测物表面，匀速扫描被测物或者被测物相对于线激光进行匀速运动，相机拍摄条纹图像，并通过相关的图像处理计算二维中心线坐标，根据相机和激光发射器之间的位置关系，用三角法获取被测物体特征点在世界坐标系中的三维坐标[5]。选用型号为 SR7900 的线激光传感器，如图 4-2 所示。

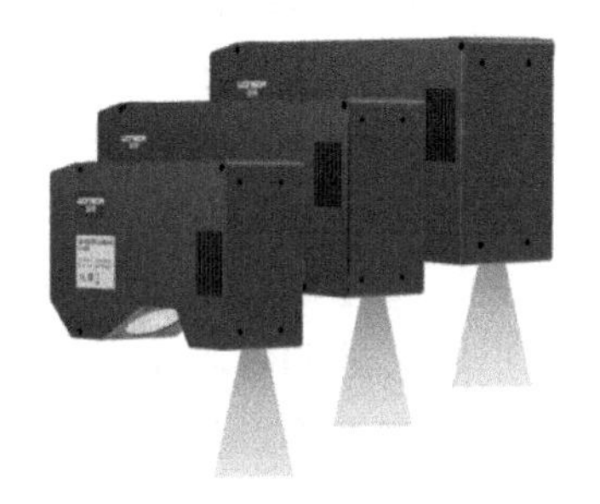

图 4-2　SR7900 线激光传感器

4）高光谱相机

高光谱成像是将传统的二维成像技术和光谱技术有机结合从而获得数据立方体的一门新兴技术，具有空间可识别性、超多波段、光谱分辨率高以及图谱合一等优点，可应用于食品、药品等安全检测领域。高光谱成像技术基于非常多窄波段的影像数据，将成像技术与光谱技术相结合，探测目标的二维几何空间及一维光谱信息，获取高光谱分辨率的连续、窄波段的图像数据。高光谱成像技术发展迅速，常见的包括光栅分光、声光可调谐滤波分光、棱镜分光、芯片镀膜等[6]。快照式高光谱成像技术是高光谱成像技术的一种，该技术通过一次拍照即可获取目标二维空间和一维光谱的全部信息，具有成像速度快、可进行实时监测等突出优点[7]。同时，高光谱成像作为一种特殊光学诊断技术，具有成像系统多样化、研究对象广泛化、分析方法功能化等特征[8]，目前市面上的高光谱相机多为线推式高光谱相机[9]。

FigSpec 高光谱相机采用高透光率的光学设计，把高光谱相机的近红外检测能力提升到了一个崭新的标准。全谱段采集速度可达 128 帧/秒，并且具有波段选择功能，可实现更高速度。选用 FS1 系列高光谱相机，如图 4-3 所示。

图 4-3 FS1 高光谱相机

4.1.2 分级系统搭建

我国是肉类消费大国，肉品消费总量约占全世界消费量的三分之一。随着社会经济的迅猛发展，人们对于生活水平的要求逐步提升，对食品的质量与安全也提出了更高的要求，肉品品质越来越受到广大消费者的关注[10]。目前，传统的肉品分级方法包括人工分级和机械分级，人工分级存在成本高、效率低等缺点，而机械分级易损伤肉品表皮，且分级精度低。随着机器视觉技术的迅速发展，通过检测单一的肉品大小、颜色、形状、缺陷等特征的分级技术取得了一定的进展，然而基于单指标特征的肉品分级具有不确定性，误判率较高，分级结果往往存在较大偏差。

基于猪肉质量分级国家标准，结合主要部位肉等级评定与外观等级评定标准，本章制定了冷却分割肉自主化综合分级标准，同时搭建了一种多指标特征融合的肉品分级系统。该系统基于三维感知、机器视觉和多源信息融合技术，构建冷却分割肉(外观、色泽及皮下脂肪厚度)肉品模型，通过与数据库中的数据对比，实现冷却分割肉的无损检测与分级。

分级系统具体工作流程为：首先，采用工业相机、深度相机、线激光传感器、高光谱相机对传送带上冷却分割肉进行扫描并获取数据。然后，将各传感器获取的肉品图像信息、深度信息、外轮廓信息、光谱信息等数据传送至工控机。最后，工控机对各数据信息进行数据融合，分析处理，对不同冷却分割肉形成不同的精确分级结果，同时，对分级结果进行保存并将其传送至分拣系统。

4.2　分级数据集建立

本节从搭建具备自主识别功能的肉品分级产线出发，使用不同相机通过拍摄、整理、筛查、标注、训练、验证测试等环节建立能为机器学习建模提供训练、验证及测试样本的猪肉图像数据集，为肉品自主分级产线视觉系统的高精度识别及可靠运行提供数据支撑。

4.2.1　数据采集方法

根据猪肉 pH、背膘厚度、断面脂肪最大厚度、瘦肉率、肉色等指标，将猪肉分为三个等级[11-15]。具体分级要求如表 4-1 所示。

表 4-1　肉品新鲜度评定标准

等级划分	一级	二级	三级
背膘厚度 H/cm	$2.8 \leqslant H \leqslant 3.5$	$3.5 < H \leqslant 5.0$	$H > 5.0$
断面脂肪最大厚度 h/cm	$h \leqslant 2.5$	$2.5 < h \leqslant 3.5$	$h > 3.5$
瘦肉率 P/%	$51 \leqslant P$	$44 \leqslant P < 51$	$P < 44$
肉色 L^*	$55 \leqslant L^* \leqslant 61$	$43 \leqslant L^* \leqslant 49$	$31 \leqslant L^* \leqslant 37$
pH	$5.8 \leqslant \text{pH} \leqslant 6.2$	$6.2 \leqslant \text{pH} \leqslant 6.7$	$\text{pH} > 6.7$

图像采集过程分别使用工业相机、深度相机、线激光传感器、高光谱相机进行拍摄，其分辨率最小为 2736×3648，最大为 3000×4000，同时设定拍摄方案为：以猪肉上表面且平行地面为基准面，各相机正对基准面俯视猪肉拍摄一幅图像，同时工业相机垂直基准面且在猪肉四周以 90° 夹角各拍摄一幅图像，每间隔 10

分钟拍摄一组图像。每间隔 2～3 小时记录猪肉含水量、pH 变化表，以此判定猪肉新鲜程度变化，部分记录如表 4-2 所示。

表 4-2　猪肉各指标变化

日期	时间	pH	水分	L^*	a^*	b^*	c^*	h^*
2023.11.4	11：00	6.251	92.30%	45.02	16.09	5.65	17.05	19.35
2023.11.4	13：00	6.257	91.80%	44.88	15.97	8.96	18.31	29.31
2023.11.4	15：00	6.295	91.30%	43.95	16.12	5.82	17.14	19.85
2023.11.4	18：00	6.303	91.60%	44.81	15.44	5.91	16.53	20.94
2023.11.4	20：00	6.305	91.50%	45.86	13.86	4.89	14.67	19.13
2023.11.4	22：00	6.308	91.40%	46.27	12.82	4.41	13.55	19.00

通过严格的采集方案，每块猪肉都被拍摄了 8 幅一套的图像数据。为了确保图像的准确性和可靠性，所有的图像都是在相同实验环境下拍摄的，且图像未经过任何后期处理，为后续的分析和处理奠定了坚实的基础。

4.2.2　数据集创建

中方肉数据集是针对特定的实际需求而建立的，种类较少、数据量较小，大多为私有数据集[16]。中方肉数据集不同于常见的深度学习数据集，该数据集中的一些样本对象为生活中不常见的样本，样本对象往往较难寻找和采集，导致数据集类内容量缺乏、类间缺乏多样性、类别不均衡等问题较突出。为保证实验数据集的可靠性，部分数据使用开源公共数据集，其余为自建数据集。自建数据集的采集参考相关统计量[17]，分别使用四个相机对不同姿态和位置的肉品图像进行采集，得到四种不同类型图像数据。

本章采用工业相机拍摄图像对中方肉表面色泽进行识别分级[18]，基于改进轻量化卷积神经网络(Xception-CNN)[19]对肉品颜色进行识别，依据制定的分级标准，将肉品颜色分为三个等级，一级表示肉品新鲜程度最高，二级次之，三级表示肉品腐败变质。工业相机拍摄数据集如图 4-4 所示。

肉品颜色主要取决于肌红蛋白含量和化学状态[20]，仅依靠单一的工业相机识别，准确率较低，且易受光照影响，本章提出采用高光谱相机对肉品的光谱信息进行采集处理，建立肉品嫩度预测模型，结合工业相机处理结果对肉品进行分级。高光谱拍摄数据集如图 4-5 所示。

深度相机能够检测出拍摄空间的景深距离[21]，通过深度相机获取到图像中每个像素点到摄像头的距离，再加上该点在二维图像中的坐标，就能获取图像中每

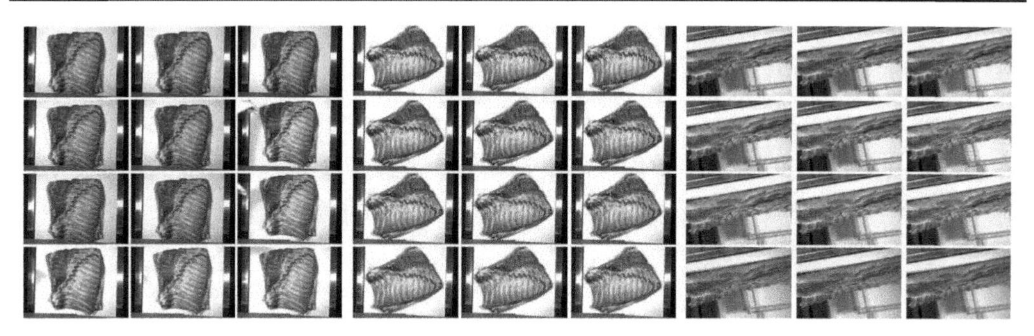

图 4-4　工业相机拍摄数据集(见彩图)

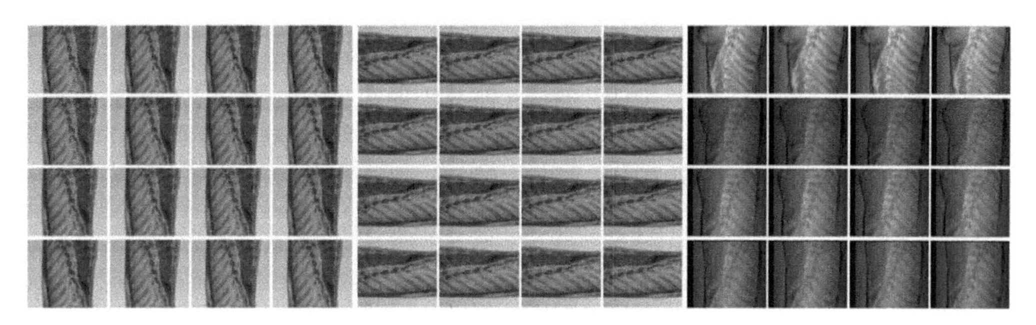

图 4-5　高光谱拍摄数据集(见彩图)

个点的三维空间坐标。本章依据深度相机采集图像，融合线激光传感器所得点云数据，对中方肉瘦肉率进行预测，并依据分级标准将其分为三个等级。深度相机拍摄数据集如图 4-6 所示。

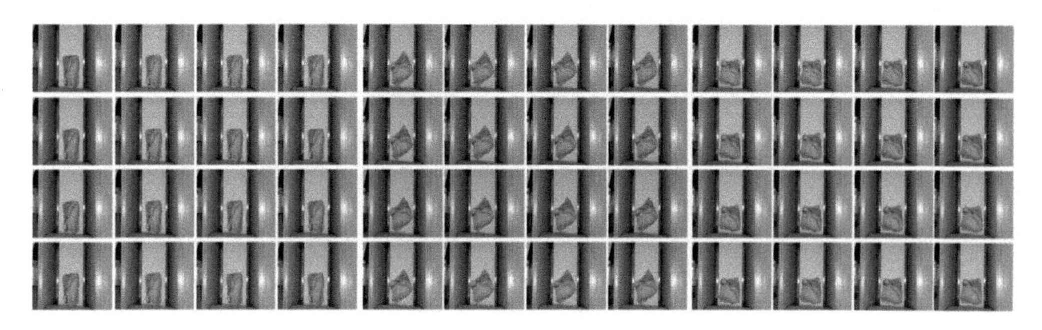

图 4-6　深度相机拍摄数据集(见彩图)

线激光传感器可以用于测量中方肉的尺寸，同时可以通过肉品表面的反射情况来获取物体的形状和轮廓，检测肉品表面的缺陷和损伤[22]。本章将线激光采集图像与深度相机采集图像相融合，对中方肉进行三维重建[23]，计算肉品背膘厚度、断面脂肪最大厚度。线激光传感器拍摄数据集如图 4-7 所示。

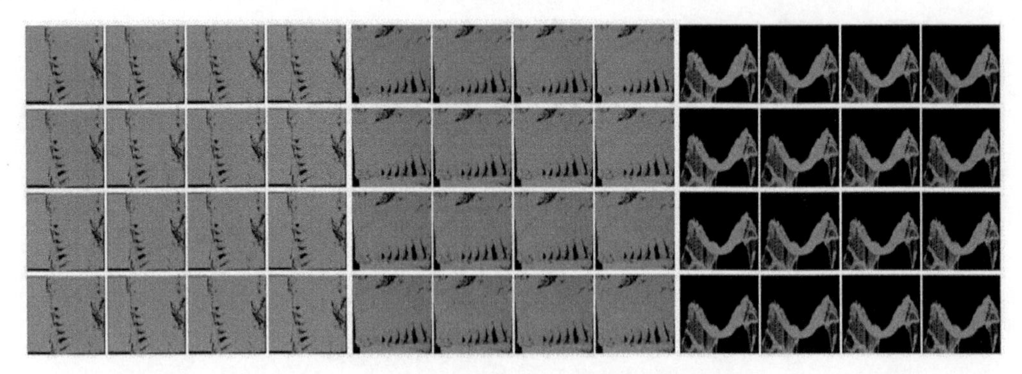

图 4-7　线激光传感器拍摄数据集(见彩图)

4.3　功 能 分 析

4.3.1　主要功能

自主分级系统主要包括机称重子系统、传送子系统、分级支撑架子系统、工业相机识别子系统、深度相机识别子系统、线激光扫描子系统、高光谱识别子系统、补光灯子系统和肉品等级判定子系统，如图 4-8 所示。

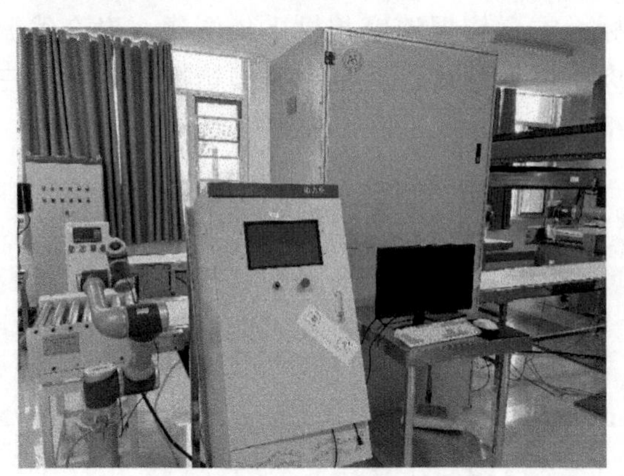

图 4-8　自主分级系统

其中，称重子系统用于重量检测，获取肉品重量；传送子系统由传送带和对射传感器组成，用于将肉品移动到相机拍摄位置，同时具有自主变速功能；分级支撑架子系统用于固定工业相机、深度相机、线激光传感器、补光灯和高光谱相机；工业相机识别子系统包括竖直工业相机识别和机械臂工业相机识别，竖直工业相机用于对肉品整体进行拍摄，机械臂识别用于动态调整工业相机拍摄位置，对肉品侧面进行补光拍摄；深度相机识别子系统用于获取肉品深度信息，计算肉品瘦肉率和脂肪率；线激光扫描子系统用于肉品表面检测，判断肉品是否符合国家分割标准；补光灯子系统分为工业相机补光系统和高光谱补光系统，为减弱光源对识别结果的影响，前者采用 LED 灯补光，后者采用卤素灯补光；肉品等级判定子系统主要由工控机组成，通过多数据融合分析，并与已建立的肉品等级标准进行比对，完成肉品等级判定。

4.3.2　工作流程

(1) 通过机械臂将被检测肉品放置在称重机上，称重机记录肉品重量，测量范围在 0～30kg，测量完成后，称重机将肉品运送到传送带上，称重子系统如图 4-9 所示。

图 4-9　称重子系统

(2) 传送带转动，带动肉品随其一起向前运动。在传送带两侧加装有对射传感器，对射传感器连接在八路继电器上，当传感器感应到肉品时，触发继电器开关，传送带开始一级变速，确保肉品在经过相机时拍摄的图片质量清晰，便于后续对其进行处理，传送子系统如图 4-10 所示。

(3) 肉品经过分级支撑架子系统，补光灯子系统运行，为避免光源相互影响导致肉品图像采集失败，LED 补光灯打开，卤素灯关闭。肉品首先经过线激光传感器进行扫描，获取肉品轮廓点云数据，然后深度相机、工业相机依次对肉品进行拍摄，获取肉品图像。随着肉品继续向前，八路继电器控制卤素灯打开，高光谱相机对肉品进行图像采集。当肉品从分级支撑架子系统出来后，机械臂识别子系统根据肉品位置动态控制调整角度，采集肉品侧面信息。所有图像传回工控机，对图像进行处理，获取肉品瘦肉率、皮下脂肪厚度、残缺率等，根据等级标准，将肉品划分为三个等级。分级支撑架子系统和工业相机识别子系统如图 4-11 和图 4-12 所示。

图 4-10　传送子系统

图 4-11　分级支撑架子系统

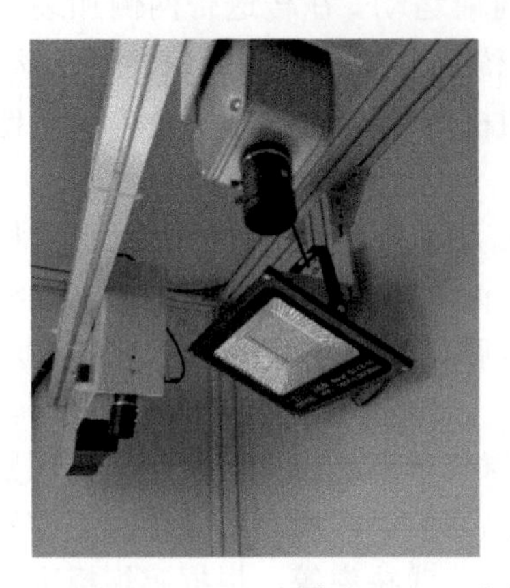

图 4-12　工业相机识别子系统

4.4　肉品分级关键技术

本节主要对肉品分级过程中所用到的方法及相关技术进行简要介绍，主要包括全谱段高光谱信息的猪肉新鲜度检测方法，用于猪胴体肉色识别的改进 Xception-CNN 识别方法，针对检测过程中猪胴体多项指标综合评估的数据融合方法。

4.4.1　全谱段高光谱信息的处理

4.4.1.1　高光谱图像采集

高光谱技术在检测方向上，已成为人们优先考虑的快速、无损、精准检测的新兴技术[24]。因其数据结构体是三维立体，具有数据量较大、数据空间维数偏高、易受到噪声干扰等缺点，光谱信息处理与数据模型建立难，所以高光谱数据需要进行预处理、降维和建模。本节结合高光谱检测技术对肉品的 pH、皮下最大脂肪厚度、瘦肉率等指标进行检测，确定品质等级情况。在信息采集过程中，由于受到外部环境影响，采集到的光谱信息无法直接用于肉品的新鲜度检测，所以需要对光谱进行预处理，改善光谱特性并去除光谱信息中的噪声干扰[25]。高光谱成像技术原理图如图 4-13 所示。

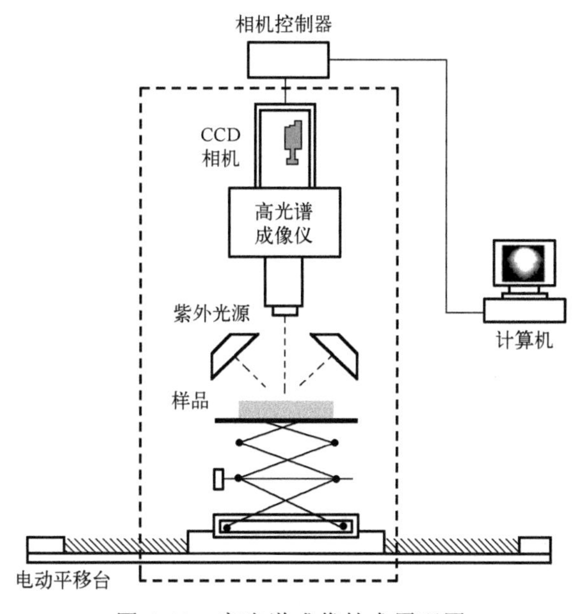

图 4-13　高光谱成像技术原理图

高光谱成像系统主要由电动平移台、卤素灯、镜头、高光谱成像仪等组成。在使用高光谱检测时，须在图像数据采集前 30 分钟开启光源，待光源稳定后，使用白板校正完成反射率校准，通过计算机控制导入反射率和镜头校准文件，调整电动平移台匀速运行。为了保证最佳图像信息分辨率，同时确保图像尺寸不受影响，根据肉品的种类及大小设置最佳的图像曝光时间、扫描速率、电动控制操作台速度以及光谱仪与相机之间的起始位置。高光谱系统获取指令后，首先对肉品进行线扫描，扫描线上每一个像素点对应一条全波段谱线，一条线上所有点形成全波段谱面，然后通过电动控制操作台采用推扫法对整个平面内的图谱进行采集，实现三维空间图像的获取。数据采集完成后，需对光谱进行预处理消除环境信息的干扰，再建立模型进行数据分析。

4.4.1.2　图像预处理

1) 反射率校准

各波段的光源强度不一且肉品表面形状各异，可能会对高光谱成像系统的性能造成一定的影响，所以需在采集之前对操作仪器进行黑白校正，以便消除噪声的干扰[26]。首先，使用扫描反射率为 99%以上的 PTFE 板进行白校正，得到白校正图像 U，然后将相机摄像头用遮盖物封堵住进行图像黑校正，得到黑校正图像 B，最后对原始图像 P_0 进行处理，使其变成校正后的标定图像 P，计算公式如下

$$P = \frac{P_0 - B}{U - B} \times 100 \tag{4-1}$$

2) 阈值法[27]提取

肉品样本某些表面不均匀、光源照射的均匀性等原因，导致反射光谱采集困难。针对上述问题，采用阈值法提取感兴趣区域，阈值范围调整至 0.3～0.7，阈值大于 0.7 的区域，光照度均匀，将该猪肉样本块作为感兴趣区域，应用 Envi 软件对感兴趣区域波段阈值进行提取，得到肉品图像感兴趣区域。

4.4.1.3　光谱预处理

光谱信息除包含有用的肉品信息外，还包括了仪器噪声、电噪声等，样本光谱测量过程会受上述干扰因素影响，导致光谱基线漂移及不重复性现象产生[28]。因此，在利用化学计量学方法分析肉品品质过程中，采用适当的光谱预处理方法有利于优化光谱性能、降低噪声干扰，从而提高肉品新鲜度检测的准确性。

1) 平滑法

平滑法主要包括移动均值平滑(Moving Average，MA)、高斯滤波平滑、卷积滤波平滑和中值滤波平滑等，通常用于减弱及消除因非目标因素所导致的噪声干

扰。均值平滑是给定宽度的窗口对获得的实际数据和预测数据进行加权平均或者拟合，使其更逼近实际数值的处理方法。通过平滑法处理后的光谱噪声得到明显的减弱甚至消除，可以显著提高信噪比，卷积平滑法与移动均值平滑法的基本原理相似。本节采用 S-G(Savitzky-Golay)卷积平滑处理[29]。

S-G 卷积平滑法是通过多项式对移动窗口内数据进行多项式最小二乘拟合，将最小二乘表达式的拟合系数作为数字滤波函数对原始光谱进行平滑与降噪，同时保持光谱信号形状和宽度不变，计算公式如下

$$X_{K,\text{smooth}} = \overline{X}_K = \frac{1}{H}\sum_{-h}^{+w} X_{K+1} h_i \tag{4-2}$$

式中，h_i 为平滑系数，H 为归一化因子。

2)归一化处理

归一化是指把有量纲的表达式转化为无量纲的表达式，通过函数变换的方式将其数值映射到某一特定区间，达到归纳统一样本统计分布性的目的。归一化处理后映射在 0～1 的是统计数据概率分布，在−1～1 的则是坐标统计分布，标准化公式如下

$$\hat{x}_{i,j} = \frac{x_{i,j}}{\sqrt{\sum_{i=1}^{n} x_{i,j}^2}} \tag{4-3}$$

式中，$x_{i,j}$ 为原始数据集合中实际检测到的数值。

经归一化处理后的数据向量大小相同，但易出现误删部分有效信息方差的现象。

3)多元散射校正

多元散射校正(Multiplicative Scatter Correction，MSC)可有效消除因被测样本表面颗粒分布不均及颗粒大小不一致等产生的散射[30]。采用多元散射校正的方法可将样本光谱吸光度信息与散射信息进行分离，从而增强与待测样本预测目标相关的光谱吸光度信息。假设每个样本的测量光谱与“理想”光谱之间存在线性关系，通常情况下，利用校正集平均光谱代替“理想”光谱。计算每个波长下测量光谱与“理想”光谱值间的线性关系，实现对样本原始光谱校正。

计算校正集平均光谱

$$\overline{X} = \frac{\sum_{i-1}^{n} X_i}{n} \tag{4-4}$$

利用最小二乘法求多项式回归函数

$$X_i = m_i \overline{X} + b_i \tag{4-5}$$

对原始光谱进行校正

$$X_{\text{ic}} = \frac{X_i - b_i}{m_i} \tag{4-6}$$

式中，X 为样本光谱，n 为校正集样本数，$\bar{X}$ 无为校正集平均光谱，X_i 为第 i 个样本的光谱，m_i 为第 i 个样本的回归系数，b_i 为样本 i 的回归常数，X_{ic} 为校正后 X_i 的光谱值。

4)标准正态变量校正

标准正态变量校正(Standard Normal Variate，SNV)对样本光谱有较强的校正能力，能够减少因固体颗粒大小差异、散射或测量光程变化引起的光谱误差。变换光谱计算公式如下

$$X_{\text{SNV}} = \frac{x - \bar{x}}{\sqrt{\frac{\sum_{k=1}^{m}(x_h - \bar{x})}{m-1}}} \tag{4-7}$$

式中，$\bar{x}$ 为光谱平均值，m 为波长点数，$k = 1,2,\cdots,m$。

5)微分

外部实验环境等因素导致样本光谱基线漂移及谱线重叠等现象，需要通过微分处理有效平缓背景干扰、消除光线漂移和强化谱带特征，进而提高光谱数据分辨率。常见微分方法包括一阶微分和二阶微分。

一阶微分

$$\frac{\mathrm{d}x}{\mathrm{d}\lambda} = \frac{x_{i+1} - x_{i-1}}{\Delta\lambda} \tag{4-8}$$

二阶微分

$$\frac{\mathrm{d}^2 x}{\mathrm{d}\lambda^2} = \frac{x_{i+1} - 2x_i + x_{i-1}}{\Delta\lambda^2} \tag{4-9}$$

式中，x 为光谱反射率，λ 为波长。

4.4.1.4 偏最小二乘回归模型

偏最小二乘回归是一种基于多变量回归分析的多元统计数据分析方法，主要研究多个因变量对多自变量回归建模。在回归建模过程中，将光谱矩阵和目标矩阵同时分解，提取对群体数据有最佳解释能力的主成分来消除多个变量间的共线性。

对光谱矩阵和目标矩阵同时进行分解

$$X = SP^{\mathrm{T}} + E \tag{4-10}$$

$$Y = UQ^{\mathrm{T}} + F \tag{4-11}$$

式中，S、P 为自变量 X 的得分矩阵和载荷矩阵，U、Q 为因变量 Y 的得分矩阵和载荷矩阵，E、F 为偏最小二乘回归模型拟合 X 和 Y 时代入的矩阵误差。

建立特征因子矩阵 T 和 U 的多线性回归模型

$$U = SB + E_d \tag{4-12}$$

$$B = (S^{\mathrm{T}}S)^{-1}SU \tag{4-13}$$

式中，E_d 为误差矩阵，B 为关联系数矩阵。

未知样本成分矩阵为

$$Y = x(UX)'BQ \tag{4-14}$$

式中，x 为未知样本的光谱数据，Y 为位置样本的理化预测值。

4.4.2　改进 Xception-CNN 的肉色识别

4.4.2.1　Xception 模型简介

由于中方肉数据集样本较少，本书模型选择具有一定网络深度且对小样本识别效果较好的 Xception 网络搭建识别模型。Xception 网络结构主要由 14 个模块构成，分成 3 个部分，总共包含 36 个卷积层，其中 2～13 个模块都使用了 ResNet 中的残差连接，在残差连接中通过使用 1×1 卷积核进行通道特征降维。与使用标准卷积不同的是，Xception 大量使用可将通道信息和空间信息分开处理的深度可分离卷积进行特征提取，简化的 Xception 模块如图 4-14 所示。

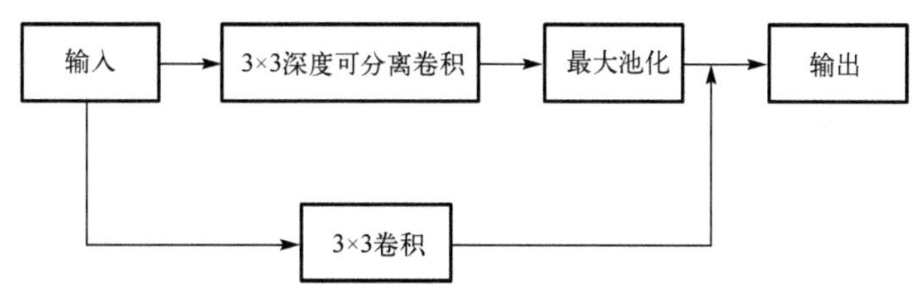

图 4-14　简化的 Xception 模块

本节采用改进后的 Xception 模型框架，由输入层、中间层、输出层 3 个部分组成，其中，中间层由 8 个相同的模块构成。改进后的模型是将 Xception 模型中的深度可分离卷积替换为多尺度深度可分离卷积[31]，同时保持模型的前两个标准卷积层与最后的全局平均池化层和全连接层不变。与原始模型相比，Multi_Xception 模型中的多尺度可分离卷积由于一部分输入特征图采用直连的方式，所以减少了一定量的参数。

4.4.2.2　Multi_Xception 模型

由于使用常规卷积操作的神经网络中存在大量需要训练的参数，这意味着训练这类网络很难在移动端实现。为了在保持模型性能的同时减少训练参数量，Laurent 提出了一种将卷积层的通道相关性和空间相关性分开映射的操作，即深度可分离卷积，并且在 Xception 系列模型上得到应用，取得了很好的效果。深度可分离卷积具体过程主要分为两个部分：首先，对输入特征图进行逐通道(Depth Wise，DW)卷积(特征图的每一个特征通道单独使用 3×3 卷积核进行卷积)，然后，进行逐点(Point Wise，PW)卷积，使用 1×1 的标准卷积来进行不同特征通道间的信息交互，并且调整特征通道的数量。

Xception 模型使用初始深度可分离卷积(如图 4-15(a)所示)，该模型采用单一的 3×3 卷积核进行特征提取，而单一尺度大小的卷积核仅具有单一的感受野，并不能充分提取图像中的细节信息，从而限制了 Xception 模型的分类精度。

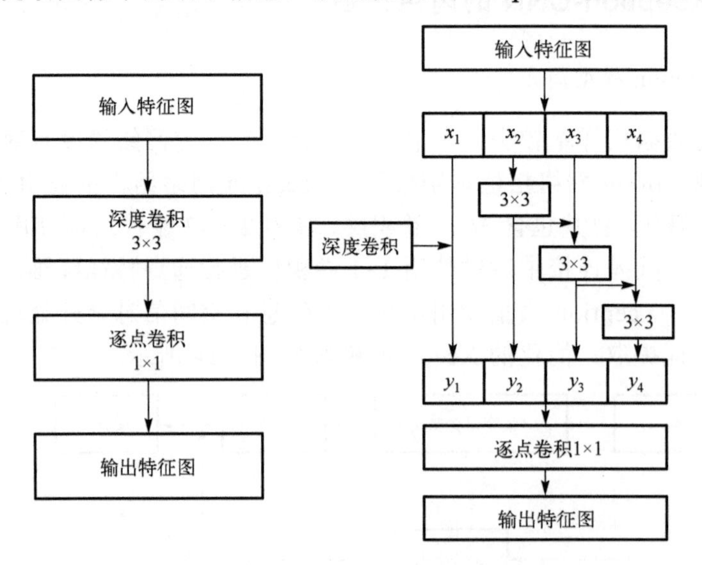

(a) 初始深度可分离卷积结构图　　(b) Multi_Xception模型的多尺度深度可分离卷积结构

图 4-15　ResNet 模块结合深度可分离卷积

为了进一步提高肉色的识别准确率，结合 ResNet 中的多尺度模块，对 Xception 模型中使用的深度可分离卷积进行改进，提出了一种具有多尺度特征提取能力的深度可分离卷积。该多尺度深度可分离卷积以更加简单高效的方式在图像的粒度级别上表示多尺度的特征信息，同时扩大了神经网络每层的感受野。本节将 Xception 模型中的深度可分离卷积全部替换为具有多尺度特征提取能力的多尺度深度可分离卷积，得到一种名为 Multi_Xception 的新模型，该方法增加了特征信息的丰富度，提升了模型对肉品颜色的识别准确率。Multi_Xception 的多尺度可分离卷积如图 4-15(b)所示。

将输入特征图在通道维度上平均分割成四个部分，假设输入特征图通道数为 c，经过平均分割后得到四个通道数为 $c/4$ 的特征图；对四个具有相同空间大小与通道数量的特征图使用不同数量组合的卷积核进行多尺度的特征提取。与 ResNet 中的多尺度模块相比，本节所提改进有两个不同：①使用 3×3 的深度卷积(DW)代替 3×3 的标准卷积；②在进行 3×3 的深度卷积后没有进行 ReLU 非线性操作。为了能更好地融合不同尺度上的特征信息，将经过以上操作得到的四个输出特征图在通道维度上进行拼接操作，实现对不同通道特征的进一步融合；使用 1×1 的逐点卷积进行输出特征图通道数的调整，完成多尺度特征的传递输出。上述过程可以表示为

$$x_1, x_2, x_3, x_4 = \text{split}(X) \tag{4-15}$$

式中，$X \in \mathbf{R}^{(N,H,W,C)}$ 表示原始输入特征图；$x_a \in \mathbf{R}^{(N,H,W,C/4)}$，$a = 1,2,3,4$ 表示输入特征图经过平均分割后得到的特征图。

$$y_a = \begin{cases} x_a, & a = 1 \\ \text{DW}(x_a), & a = 2 \\ \text{DW}(x_a + y_{a-1}), & 2 < a \leqslant 4 \end{cases} \tag{4-16}$$

式中，DW 为 3×3 的深度卷积。当 $a = 1$ 时，特征图不经过 3×3 的深度卷积操作直接得到输出 y_a；当 $a > 2$ 时，每一个 3×3 卷积的输入是由当前特征图 x_a 与上一个输出特征图 y_{a-1} 组成，因此 3×3 的深度卷积操作有可能从多个子特征图中提取特征信息。

$$Y = \text{concat}(y_1, y_2, y_3, y_4) \tag{4-17}$$

式中，$Y \in \mathbf{R}^{(N,H,W,C)}$ 表示经过多尺度特征提取步骤后得到的特征图，$y_a \in \mathbf{R}^{(N,H,W,C/4)}$，$a = 1,2,3,4$，表示在通道维度上经过拼接操作后得到的特征图。

$$D_r(W_D, Y_D)_{(a,b)} = \sum_{m=1}^{M} W_m \times Y_{(a,b,m)}, \quad r = 1,2,\cdots,C \tag{4-18}$$

式中，$D_r(*)(a,b)$ 表示输出特征图中第 r 个通道中位置 (a,b) 的值，W_m 表示 1×1 卷积核第 m 个通道，$Y_{(a,b,m)}$ 为经过多尺度的特征提取后得到的特征图中第 m 个通道位置 (a,b) 的值，M 为输入特征图通道数。

上述所提出的多尺度深度可分离卷积，通过多尺度的方式处理输入特征图，其输出特征图包含由不同数量与尺度的感受野组合所提取的特征信息。与深度可分离卷积相比，采用多尺度可分离卷积模型获得的特征信息融合了不同尺度的特

征信息，因此，在需要充分提取细节信息的中方肉图像上，可以获得更佳的分类准确率。

4.4.3 脉冲耦合神经网络的多数据融合

多个异质传感器能够在不同特征空间对同一待测目标进行观测(观测不同的物理量)，相比多个同质传感器获取的信息更加丰富、全面和完备。本节从应用角度出发，考虑到获取统计分布及其参数较为困难，因此尝试选择非参数判别分类方法。

本节提出一种基于脉冲耦合神经网络[32](Pulse Coupled Neural Network，PCNN)点火技术的数据融合方法，在特征层对多传感器数据进行融合决策。利用PCNN 可以得到图像的特征信息而无须对网络的参数进行训练，因此可采用PCNN 对通过传感器得到的特征进行提取。本节提出的一种多传感器数据融合处理模型用 N 个异质传感器针对某一目标进行同时感知，提供检测数据。依据相关国家标准，选择肉品瘦肉率、背膘厚度、pH、肉色作为主要指标，辅以猪肉断面脂肪最大厚度、猪肉水分含量、感官评分指标等作为参与融合的传感器数据。每个传感器数据代表一个一维的特征向量，则 N 个传感器数据代表 N 个一维的特征向量，有 N 个神经元，利用 PCNN 点火技术的数据融合算法进行融合。

PCNN 是由若干个 PCNN 神经元互联所构成的单层二维反馈型网络[33]。网络中每个神经元与其邻域内的神经元(4 邻域或 8 邻域)通过链接域进行互联。图 4-16 为 16 神经元 8 邻域的互联图，每个神经元与其最近邻的 8 个神经元相连，其中黑色神经元为参考神经元，灰色神经元为其 8 邻域互联神经元，每个神经元代表一种传感器。简化后的 PCNN 神经元基本模型如图 4-17 所示。

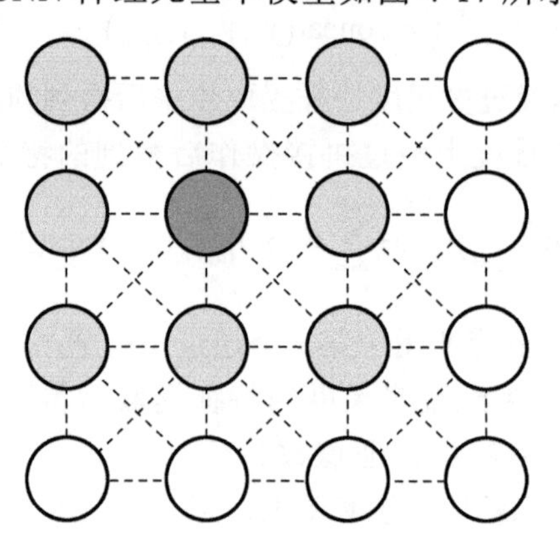

图 4-16　PCNN 神经元互联图

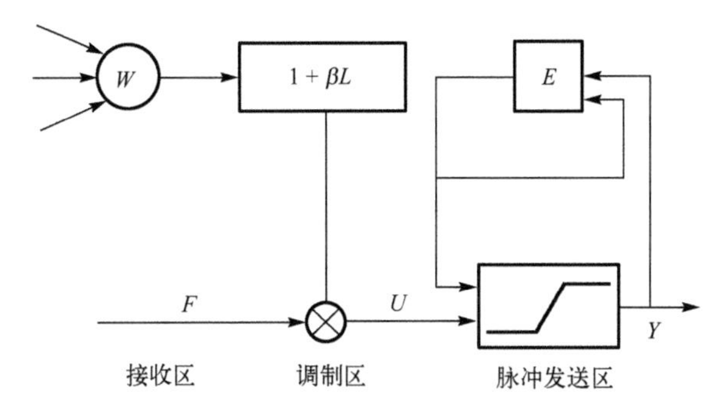

图 4-17　PCNN 神经元基本模型

神经元主要由接收区、调制区、脉冲发送区三部分组成，每个神经元都与周围相邻神经元的连接权值相关联。图 4-17 中，Y 为脉冲输出，W 为神经元与连接域中神经元的连接权，β 为内部活动项连接系数，L 为耦合连接域，F 为反馈输入域，U 为内部活动项，E 为动态门限。其中，反馈输入域 F 和耦合连接域 L 都是由多个漏电积分器组成，神经元利用连接输入 L 对反馈输入 F 进行非线性调制产生内部活动项 U，当神经元内部活动项 U 大于动态门限 E 时，神经元点火并产生脉冲输出，否则点火抑制。神经元点火输出为 1，抑制为 0。

该 PCNN 模型的离散方程式为

$$F_{\mathrm{ij}}(n)=\mathrm{e}^{-\alpha_F}F_{\mathrm{ij}}(n-1)+V_F\sum_{\mathrm{kl}}M_{\mathrm{ij,kl}}Y_{\mathrm{kl}}(n-1)+I_{\mathrm{ij}},\quad \mathrm{kl}=1,2,3,4 \tag{4-19}$$

$$L_{\mathrm{ij}}(n)=\mathrm{e}^{-\alpha_L}L_{\mathrm{ij}}(n-1)+V_L\sum_{\mathrm{kl}}M_{\mathrm{ij,kl}}Y_{\mathrm{kl}}(n-1),\quad \mathrm{kl}=1,2,3,4 \tag{4-20}$$

$$U_{\mathrm{ij}}(n)=F_{\mathrm{ij}}(n)+(1+\beta L_{\mathrm{ij}}(n)) \tag{4-21}$$

$$Y_{\mathrm{ij}}(n)=\begin{cases}1, & U_{\mathrm{ij}}(n)>E_{\mathbf{ij}}(n-1)\\ 0, & U_{\mathrm{ij}}(n)\leqslant E_{\mathbf{ij}}(n-1)\end{cases} \tag{4-22}$$

$$E_{\mathrm{ij}}(n)=\mathrm{e}^{-\alpha_E}E_{\mathrm{ij}}(n-1)+V_EY_{\mathrm{ij}}(n) \tag{4-23}$$

式中，β 为内部活动项连接系数，I_{ij} 为神经元强制激发的外部激励，V_F 和 α_F 为反馈输入域中的放大系数和衰减系数，V_L 和 α_L 为耦合连接域 L 的放大系数和衰减系数，动态门限 E 的放大系数和衰减系数分别为 V_E 和 α_E，矩阵 $M_{\mathrm{ij,kl}}$ 和 $W_{\mathrm{ij,kl}}$ 分别为反馈输入域 F 和耦合连接域 L 的连接矩阵 $(M_{\mathrm{ij,kl}}=W_{\mathrm{ij,kl}})$，内部活动项参数 β，反馈输入域参数 V_F、α_F、$M_{\mathrm{ij,kl}}$，连接输入域参数 V_L、α_L、$W_{\mathrm{ij,kl}}$，动态门限参数 V_E、α_E 以及捕获参数 β 都是在整个网络运行前手动给定。

在 PCNN 的应用中，将每个神经元输入数据输入 PCNN 模型后，将产生一系列的脉冲输出，神经元是周期性地输出脉冲。在无耦合连接情况下，PCNN 神经

元点火周期为

$$T_{\text{ij}} = \frac{1}{\alpha_E} \ln\left(\frac{cI_{\text{ij}} + V_E}{c'I_{\text{ij}}}\right) \tag{4-24}$$

式中，α_E 和 V_E 为网络参数，c 和 c' 为与点火次数相关的常数。在不受周围神经元影响的情况下，神经元独立点火周期受其外部激励 I_{ij} 的影响，I_{ij} 越大，该神经元点火周期越短，即一定时间范围内的神经元点火总数值越大。

此外，在受周围神经元影响的情况下，由式(4-20)～式(4-22)可知，Y、U、L 矩阵中各元素是随着 $M_{\text{ij,kl}}$ 非线性单调递增或单调递减。因此，在受周围神经元影响的情况下，神经元点火周期同时受其外部激励 I_{ij} 和连接权 $M_{\text{ij,kl}}$ 的共同影响。在 $M_{\text{ij,kl}}$ 固定的情况下，I_{ij} 越大，该神经元点火周期越短，即一定时间范围内的神经元点火总数值越大。因此，在一定的时间范围内，神经元点火总数将表征着外部激励 I_{ij} 的特征，而 I_{ij} 矩阵中各元素之间的关联关系可通过连接权矩阵 $M_{\text{ij,kl}}$ 给定。若将 N 维的输入数据构造成 I_{ij}，经过 PCNN 的处理，最终输出点火总数 C，可代表该 N 维数据的特征，用于新鲜程度的分类。计算点火次数总数公式如下

$$C = \sum \text{Count}(Y_{\text{ij}}(n) == 1) \tag{4-25}$$

样本的不同属性具有不同的量纲，这可能导致在统一比较分析时存在困难。为了避免量纲差异对融合结果产生不良影响，就要解决不同量纲的传感器在线实时融合等问题，采用 PCNN 进行异质多传感器数据融合时，预处理是关键。于是，在进行 PCNN 点火总数运算之前需对样本数据集进行预处理，常用的方法有均值化变换、标准差标准化变换和极差标准化变换[34]。

本节将以上三种预处理方法与点火计数的 PCNN 方法相结合，构建具有数据融合功能的新方法。基本流程图如图 4-18 所示。

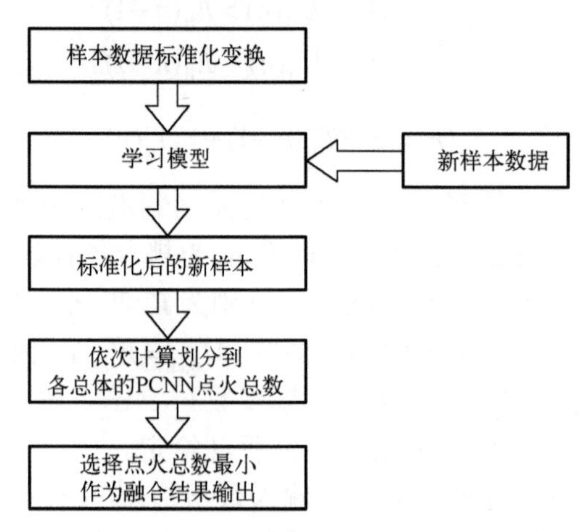

图 4-18　基于 PCNN 数据融合方法流程

4.5 本章小结

分级系统的搭建流程涉及多个环节和要素，包括需求调研、系统架构设计、硬件选型、软件开发、数据采集与处理、模型训练和优化等。这些环节相互关联，缺一不可，共同构成了完整的分级系统。本章重点介绍了分级系统的构建流程、系统功能分析、中方肉数据集的构建、全谱段高光谱信息的处理方法、基于改进 Xception-CNN 的肉色识别方法以及基于脉冲耦合神经网络的多数据融合方法。这些技术手段实现了无接触识别肉品信息，有效解决了数据集稀缺问题，实现了肉品瘦肉率预测和中方肉肉色的精准识别。基于本章建立的冷却肉分级标准，将中方肉分为三个不同等级，实现多种检测数据融合分级。

参考文献

[1] 郭楠, 潘满, 王子戡, 等. 家禽分割产品质量分级技术的研究进展. 肉类工业, 2019, (9): 36-41.

[2] 崔凯华. 桥梁挠度智能检测设备研究. 科学技术创新, 2023, (18): 188-192.

[3] 王久峰. 反渗透膜表面缺陷在线检测方法研究. 西安: 西安理工大学, 2023.

[4] 童辉. 基于 RGB-D 相机的单株黄瓜幼苗表型检测研究. 武汉: 华中农业大学, 2022.

[5] 丁少闻, 张小虎, 于起峰, 等. 非接触式三维重建测量方法综述. 激光与光电子学进展, 2017, 54(7): 27-41.

[6] 刘银年. 高光谱成像遥感载荷技术的现状与发展. 遥感学报, 2021, 25(1): 439-459.

[7] 江厚敏, 梅洁, 胡响祥, 等. 高光谱成像医学诊断的探讨. 医学物理学杂志, 2013, 30(3): 4148-4152.

[8] 江波, 饶秀勤, 应义斌. 农产品外部品质无损检测中高光谱成像技术的应用研究进展. 光谱学与光谱分析, 2011, 31(8): 2021-2026.

[9] 王书民, 张爱武, 胡少兴, 等. 线推扫式高光谱相机侧扫成像几何校准. 红外与激光工程, 2014, 43(2): 579-585.

[10] Weng X, Luan X, Kong C, et al. A comprehensive method for assessing meat freshness using fusing electronic nose, computer vision, and artificial tactile technologies. Journal of Sensors, 2020, 2020: 1-14.

[11] 国家市场监督管理总局, 国家标准化管理委员会. 冷却肉加工技术要求: GB/T 40464-2021. 北京: 中国标准出版社, 2021.

[12] 国家市场监督管理总局, 国家标准化管理委员会. 畜禽肉质量分级牛肉: GB/T

29392-2022. 北京: 中国标准出版社, 2022.

[13] 国家市场监督管理总局, 国家标准化管理委员会. 畜禽肉分割技术规程猪肉: GB/T 40466-2021. 北京: 中国标准出版社, 2021.

[14] 国家市场监督管理总局, 国家标准化管理委员会. 鲜、冻分割牛肉: GB/T 17238-2022. 北京: 中国标准出版社, 2022.

[15] 国家市场监督管理总局, 国家标准化管理委员会. 畜禽肉品质检测近红外法通则: GB/T 40467-2021. 北京: 中国标准出版社, 2021.

[16] Malikhah M, Sarno R, Sabilla S I. Ensemble learning for optimizing classification of pork adulteration in beef based on electronic nose dataset. International Journal of Intelligent Engineering and Systems, 2021, 14(4): 44-55.

[17] Sarno R, Sabilla S I, Wijaya D R, et al. Electronic nose dataset for pork adulteration in beef. Data in Brief, 2020, 32: 106139.

[18] 吴文麟, 廖晓波, 李俊忠, 等. 工业相机过曝光自适应优化控制算法. 光学精密工程, 2023, 31(2): 226-233.

[19] Lal P V, Srilakshmi U, Venkateswarlu D. Face recognition using deep learning Xception CNN method. Journal of Theoretical and Applied Information Technology, 2022, 100(2): 17-21.

[20] 余宁, 何伟先. 影响猪肉系水力及猪肉色泽因素及调控措施. 今日畜牧兽医, 2019, 35(12): 62-63.

[21] 钱立辉, 王斌, 郑云飞, 等. 基于图像深度预测的景深视频分类算法. 浙江大学学报: 理学版, 2021, 48(3): 282-288.

[22] 霍光磊, 赵立军, 李瑞峰, 等. 基于激光传感器的室内环境点线特征识别方法//第十届中国智能机器人会议论文集, 2013: 171-174.

[23] Huang G B, Saratchandran P, Sundararajan N. An efficient sequential learning algorithm for growing and pruning RBF (GAP-RBF) networks. IEEE Transactions on Systems, Man, and Cybernetics, Part B (Cybernetics), 2004, 34(6): 2284-2292.

[24] 孔毅, 纪定哲, 程玉虎, 等. 基于光谱注意力图卷积网络的高光谱图像分类. 电子与信息学报, 2023, 45(4): 1426-1434.

[25] 雷裕, 胡新军, 蒋茂林, 等. 高光谱成像技术应用于畜禽肉品品质研究进展. 食品安全质量检测学报, 2021, 12(21): 8404-8411.

[26] Geladi P, Burger J, Lestander T. Hyperspectral imaging: calibration problems and solutions. Chemometrics and Intelligent Laboratory Systems, 2004, 72(2): 209-217.

[27] Mardia K V, Hainsworth T J. A spatial thresholding method for image segmentation. IEEE Transactions on Pattern Analysis and Machine Intelligence, 1988, 10(6): 919-927.

[28] Ravikanth L, Jayas D S, White N D G, et al. Extraction of spectral information from hyperspectral data and application of hyperspectral imaging for food and agricultural products. Food and Bioprocess Technology, 2017, 10: 1-33.

[29] Gorry P A. General least-squares smoothing and differentiation by the convolution (Savitzky-Golay) method. Analytical Chemistry, 1990, 62(6): 570-573.

[30] 王动民, 纪俊敏, 高洪智. 多元散射校正预处理波段对近红外光谱定标模型的影响. 光谱学与光谱分析, 2014, 34(9): 2387-2390.

[31] Chollet F. Xception: deep learning with depthwise separable convolutions//Proceedings of the IEEE Conference on Computer Vision and Pattern Recognition, 2017: 1251-1258.

[32] 梁玥莹, 桑海峰. 基于脉冲耦合神经网络结合 U-Net 的眼底血管分割. 微处理机, 2023, 44(5): 49-53.

[33] 李军, 黄岚, 王忠义. 基于 Web 的多元指标猪肉新鲜程度分级方法研究. 肉类研究, 2011, 25(11): 6-9.

[34] Alexandropoulos S A N, Kotsiantis S B, Vrahatis M N. Data preprocessing in predictive data mining. The Knowledge Engineering Review, 2019, 34: e1.

第 5 章　畜类肉品机器人自主变构分拣系统

5.1　多指变构末端分拣装置

当前，常用的肉品分拣方式有传送带分流分拣和分拣机器人分拣[1]。现有的分拣机器人虽然能够将肉品送至指定位置，但由于分拣对象的形状和质地千差万别，如猪腿、猪蹄、五花肉、肋排等，机器人在分拣过程中需要根据实际情况更换末端器具以适应不同形状的物品[2]，频繁更换末端器具在很大程度上影响了分拣效率，增加了工人的工作量[3]。为了解决上述问题，本章提出一种多指变构末端分拣装置。该装置可以实现对分割肉的不同部位，如前段、大排、中方、后段等进行针对性分拣，不用根据肉品形状更换末端装置，从而提高分拣效率。

5.1.1　多指结构设计

本章提出的末端分拣装置采用多指结构，确保抓取分割肉时更加牢固。多指结构采用四个夹爪臂，每个夹爪臂由滑动连接部分、单轴气缸工作部分和三轴气缸工作部分组成。在滑动连接部分上装有滑座连接板、单轴气缸固定架，主要作用是在单轴气缸工作时保持单轴气缸的稳定。四个夹爪臂结构分布如图 5-1 所示。

单轴气缸工作部分包括单轴气缸、单轴气缸关节接头、转动轴、轴承座、涨紧套、转动板、转动板固定支架。单轴气缸主要通过转动轴、涨紧套和转动板带动下部分整体结构，围绕转动轴轴线做弧形运动。转动轴由轴和两个弯形板焊接构成，单轴气缸工作方式为：气泵通过气管、电磁阀给单轴气缸提供动力，电磁阀控制动力的大小。在转动轴的两端设置有两个涨紧套和两个转动板，转动板之间设置有转动板固定支架。三轴气缸工作部分主要包括三轴气缸、连接件、三轴气缸固定板、插爪连接板[4]。三轴气缸主要通过气缸末端推动插爪连接板，实现抓取动作。连接件、三轴气缸固定板主要是实现三轴气缸与上面转动板之间的连接，使得单轴气缸能带动整个三轴气缸工作部分。夹爪臂结构如图 5-2 所示。

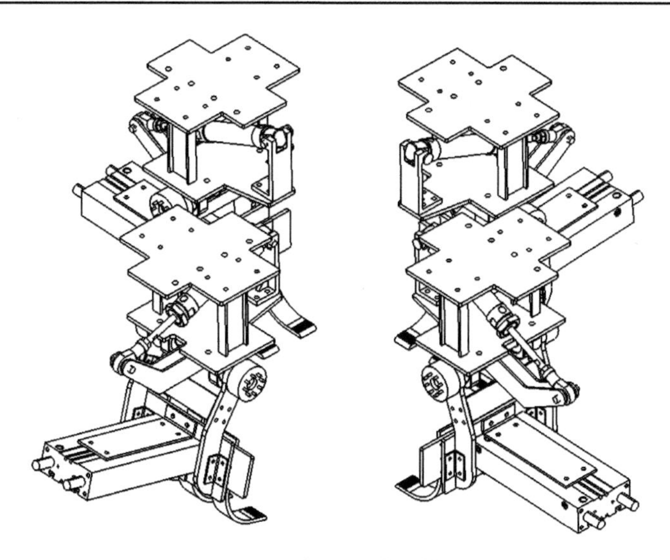

图 5-1　四个夹爪臂结构分布

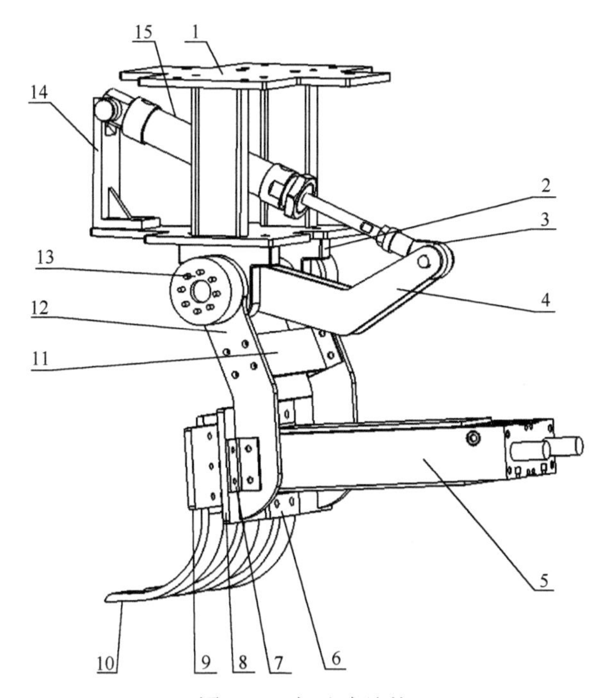

图 5-2　夹爪臂结构

1-滑座连接板；2-轴承座；3-单轴气缸关节接头；4-转动轴；5-三轴气缸；6-三轴气缸固定板；7-连接件；8-三轴气缸连接板；9-插爪连接板；10-插爪；11-转动板固定支架；12-转动板；13-涨紧套；14-单轴气缸固定架；15-单轴气缸

5.1.2 变构结构设计

5.1.2.1 结构设计

针对肉品形状各异导致抓取困难的问题，本节对末端分拣装置采取变构设计，旨在抓取分割肉时，能根据分割肉的形状进行自适应变构调整夹爪状态。变构结构主要包括电机、弧形变构结构和直线变构结构，弧形变构结构主要用于带动夹爪臂整体进行弧形运动，直线变构结构主要用于带动夹爪臂整体进行直线运动。变构结构设计如图 5-3 和图 5-4 所示。

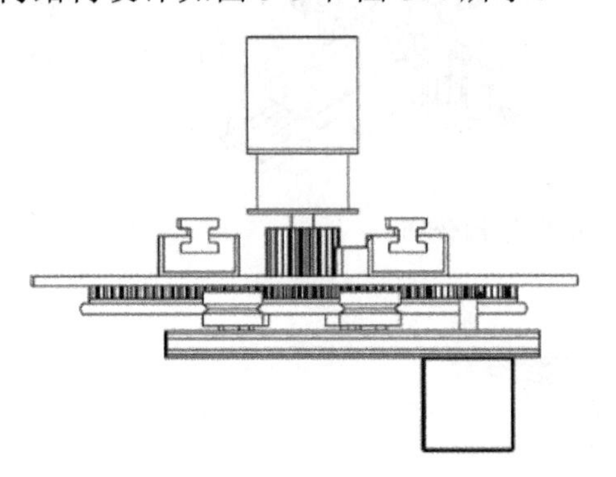

图 5-3　变构结构正视图

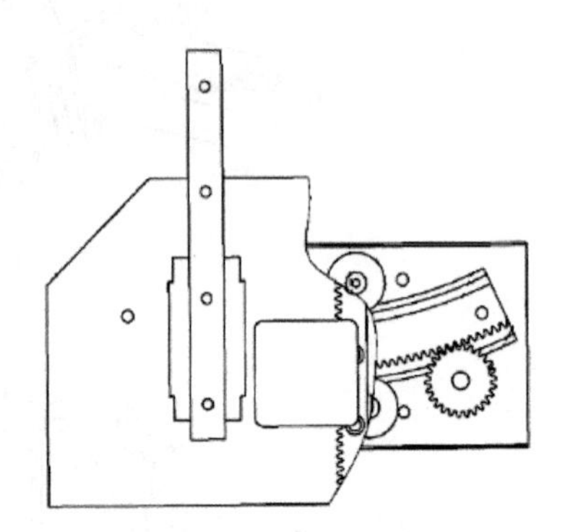

图 5-4　变构结构俯视图

5.1.2.2 参数分析

为保证变构结构稳定，本节选用低速且运行平稳的伺服电机。同时为防止出现因电机惯量和负载惯量不匹配导致两者在动量传递时发生较大冲击的问题，需将伺服系统参数调整到 1～3 倍负载电机惯量比下运行，并根据惯量匹配公式分析惯量匹配问题，计算公式为

$$T_M - T_L = (J_M + J_L)\alpha \tag{5-1}$$

式中，T_M 为电机所产生的转矩，T_L 为负载转矩，J_M 为电机转子的转动惯量，J_L 为负载的总转动惯量，α 为角加速度。

伺服电机除连续运转区域外，还有短时间内的运转特性，因此最大转矩也会因电机差异而有所不同。最大转矩影响驱动电机的加减速时间常数，根据时间常数公式估算线性加减速时间常数 t_a，确定所需的电机最大转矩，选定电机容量，计算公式如下

$$t_a = (J_L + J_M)n \times 95.5 \times (0.8T_{\max} - T_L) \tag{5-2}$$

式中，n 为电机设定速度，单位为 r/min；J_L 为电机轴换算负载惯量，单位为

kg·cm^2；J_M 为电机惯量，单位为 kg·cm^2；$T_{\max}$ 为电机最大转矩，单位为 N·m；T_L 为电机轴换算负载(摩擦、非平衡)转矩，单位为 N·m。

伺服电机长期过载容易发热损坏，甚至烧毁电机，选择低功率伺服电机有利于在保证正常工作前提下发挥出最大效能，同时有利于降低设备成本及维护成本。根据以上分析，选取功率为 80W 的伺服电机。

5.2　分级分拣工作站

传统的冷却分割肉分拣过程存在许多问题，无论是使用人力还是机械装置，都有其局限性。例如，人工分拣的效率低下、错误率高，而且无法保证肉品的质量[5]，且在人工分拣过程中，由于存在主观臆断，对残次品和合格品的区分界限并不明确。此外，在传统机械自动化分拣过程中，由于机械装置自身无法对肉品品质做出自主判断，可能会导致不符合分割标准的肉品流向市场[6]。针对上述问题，本节提出搭建一种分级分拣工作站，该工作站可以适应不同形状的肉品，同时对分割肉品进行分级检测和抓取，提高分拣效率，减少对肉品的损伤。

5.2.1　自主分拣机器人

自主分拣机器人主要包括四轴桁架装置、识别装置和末端执行装置，如图 5-5 所示。

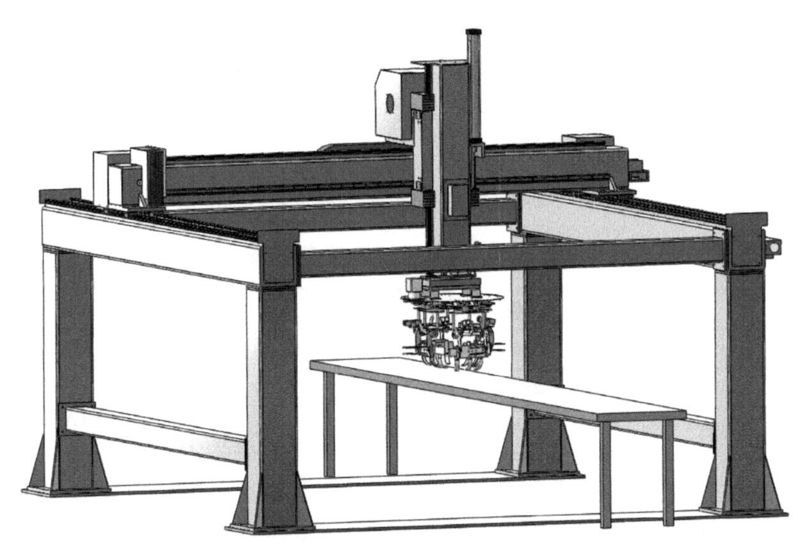

图 5-5　自主分拣机器人

末端执行装置如图 5-6 所示。

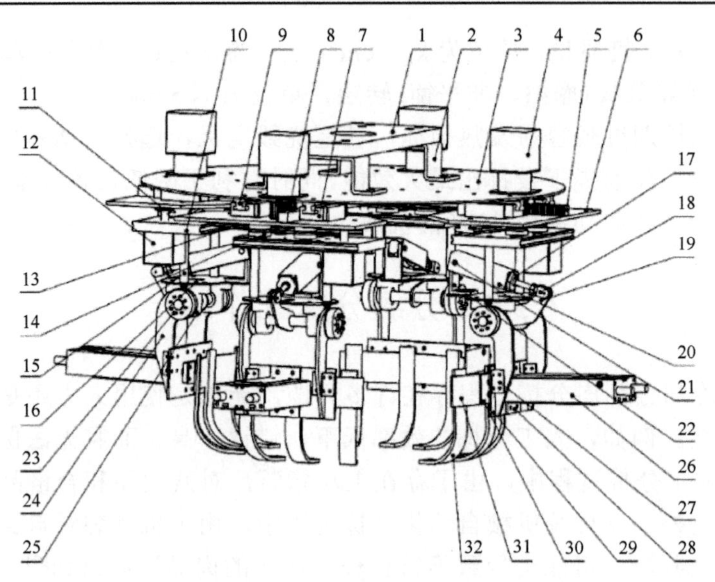

图 5-6　末端执行装置

1-法兰盘；2-法兰连接架；3-圆形盘；4-电机 1；5-齿条；6-节段圆弧导轨连接板；7-滑块；8-齿轮 1；9-直线导轨；10-滑座；11-齿轮 2；12-电机 2；13-节段圆弧导轨；14-滚轮；15-双头螺纹连接杆；16-开合连接板；17-锁紧螺母；18-单轴气缸关节接头；19-转动轴；20-单轴气缸防护外壳；21-销轴；22-单轴气缸固定架；23-涨紧套；24-转动板；25-轴承座；26-三轴气缸；27-连接件；28-三轴气缸固定板；29-连接板；30-前推接头；31-爪固定板；32-爪

1) 工艺描述

首先，利用识别装置得到猪胴体的位置信息、表征信息等数据，然后，根据这些数据调整四轴桁架装置带动末端执行装置到猪胴体抓取位置，同时识别装置将猪胴体的信息反馈给末端执行装置上的电机，使其调整到最适合的抓取状态。

2) 关键设备描述

四轴桁架装置主要用于带动末端执行装置移动。具体参数如表 5-1 所示。

表 5-1　四轴桁架装置参数表

参数		数值	配置
导轨		30 轨	—
齿条		2 模	—
伺服驱动	*X* 轴	1.5kW (绝对值) ×1	DS5L1-21P5-PTA MS5G-130STE-CM10015B-21P5-S01
	Y 轴	1.5kW (绝对值) ×2	DS5L1-21P5-PTA MS5G-130STE-CM10015B-21P5-S01
	Z 轴	1.5kW (抱闸绝对值) ×1	DS5L1-21P5-PTA MS5G-130STE-CM10015BZ-21P5-S01
	A 轴	850W (绝对值) ×1	DS5L1-20P7-PTA MS6H-130CM15B2-20P8

续表

参数		数值	配置
空运行速度	*X* 轴	30m/min	—
	Y 轴	30m/min	—
	Z 轴	15m/min	—
负载速度	*X* 轴	15m/min	—
	Y 轴	15m/min	—
	Z 轴	15m/min	—
负载重量		250kg（最大 375kg）	—
A 轴旋转角度		360°	—
重复定位精度		±0.5mm	—
电压、气压		3P AC 380V/50Hz、气压 0.6Mpa 左右	—
总功率		7.2kW	—
防护等级		IP54	—
控制方式		信捷 PLC	XD5-60T10-E
显示屏 1		触摸屏	10 寸
显示屏 2		14 寸电容触摸显示器	BT1400CX

末端执行装置电机如图 5-7 所示。

图 5-7　末端执行装置电机

电机电子齿轮比如表 5-2 所示。

表 5-2　电机电子齿轮比

H3d40	第一电子齿轮分子			
	设定范围	设定单位	出厂值	生效方式
	0～65535	G	0	立即生效
H3d41	第一电子齿轮分母			
	设定范围	设定单位	出厂值	生效方式
	0～65535	G	10000	立即生效

当 H3d40 = 0 时，H3d41 代表电机轴旋转一圈需要的脉冲个数，如果需要 5000 个脉冲让电机轴旋转一圈，只需将 H3d41 变为 5000 即可。当 H3d40 ≠ 0 时，电机与负载通过减速齿轮连接，假设电机轴与负载机械轴的减速比为 m/n（电机旋转 m 圈，负载轴旋转 n 圈时），电子齿轮分子和电子齿轮分母分别用 B 和 A 表示，则可由式(5-3)求出电子齿数比的设定值。

$$B / A = \text{H3d40} / \text{H3d41} = (a_1 / l) \times (m / n) \tag{5-3}$$

式中，a_1 为编码器线数，l 为负载轴旋转 1 圈的移动量。加/减速时间是指从零速度上升到额定转速或者从额定转速降到零速度的时间，如图 5-8 所示。

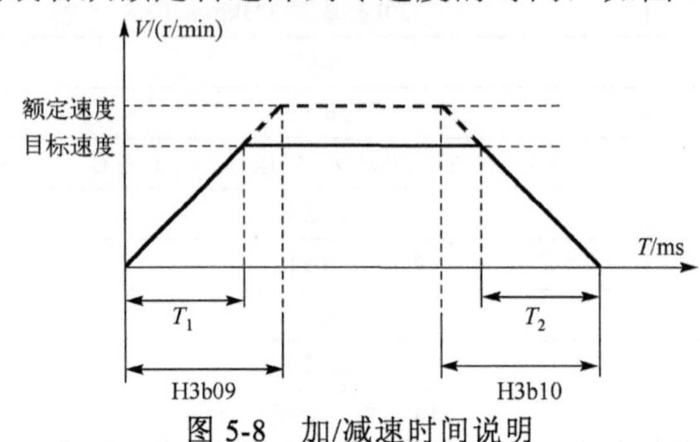

图 5-8　加/减速时间说明

图中 T_1 与 T_2 分别对应实际的加减速时间，单位为 ms，计算方法如下

$$T_1 = \text{H3b09} \times V_1 / V_2 \tag{5-4}$$

$$T_2 = \text{H3b10} \times V_1 / V_2 \tag{5-5}$$

5.2.2　分级分拣机器人

分级分拣机器人主要包括机械臂、末端执行装置、自主分级系统。机械臂带动末端执行装置在三维空间内运动，如图 5-9 所示。

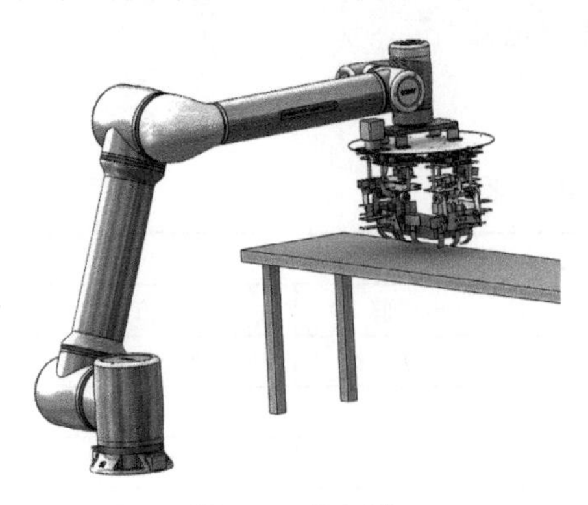

图 5-9　机械臂

1）工艺描述

首先，利用自主分级系统获取肉品的多维度信息，如质量、形状、质地等。然后，基于这些信息，系统可以判断出肉品的最佳放置位置。机械臂在接收到指令后，会调整其运动轨迹，带动末端执行装置精确地抓取肉块，并将肉块放置到指定位置。

2）关键设备描述

机械臂装置主要用于带动末端执行装置移动。具体参数如表 5-3 所示。

表 5-3　机械臂参数

类别		JAKA Pro 5		JAKA Pro 12		JAKA Pro 16	
产品特性	有效负载	5kg		12kg		16kg	
	重量（含电缆）	24kg		41kg		73.9kg	
	工作半径	954mm		1327mm		1713mm	
	重复定位精度	±0.02mm		±0.02mm		±0.02mm	
	自由度	6		6		6	
	编程	图形化编程、拖拽编程		图形化编程、拖拽编程		图形化编程、拖拽编程	
	示教器类型	移动终端 APP		移动终端 APP		移动终端 APP	
	协作操作	根据 GB11291.1-2011 协作操作		根据 GB11291.1-2011 协作操作		根据 GB11291.1-2011 协作操作	
动作范围及速度	机械臂	工作范围	最大速度	工作范围	最大速度	工作范围	最大速度
	关节 1	±270°	180°/s	±270°	120°/s	±270°	120°/s
	关节 2	−50°～+230°	180°/s	−50°～+230°	120°/s	−50°～+230°	120°/s
	关节 3	±155°	180°/s	±155°	120°/s	±155°	120°/s
	关节 4	−85°～+265°	180°/s	−85°～+265°	180°/s	−85°～+265°	180°/s
	关节 5	±270°	180°/s	±270°	180°/s	±270°	180°/s
	关节 6	±270°	180°/s	±270°	180°/s	±270°	180°/s
	工具端最大速度	—	3m/s	—	3m/s	—	3.5m/s
物理性能及其他	功耗	350W		500W		750W	
	温度范围	−10～50°C		−10～50°C		−10～50°C	
	IP 等级	IP68		IP68		IP68	
	机器人安装	任意角度安装		任意角度安装		任意角度安装	
	工具 I/O 端口	数字输入 2，输出各 2，模拟输入 1		数字输入 2，输出各 2，模拟输入 1		数字输入 2，输出各 2，模拟输入 1	
	工具 I/O 电源	24V		24V		24V	
	工具 I/O 尺寸	M8		M8		M8	
	材质	铝合金、PC		铝合金、PC		铝合金、PC	
	底座直径	158mm		188mm		246mm	
	机器人连接电缆长度	6m		6m		6m	

5.3 功能分析

5.3.1 主要功能

分拣机器人主要包括识别系统、机械臂、末端分拣装置、力觉感知子系统、夹取有效性判别子系统、分割肉摆放稳定子系统。识别系统用于识别被分拣分割肉的表征，获取分割肉的外轮廓、厚度、姿态等信息特征；机械臂用于带动末端分拣装置在三维空间内进行运动；末端分拣执行装置用于对分割肉的抓取；力觉感知子系统用于抓取分割肉时感知抓取动作是否稳定；夹取有效性判别子系统用于处理末端分拣装置抓取分割肉过程中的信息，判断分割肉与末端分拣装置夹取部位的匹配情况；分割肉摆放稳定子系统用于处理分割肉放置后的姿态信息，判断分割肉是否放置正确。

5.3.2　工作流程

分拣机器人操作流程如图 5-10 所示。

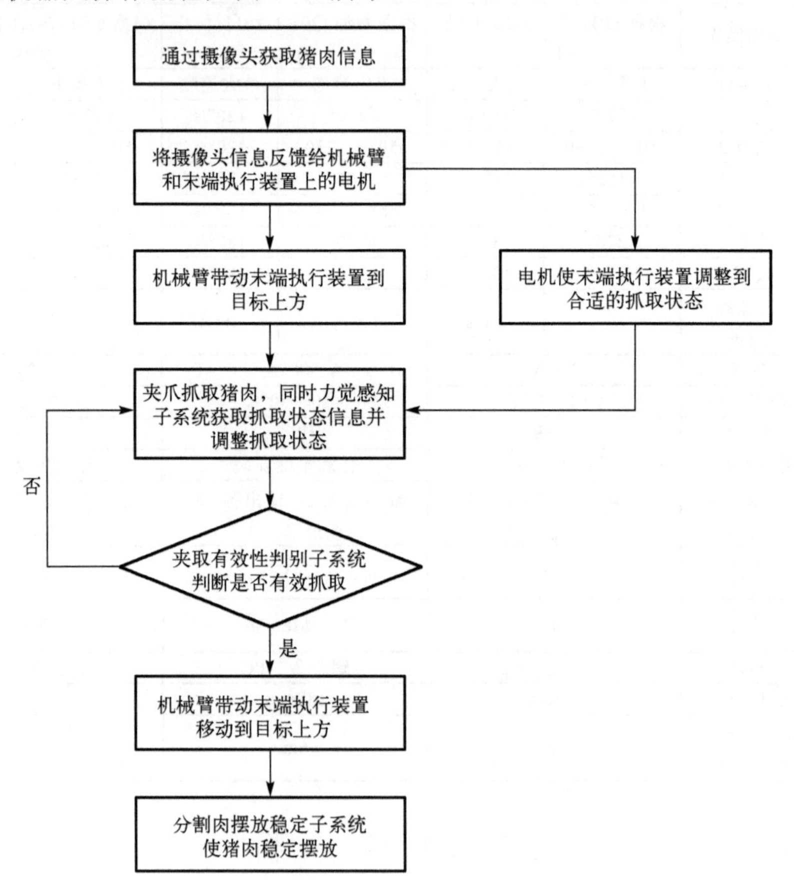

图 5-10　操作流程图

1) 肉品分级

传送带带动肉品通过自主分级系统，利用自主分级系统的各项设备判定猪肉的等级，确定肉品最终放置位置。

2) 肉品表征信息

传送带带动肉品到识别系统位置，在抓取猪肉之前，通过识别系统，扫描传送带上猪肉的轮廓信息、位置信息等，将所得到的信息反馈给机械臂和末端执行装置。

3) 执行分拣工作

末端执行装置调整到合适的抓取状态，机械臂带动末端执行装置移动到目标上方，末端执行装置根据肉品状态信息实时调整自身抓取姿态，最后执行抓取动作，并将肉品放置到指定位置。

5.4　自调节分拣关键技术

机械臂自主抓取任务[7]包括目标物的检测定位[8]、路径规划[9]和自动控制等理论，其中目标物的检测定位和路径规划会直接影响目标检测的准确率[10]。目前，国内外众多学者针对多机器人系统分析及其控制问题进行了广泛研究，例如，基于掩模区域卷积神经网络的视觉检测器模型[11]、逆运动学计算模型[12]和基于 Kinect 融合算法的位姿计算方法[13]等。与独立个体的单一机器人系统相比，个体间交互耦合的多机器人系统具有多功能性和强鲁棒性等优势[14]，例如，多机器人系统群集协同控制、复杂多机器人系统分析控制和多机器人系统能量优化控制等[15]。

5.4.1　协同分布式决策优化方法

多机器人系统中通常存在大量个体，且系统能量经常受到人为或环境等约束，因此，如何减轻系统的执行、通信和计算负担就显得尤为重要[16]。众多学者针对系统能量优化控制问题展开了大量研究，提出了包括有限时间和事件触发控制等多种解决方法。在多机器人系统协同控制研究中，可通过控制有限时间提高计算效率，结合有限时间和事件触发控制，针对非线性多智能体系统有限时间一致性问题给出一种两层事件触发滑模控制器，确保在有限时间内到达预设滑模面[17]。然而，上述能量优化方法多集中于单一任务控制问题，其中所有位置或速度分别收敛到一种稳定状态，对于生物现象和社会现象中广泛存在的较为复杂的多任务控制问题，相关研究还很少。

本节提出一种基于信度函数粒子滤波的多机器人协同算法[18]。粒子滤波是一种基于概率模型的最优估计算法，它的基本思想是根据蒙特卡罗(Monte-Carlo)方法，寻找一组在状态空间中传播的随机样本，把该随机样本近似成概率密度函数，同时，积分运算将由样本的均值运算所替代，从而获得系统状态的最小方差估计。

与卡尔曼滤波相比，粒子滤波具有诸多优势。在卡尔曼滤波中，要求当前的状态服从高斯分布，并且要求状态转移过程和观测是线性方程加白噪声的形式。因此对于非线性系统需要进行线性化处理，进而延伸出扩展卡尔曼滤波或无迹卡尔曼滤波等方法[19]。由于线性化并不严格，所以卡尔曼滤波与粒子滤波相比，使用起来会受到更多的限制[20]。此外，在实际应用中，粒子滤波能够很好地处理多峰分布并且能够应用到离散状态变量，因此本节选用粒子滤波。

在基于信度函数的滤波算法中，令 Θ_t 为 $x_t \in \Theta_t$ 在 t 时刻的状态空间，Ω_t 为 $Z_t \in \Omega_t$ 在 t 时刻的观测空间。令 $z_{0:t}$ 为观测序列，同时状态转移过程与观测量按顺序进行，即在 x_{t-1} 状态转移到 x_t 的同时，获得观测量 z_t。该过程被称为动态信度网络或广义贝叶斯网络，如图 5-11 所示。

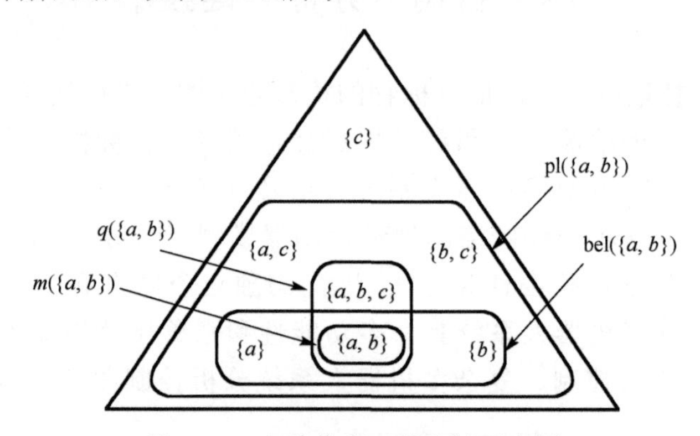

图 5-11　多种信度函数表达示意图

基于信度函数的滤波算法的最终目的是利用所有给定的观测量 $z_{0:t}$ 计算当前状态 x_t 的信度。设整个过程满足一阶马尔可夫过程，即在给定 t 时刻状态 x_t 的前提下，所有 t 时刻之前的状态信息和观测信息与 t 时刻之后的状态信息和观测信息无关。

由于每一个新观测都需要当前状态的信度与新观测所对应的信度相结合，而由新观测产生的信度通常存在非零的冲突质量。如果结合是非标准的，那么 ϕ 的信度将会收敛到 1。另外，用一系列粒子对非标准的信度函数进行近似也存在问题，原因是在一段时间之后，大部分粒子都将用来表示 ϕ，只存在少部分粒子用来表示我们真正感兴趣的焦元所对应的质量。现假设所有的信度函数都是标准化的，与贝叶斯滤波算法类似，基于信度函数的滤波算法中对当前状态的信度的更新过程也可分成两个步骤，即由状态转移所引起的更新和由新观测量所引起的更新[21]。现将这两个步骤重新定义为预测过程和矫正过程。

预测过程内容如下：由于当前状态 X_t 与 $t-1$ 时刻之前的所有观测量有关，因此预测过程的目的是计算表示当前状态 X_t 信度的质量函数 $m_{\Theta_t}[z_{0:t-1}]$，通过

Dempster 结合方法，将先验信度 $m_{\Theta_t}[z_{0:t-1}]$ 与定义在联合空间 $\Theta_{t-1}\times\Theta_t$ 上的转移信度 $m_{\Theta_{t-1}\times\Theta_t}$ 进行结合[22]。在此过程中，前一时刻的信度首先需要被扩展到联合空间，结合之后的结果还需要进行边缘化处理到空间 Θ_t 上。具体计算公式如下

$$m_{\Theta_t}[z_{0:t-1}]=(m_{\Theta_{t-1}\times\Theta_t}\oplus m_{\Theta_{t-1}}[z_{0:t-1}]^{\uparrow\Theta_{t-1}\times\Theta_t})^{\downarrow\Theta_t} \tag{5-6}$$

通过条件质量函数对式(5-6)重新进行描述，如下

$$m[z_{0:t-1}](X_t)=\eta\sum_{X_{t-1}\subseteq\Theta_{t-1}}\mathrm{pl}_{\uparrow\Theta_{t-1}\times\Theta_t}^{\downarrow\Theta_t}(X_t)m[X_{t-1}](X_t)m_{\Theta_t}[z_{0:t-1}](X_{t-1}) \tag{5-7}$$

条件质量函数 $m_{\Theta_t}[X_{t-1}]$ 被称为转移模型，它描述的是状态所期望的随时间的变化量，在机器人领域，通常会存在像里程计信息等描述状态转移的附加信息，此处不考虑此信息。式中，η 为 Dempster 结合方法中的标准化常数，$\mathrm{pl}_{\uparrow\Theta_{t-1}\times\Theta_t}^{\downarrow\Theta_t}$ 为公式的标准化常数。由于这两个标准化常数均为 1，所以两个标准化常数都可以被省略。转移模型的产生方式有直接给定法和析取结合法，如果转移模型是通过构造得到的，那么假设关于状态转移的所有可能信息都需要用单条件分布 $\{m_{\Theta_t}[X_{t-1}]|X_{t-1}\in\Theta_{t-1}\}$ 表示[23]，同时，假设所有的分布都由不重叠的证据得到，则可以采用析取结合法构造得到先验状态任意子集 $X_{t-1}\in\Theta_{t-1}$ 条件下的转移模型，计算公式如下

$$m_{\Theta_t}[X_{t-1}](X_t)=\sum_{\bigcup i:x_{t-1};X_{t-1}^{X_{t;i}=X_t}}\prod_{x_{t-1};i\in X_{t-1}}m[X_{t-1};i](X_t;i) \tag{5-8}$$

采用这种方式构造转移模型所得 Θ_{t-1} 为空。如果采用析取结合法，则会导致 X_{t-1} 的所有元素都会存在于联合空间的每一个焦元中。那么边缘化到 Θ_{t-1} 的过程中，转移模型将会为空，即对于 $\forall X_{t-1}\subseteq\Theta_{t-1}$，$X_{t-1}\neq\varnothing$ 有 $\mathrm{pl}_{\uparrow\Theta_{t-1}\times\Theta_t}^{\downarrow\Theta_t}(X_t)$ 成立。同理，由于边缘化到 Θ_{t-1} 的过程，转移模型为空，同时先验信度 $m_{\Theta_{t-1}}[z_{0:t-1}]$ 在 Θ_{t-1} 上定义为空，也就是说结合结果中没有空的交集，因此 $\eta=1$。将式(5-8)代入式(5-7)中，并忽略标准化常数，得到最终的预测方程如下

$$m_{\Theta_t}[X_{t-1}](X_t)=\sum_{x_{t-1}\subseteq\Theta_{t-1}}\sum_{X_{t-1}\subseteq\Theta_{t-1}}m[z_{0:t-1}](X_{t-1})\sum_{\bigcup i:x_{t-1};X_{t-1}^{X_{t;i}=X_t}}\prod_{x_{t-1};i\in X_{t-1}}m[X_{t-1;i}](X_{t;i}) \tag{5-9}$$

矫正过程内容如下：新观测量 z_t 根据观测模型并入到建议分布 $m_{\Theta_t}[z_{0:t-1}]$ 中，并最终计算得到与 t 时刻之前所有证据有关的质量函数 $m_{\Theta_t}[z_{0:t}]$。假设每一个观测量 z_i 都与给定相对应状态 X_i 条件下的其他所有观测条件独立，那么由观测量 z_i 获得的信度可以通过 Dempster 结合方法与建议信度进行结合得到，即

$$m_{\Theta_t}[z_{0:t}]=m_{\Theta_t}[z_{0:t-1}]\oplus m_{\Theta_t}[z_t] \tag{5-10}$$

若由观测量 z_t 获得的信度 $m_{\Theta_t}[z_t]$ 已知，那么就直接与建议分布进行结合[24]。如果存在一个观测模型能够保证在给定条件 $x_t\in\Theta_t$ 状态下，可以得出观测空间 Ω_t

下的信度分布，则该观测模型可以被视为由一系列的似然函数得到 $\mathrm{pl}_{\Omega_t}[x_t]$，其中 $x_t \in \Theta_t$。采用广义贝叶斯理论从似然函数中得到 $m_{\Theta_t}[z_t]$，将式(5-11)代入式(5-10)中，得到最终的校正方程，即式(5-12)

$$m[z_t](X_t)=\prod_{x_t\in X_t}\mathrm{pl}[x_t](z_t)\prod_{x_t\in X_t}(1-\mathrm{pl}[x_t](z_t)),\quad \forall X_t\subseteq\Theta_t,\quad X_t\neq\varnothing \tag{5-11}$$

$$m[z_{0:t}](X_t)=\sum_{X_t'\cap X_t''=X_t} m[z_{0:t-1}](X_t')\prod_{x_t\in X_t}\mathrm{pl}[x_t](z_t)\prod_{x_t\in X_t}(1-\mathrm{pl}[x_t](z_t)) \tag{5-12}$$

式(5-11)和式(5-12)为证据滤波的基本公式，借此能够递归地更新动力学系统的信度。以上描述了基于信度函数的滤波算法的实施步骤[25]。该算法的优势在于它能够用来描述部分或全部无知，但是具有计算复杂度高的缺点。为减小算法的计算复杂度，可将当前状态的信度近似成有限个数的粒子，将随状态空间维数指数增长的复杂度降低成与状态空间维数线性相关的复杂度，把粒子滤波的思想引入基于信度函数的滤波算法中，得到基于信度函数的粒子滤波算法。其对证据滤波中的信度函数进行近似的方法是基于一个包含 K 个粒子的集合 χ_t，其中粒子满足 $X_t^{[k]}\subseteq\Theta_t(1\leqslant k\leqslant K)$，并且粒子随时间更新。粒子集合 χ_t 中某一假设 X_t 的相对频数反映了对其真实质量函数的估计值。随着采样数 K 的无限增大，每一个假设的相对频数依概率收敛到各自假设的质量函数的真值。因此采用这种近似的方法后，信度函数滤波算法的时间和空间复杂度将从与状态空间维数指数相关，降低为与状态空间维数线性相关，从而使算法的复杂度大大降低。

基于信度函数的粒子滤波算法中[26]，描述了先验分布 $m_{\Theta_{t-1}}[z_{0:t-1}]$ 的计算过程。现假设以 χ_{t-1} 表示先验分布的粒子集合作为预测过程的输入，而通过预测过程得到的结果为 χ_t，χ_t 表示建议分布的粒子集合，如图 5-12 所示。

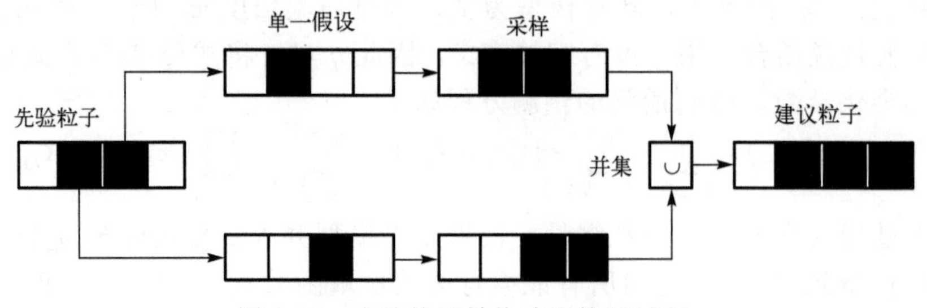

图 5-12　先验粒子转换建议粒子过程

在预测过程中，每一个先验粒子 $X_t^{[k]}\subseteq\chi_{t-1}$ 都经过转移模型 $m_{\Theta_t}[X_{t-1}^{[k]}]$ 的采样获得建议粒子点 $\hat{X}_t^{[k]}\in\hat{\chi}_{t-1}$，而这些建议粒子点构成了建议粒子集合 $\hat{\chi}_t$。由于转移模型由单一先验状态 $x_{t-1}\in\Theta_{t-1}$ 条件下的分布 $m_{\Theta_t}[z_{t-1}]$ 通过析取结合法得到，所以每一个采样点由每一个分布 $m_{\Theta_t}[X_{t-1;i}^{[k]}]$ 独立产生。由于 $\hat{X}_{t;i}^{[k]}\sim m_{\Theta_t}[X_{t-1;i}^{[k]}]$ 的含义是粒子点

$X_{t;i}^{[k]}$ 为 $\hat{X}$ 的概率与质量函数 $m_{\Theta_t}[X_{t-1;i}^{[k]}](\hat{X}_t)$ 相等，可得

$$P(X_{t;i}^{[k]} \leftarrow \hat{X} \Big| x_{t-1;i}^{[k]} \leftarrow x_{t-1}) = m[x_{t-1}](\hat{X}_t), \quad \forall \hat{X} \subseteq \Theta_t, \quad x_{t-1} \in \Theta_{t-1} \tag{5-13}$$

通过析取结合法，这些单一条件粒子的并集形成了新的建议粒子 $\hat{X}_t^{[k]}$。在校正过程中，将建议分布与由观测产生的分布 $m_{\Theta_t}[z_t]$ 利用 Dempster 结合方法进行结合[27]。由上述预测过程可知，建议分布可以通过一个粒子集合 χ_t 的形式表示，粒子可以从 $m_{\Theta_t}[z_t]$ 中提取，然后将提取到的采样点与对应的建议分布采样点取交集，从而获得描述结合的新采样点。然而这种方法得到的交集大部分甚至全部都有可能是空集，这会导致算法重复采样直至找到所需的非空交集个数，使得算法复杂度呈指数级增加，因此引入重要性采样方法来解决该问题。

重要性采样的基本思想是从分布中获取粒子点要比从目标分布中获取更容易[28]。由分布中的不同所引起的采样偏差被称为重要性权重，重要性权重可以用来衡量存在偏差的分布中的样本点。重要性权重要么一直保持，进而形成序贯重要性采样(Sequential Importance Sampling，SIS)粒子滤波；要么被移除，进而形成序贯重要性重采样(Sequential Importance Resampling，SIR)粒子滤波。因此，采用重要性采样的思想使每一个粒子 $\tilde{X}_t^{[k]}$ 都从 $m_{\Theta_t}[z_t, \tilde{X}_t^{[k]}]$ 中获得，这个过程通过兼容性函数完成。从条件分布中获得的非空采样点 $\tilde{X}_t^{[k]}$ 与建议采样 $\hat{X}_t^{[k]}$ 的交集永远不会为空，即

$$\tilde{X}_t^{[k]} \cap \hat{X}_t^{[k]} \neq \phi, \quad \forall \tilde{X}_t^{[k]}, \hat{X}_t^{[k]} \subseteq \Theta_t, \quad \forall \tilde{X}_t^{[k]} \neq \varnothing, \quad \hat{X}_t^{[k]} \neq \varnothing \tag{5-14}$$

为了校正建议采样偏差，需要对重要性权重 $\omega_t^{[k]}$ 计算。重要性权重的定义是目标分布 $m_{\Theta_t}[z_t]$ 与采样分布 $m_{\Theta_t}[z_t, \tilde{X}_t^{[k]}]$ 之比。重要性权重可以简单地由似真函数 $\mathrm{pl}[z_t](\hat{X}_t^{[k]})$ 表示。计算公式如下

$$\omega_t^{[k]} = \frac{m[z_t](X_t)}{m[z_t, \tilde{X}_t^{[k]}](X_t)} = \mathrm{pl}[z_t](\hat{X}_t^{[k]}), \quad X_t^{[k]} \in \hat{X}_t^{[k]}, \quad X_t \neq \varnothing \tag{5-15}$$

如果 $\mathrm{pl}[z_t](\hat{X}_t^{[k]}) = 0$，那么 $m[z_t, \tilde{X}_t^{[k]}](X_t)$ 无定义。对此需要先检验 $\mathrm{pl}[z_t](\hat{X}_t^{[k]})$ 是否为零，如果为零则忽略对应的建议粒子。而通常情况下，对于任意信度函数，其似然函数 $\mathrm{pl}[z_t](\hat{X}_t^{[k]})$ 很难计算。此时，$\mathrm{pl}[z_t](\hat{X}_t^{[k]})$ 可由广义贝叶斯理论得到，通过贝叶斯理论可得到

$$\mathrm{pl}[z_t](\hat{X}_t^{[k]}) = 1 - \prod_{\hat{x}_t^{[k]} \in \hat{X}_t^{[k]}} (1 - \mathrm{pl}[\hat{x}_t^{[k]}](z_t)) \tag{5-16}$$

5.4.2 协同作业行为规划策略体系

机器人技术作为现代高新技术之一，在众多领域得到了广泛的应用，促进了生产力的发展[29]。在任务复杂的情况下，单机器人往往无法独立完成任务[30]，需

要多个机器人协同工作。然而，多机器人系统的协作并不只是各个机器人的功能简单叠加，而是一种能够以最小化代价完成任务的机器人组合。根据任务类型的不同，多机器人的协作形式可以划分为三种：顺序协同、同步协同和自由协同，本节将重点介绍顺序协同及其优化算法。顺序协同是指多个机器人按照一定的顺序执行任务，每个机器人只执行自己当前的任务，然后将其结果传递给下一个机器人，这种协作形式的优点在于简单易行、易于管理和控制。然而，如果任务顺序不合理或者某个机器人出现故障，可能会影响整个任务的执行效率。为了优化顺序协同的执行效率，可以采取一些算法和技术。例如，可以使用启发式算法来寻找最优的任务顺序，或者使用容错技术来处理机器人故障的情况。此外，还可以采用多机器人通信和协调技术来实现机器人之间的信息共享和协同操作。通过研究和应用多机器人协作的优化算法和技术，可以进一步提高机器人的工作效率和适应性。

本节根据多机器人协同作业的特点引入了蚁群算法，该算法具有随机性、自学习性、自适应性等特点，可应用于多机器人之间的协同控制[31]。在多机器系统中各机器人是独立的个体，在不同时刻可担任不同的职能，通常将其分为任务搜索层和任务执行层。任务搜索层的机器人的主要职能是搜索任务，然后根据任务情况，选择合适的机器人组成联盟，使得执行任务的代价最优，最终获得问题的最优解。任务执行层是由任务搜索层向其发布协作请求，协助任务搜索层的机器人完成任务。任务搜索层中的机器人和任务执行层中的机器人可实现角色转换，在没有任务的情况下，其既可以自由搜索任务，又可以等待任务的发布。

假设任务搜索层中的机器人所处的位置为初始位置，初始位置的节点为 S。机器人从初始位置出发，随机进行运动搜索任务，联盟中机器人的搜索半径 $r=10$。若环境中的任务与机器人距离 d 在 $[0,10]$ 时，表示机器人搜索到该任务，如图 5-13 所示。

当机器人搜索到任务时，系统根据机器人搜索到任务的先后顺序进行编号，为避免选择机器人时发生冲突，系统根据任务编号的先后顺序选择机器人。由于任务是一个静态量，无法自己选择机器人，因此在每个任务上放置 m 只蚂蚁，用蚂蚁作为动态因子代替任务选择合适的机器人或联盟执行任务。若蚂蚁代表的任务是松散型任务，则选择代价最小的单机器人即可执行；若蚂蚁代表的任务是紧耦合型任务，则该任务需由多个机器人相互协作完成，利用联盟形成算法对该任务进行求解，选择合适的机器人组成联盟执行该任务。

假设该任务为紧耦合型任务，需多个机器人共同协作完成，首先将 m 只蚂蚁放置于 n 个机器人上，根据蚁群算法选择合适的机器人相互协作执行任务，其中第 k 只蚂蚁选择机器人 j 的概率为

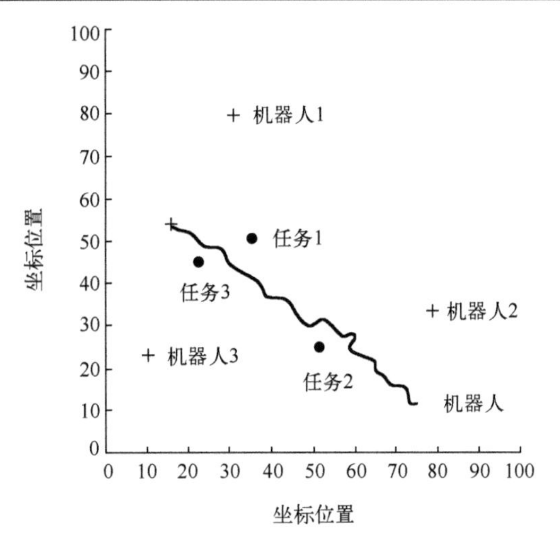

图 5-13　任务搜索层随机任务搜索

$$P_{ij}^{k}(t)=\begin{cases}\dfrac{[\tau_{ij}(t)]^{\alpha}\times[\eta_{ij}(t)]^{\beta}}{\sum\limits_{s\subset \text{allowed}_k}[\tau_{ij}(t)]^{\alpha}\times[\eta_{ij}(t)]^{\beta}}, & j\in \text{allowed}_k \\ 0, & \text{其他}\end{cases} \tag{5-17}$$

式中，α 为蚂蚁在路径上信息素强度的权重，β 为机器人 i 到机器人 j 之间的通信开销权重，allowed_k 表示第 k 只被选择的机器人集，$\eta_{ij}(t)$ 为机器人 i 和机器人 j 之间的通信开销强度。

若蚂蚁完成当前机器人选择时，发现当前所组成的多机器人联盟已经能够执行该任务，则蚂蚁停止寻径，直到 m 只蚂蚁完成一次循环，最终选择本次循环中联盟代价最小的一组机器人联盟作为当前最优解。同时对全局进行信息素更新，更新公式如下

$$\tau_{ij}(t+n)=(1-\rho)\times\tau_{ij}(t)+\Delta\eta_{ij}(t) \tag{5-18}$$

$$\Delta\tau_{ij}(t)=\sum_{k=1\Delta\tau_{ij}^{k}}^{m}(t) \tag{5-19}$$

$$\Delta\tau_{ij}^{k}(t)=\begin{cases}\dfrac{\text{Cost}_k}{\sum\limits_{k=1}^{m}\text{Cost}_k}, & j\in \text{allowed}_k \\ 0, & \text{其他}\end{cases} \tag{5-20}$$

式中，Cost_k 为机器人在执行任务时所付出的代价。

任务搜索层中机器人搜索流程如图 5-14 所示，其任务分配可由以下六个步骤

完成：①任务分配层的机器人从初始位置出发，随机搜索任务，机器人的搜索半径为 10，若任务在机器人搜索半径范围内，则表示搜索到该任务。反之，则没有。②机器人搜索到任务后，判断任务的类型，若任务为松散型任务，则机器人转变为任务执行层执行该任务，跳转步骤⑥，若为紧耦合型任务则跳转步骤③，向其他机器人发布协作信息，选择合适的机器人组成联盟，相互协作完成任务。③在紧耦合型任务上放置 m 只蚂蚁代替任务，利用式(5-19)进行概率选择，选择代价最小的机器人组合成一个新的联盟执行任务。④若当前蚁群搜索到的机器人联盟满足执行该任务的条件，则停止搜索，跳转步骤⑤，否则跳转步骤③继续寻找下一个机器加人联盟。⑤当 m 只蚂蚁完成一次迭代运算时，选择总代价最小的那组机器人联盟作为最优解，并对全局信息进行更新。⑥完成任务搜索及机器人选择，执行任务。

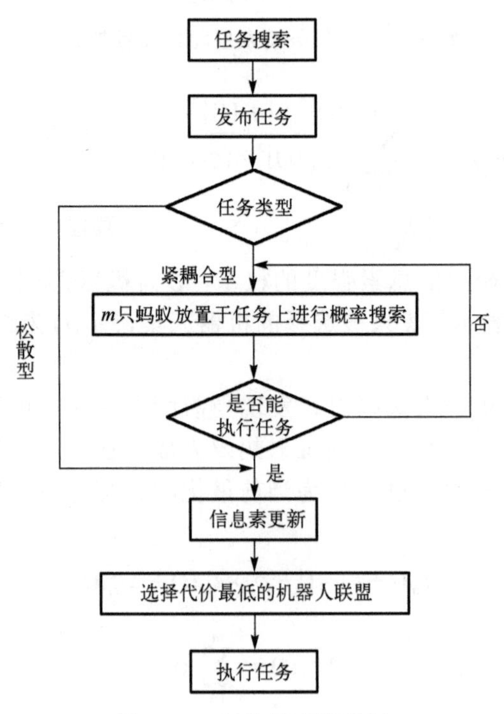

图 5-14　任务搜索流程图

任务接受层是由任务搜索层搜索到任务后，根据计算选择的多机器人联盟组成的，是任务的执行者。本节将任务接受层定义为任务空闲状态(状态值 $S=0$)和任务执行状态(状态值 $S=1$)。若机器人处于任务空闲状态，表示该机器人满足任务的执行条件，任务搜索层可以向其发布任务协作请求，该机器人加入多机器人联盟中执行任务，机器人由空闲状态转到执行状态；若 $S=1$，则表示该机器人或机器人联盟尚处于激活状态，则任务搜索层不可向其发布任务协作请求，等待其完成任务后方可接受其他任务请求。

多机器人顺序协同类似于物流运输，即由一个机器人将任务传递给下一个机器人，相互协作完成，保证机器人联盟中每个成员都可执行一定范围内的任务，联盟根据完成任务的代价大小判断是否由多台机器人相互协作完成。顺序协同的基本原理如下：假设一个多机器人联盟由 n 台机器人组成，其机器人系统的集合为 $R=\left\{R_1,R_2,R_3,\cdots,R_m\right\}$，每台机器人执行任务时所付出的代价集合为 $A=\left\{A_1,A_2,A_3,\cdots,A_n\right\}$。现假设第一台机器人设备接收到任务，后续的第 i 台机器人要参与到任务中，则第 $i-1$ 台机器人必须已经参与到本任务的执行中。策略原理如下：假设机器人 R_i 接收到任务 P 时产生的代价为 A_i，机器人 R_i 在该任务中占用的时间为 T_i，则机器人 R_i 在执行任务时消耗的总代价为

$$\mathrm{Cost}_k(i)=A_i\times T_i \tag{5-21}$$

记录机器人在进行任务时的时间代价，由机器人 R_1 计算整体任务所产生的代价总和，最终得到不同任务点执行的总代价，并对其进行比较，选择代价总和最小的机器人与任务点进行匹配。假设一共有 m 个机器人参与总体任务的执行，则前 $m+1$ 个机器人的代价总和为

$$\mathrm{Cost}(m-1)=\sum_{i=1}^{m}A_i\times T_i \tag{5-22}$$

第 m 个机器人执行任务代价公式为

$$\mathrm{Cost}(m)=A_m\times T_{mP} \tag{5-23}$$

总代价为

$$\mathrm{Cost}=\mathrm{Cost}\left(m-1\right)+\mathrm{Cost}\left(m\right) \tag{5-24}$$

式中，T_{mP} 为第 m 个机器人在执行任务时消耗的时间。机器人联盟产生的 n 个方案组成的代价集合为 $\mathrm{Cost}=\{\mathrm{Cost}(1),\mathrm{Cost}(2),\mathrm{Cost}(3),\cdots,\mathrm{Cost}(n)\}$，从集合 Cost 中选择代价总和最小的联盟并将不同的任务点分派至对应的机器人。

在本节中，为了实现稳定抓取，在抓取时应保证爪上三个插钩与肉块有效接触，通过爪上的触控板获取插钩与肉块的接触面积。力觉传感器要使抓取肉块牢固应同时满足以下要求

$$S_2\geqslant\frac{1}{2}S_1 \tag{5-25}$$

$$S_4\geqslant\frac{1}{2}S_3 \tag{5-26}$$

$$S_6 \geqslant \frac{1}{2}S_5 \tag{5-27}$$

$$S_2 + S_4 + S_6 \geqslant \frac{2}{3}(S_1 + S_3 + S_5) \tag{5-28}$$

式中，S_1为第一个插钩的上表面，S_2为第一个插钩与肉块的接触面积，S_3为第二个插钩的上表面，S_4为第二个插钩与肉块的接触面积，S_5为第三个插钩的上表面，S_6为第三个插钩与肉块的接触面积。

当不满足式(5-25)时，由触控感应模块向电机发送逆转信号，使电机工作带动整个夹爪部分向左微调；当不满足式(5-26)时，由触控感应模块向电机发送顺转信号，使电机工作带动整个夹爪部分向前微调；当不满足式(5-27)时，由触控感应模块向电机发送顺转信号，使电机工作带动整个夹爪部分向右微调；当不满足式(5-28)时，加大三轴气缸的气压，使三轴气缸向前推动。

5.5 本章小结

本章介绍了分拣机器人的结构设计、功能设计、工作流程及关键技术。其中，末端执行装置的多指结构和变构结构是为了提高抓取的稳定性和全面性，一方面使抓取方位更加全面，能够根据形状各异的肉品自动调整夹爪状态，另一方面自主分拣机器人能够实现完全自主化的抓取，有效解决交叉污染等问题。此外，针对多机器人系统优化问题，本章提出一种协同分布式决策优化方法和协同作业行为规划策略体系，利用各节点之间的信息共享和协同合作，得到全局的最优决策，为协同作业提供了一套完整的策略和方法，实现高效、有序和安全的作业过程。

参考文献

[1] 刘雨浩，费叶琦，潘知瑶，等. 物流分拣设备的发展现状与展望. 机电工程技术，2023, 52(1): 59-62.

[2] 冯砚博，王景琪，刘聪，等. 仿生机器人夹持机构特性研究. 哈尔滨商业大学学报：自然科学版, 2023, 39(3): 323-327.

[3] 樊琛，朱致远，颜远远. 基于 RobotStudio 的分类码垛工作站仿真研究. 制造业自动化，2023, 45(7): 61-66.

[4] 储锋，兰常艳，樊文问，等. 一种夹片全自动套圈方法: CN113084486A, 2024.

[5] 张继东. 物料分拣系统的设计与调试. 科技风, 2023, (25): 4-6.

[6] 李泽，巩雪，刘京宇，等. 基于 PLC 的快递分拣系统. 包装学报, 2023, 15(2): 18-22.

[7] Li Y, Guo Z, Shuang F, et al. Key technologies of machine vision for weeding robots: a review and benchmark. Computers and Electronics in Agriculture, 2022, 196: 106880.
[8] 刘亚，艾海舟，徐光佑. 一种基于背景模型的运动目标检测与跟踪算法. 信息与控制, 2002, 31(4): 315-319.
[9] 张捍东，郑睿，岑豫皖. 移动机器人路径规划技术的现状与展望. 系统仿真学报, 2005, 17(2): 439-443.
[10] 余吉雅，张艳超，张文博. 基于Yolo v4-Tiny和RRT-Connect算法的机械臂自主抓取仿真. 建模与仿真, 2023, 12(3): 2773-2781.
[11] Jia W, Tian Y, Luo R, et al. Detection and segmentation of overlapped fruits based on optimized mask RCNN application in apple harvesting robot. Computers and Electronics in Agriculture, 2020, 172: 105380.
[12] Onishi Y, Yoshida T, Kurita H, et al. An automated fruit harvesting robot by using deep learning. Robomech Journal, 2019, 6: 13.
[13] Lehnert C, Sa I, McCool C, et al. Sweet pepper pose detection and grasping for automated crop harvesting//The 2016 IEEE International Conference on Robotics and Automation (ICRA), 2016: 2428-2434.
[14] 邬江兴. 鲁棒控制与内生安全. 网信军民融合, 2018, (3): 19-23.
[15] 赵丹，温广辉，黄廷文. 群体智能系统安全协同控制研究. 控制工程, 2023, 30(8): 1419-1424.
[16] 唐慧妍，吴春秋，王海燕. 深海采矿船的协同控制策略. 珠江水运, 2023, (2): 78-81.
[17] 魏辰阳，魏斌，蒋成，等. 基于最大效率追踪的BWPT协同控制方法研究. 电力电子技术, 2023, 57(1): 101-104.
[18] 张军，宋浪，俞山川，等. 高速公路车道分配与入口多匝道协同控制方法. 公路交通技术, 2023, 39(3): 166-175.
[19] 管东林，王成飞，吴鑫辉. 无人集群系统火力协同控制体系. 舰船科学技术, 2023, 45(9): 79-83.
[20] 王伟嘉，郑雅婷，林国政，等. 集群机器人研究综述. 机器人, 2020, 42(2): 232-256.
[21] 汪汝根，李为民，刘永兰，等. 无人机集群组网任务分配方法研究. 系统仿真学报, 2018, 30(12): 4794-4801.
[22] 刘森琪，王鸿，于宁宇，等. 基于信息素启发狼群算法的UAV集群火力分配. 北京航空航天大学学报, 2021, 47(2): 297-305.
[23] 秦新立，宗群，李晓瑜，等. 基于改进蚁群算法的多机器人任务分配. 空间控制技术与应用, 2018, 44(5): 55-59.
[24] 王全辉. 大型风电场尾流协同控制技术. 电力设备管理, 2023, (12): 78-80.

[25] 刘君，刘衍民，陈飞，等. 协同控制多目标粒子群算法研究. 遵义师范学院学报，2023，25(3): 96-102.
[26] 郑卓，路坤锋，王昭磊，等. 飞行器集群协同控制技术分析与展望. 宇航学报，2023，44(4): 538-545.
[27] 安小宇，杨洋，李楠，等. 引入扰动补偿的多电机滑模协同控制研究. 包装工程，2023，44(15): 146-152.
[28] 初秀民，吴文祥，柳晨光，等. 船舶列队协同控制方法研究综述. 中国舰船研究，2023，18(1): 13-28.
[29] 邓孝伟，李晓磊，向治桦，等. 一种可变形机翼的变形策略及其协同控制. 哈尔滨工程大学学报, 2023, 44(9): 1563-1570.
[30] 孟岚. 基于模糊 PID 的矿用电铲多机构协同控制研究. 煤炭技术, 2023, 42(8): 219-221.
[31] 刘昊，赵万兵，高庆，等. 基于强化学习的四旋翼无人机鲁棒协同控制. 指挥与控制学报，2023, 9(2): 156-163.

第 6 章　畜类肉品机器人自主剔骨系统

6.1　执行装置与自动消毒装置

猪肉剔骨末端执行装置的结构设计旨在高效、准确、稳定地进行肉剔骨操作[1]。通过动力系统将电能转化为机械动力，使刀具部分能够对猪肉进行切割和剔骨。对其结构设计和工作原理进行优化能够提高生产效率、降低劳动强度、提升食品加工的质量和安全性[2]。

6.1.1　结构设计

6.1.1.1　剔骨装置结构设计

剔骨装置由刀库外壳、自动抬刀装置、动力夹紧装置和防回转组件构成[3]。刀库外壳采用约四分之三圆柱桶的形状，上盖上方设有推力球轴承固定结构，下方则有一个突出平台，与动力夹紧装置配合将剔骨刀夹紧。自动抬刀装置包括支撑传动机构、紧缩螺母、可旋转刀架、若干电机和若干剔骨刀。支撑传动机构被安装在一个推力球轴承上面，推力球轴承被固定在刀库外壳上[4]。支撑传动机构下方设有键槽，并依次安装可旋转刀架和紧缩螺母。可旋转刀架有六个突出支架，每个支架上安装一个电机和剔骨刀。剔骨刀刀柄有三个孔，电机通过最下面的孔与可旋转刀架将剔骨刀固定，并控制其旋转；动力夹紧装置包括一个电机和刀库旋盖。电机安装在刀库外壳下方，驱动刀库旋盖做固定角度的往复运动[5]。刀库旋盖上方突出一个平台，该平台有两个突起，可穿过剔骨刀另外两个孔，将其推至刀库外壳上方突出平台并夹紧；防回转组件由类棘轮机构组成，在支撑传动机构上方切削形成棘轮，在刀库外壳上安装棘牙，棘牙由弹簧压在棘轮上，使支撑传动机构只能顺时针转动；根据端拾器的型号和类型，对刀具进行特殊定制；剔骨末端执行装置在执行时通过法兰盘固定在机械臂末端，其结构如图 6-1 所示。该剔骨装置具有自主更换功能，能够高效、准确地完成剔骨操作。

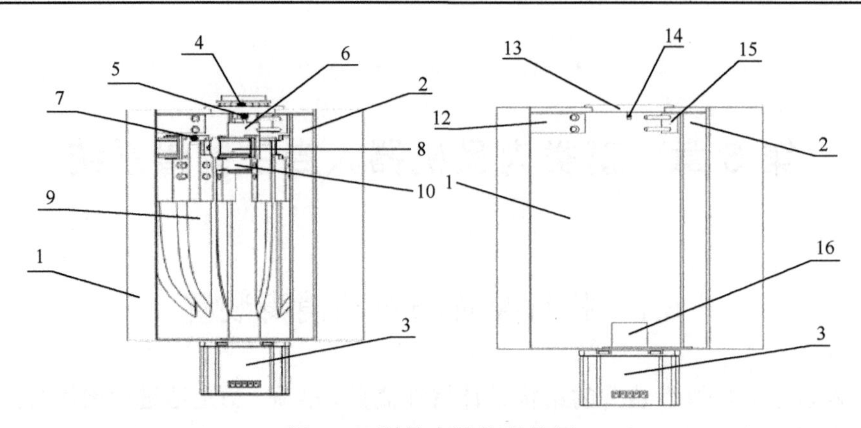

图 6-1　剔骨末端执行装置

1-刀库外壳；2-刀库旋转盖；3-电机一；4-推力球轴承；5-棘牙；6-支撑传动机构；
7-可旋转刀架；8-电机二；9-剔骨刀；10-紧锁螺母；11-支撑传动机构；
12-平台一；13-轴承槽；14-棘牙固定杆；15-平台二；16-传动轴套

6.1.1.2　自动消毒装置结构设计

该装置的设计目的是实现刀具的自动消毒，刀具端拾器自动消毒装置包括外壳、高压蒸汽喷嘴装置、紫外线消毒照射装置、电加热式高温消毒器、漏斗等部分。外壳是六棱柱桶结构，可以拆卸方便清洗。机体上盖可拆卸，与机体外壳上端的长方形突起配合，保证了上盖的稳定[6]。上盖有矩形槽口，方便刀具伸入。下端面中心留有圆形槽口，以便放置漏斗。高压蒸汽喷嘴装置由四个喷嘴构成，安装在装置外壳的两个对立面上，用于清洗刀具。喷嘴的角度和位置经过精心设计，以便达到最佳的清洗效果。紫外线消毒照射装置和电加热式高温消毒器分别安装在装置外壳的另外两个对立面上。这两种消毒方式可以对刀具进行有效的杀菌消毒及烘干。同时，为了保护紫外线消毒照射装置和电加热式高温消毒器，在它们之间安装了玻璃板。漏斗放置在机体外壳下端面中心的凹槽中。漏斗的中间部分设有小圆柱手柄，方便拆卸取出清理。该刀具端拾器自动消毒装置结构简单，操作方便，能够实现刀具的自动清洗、烘干和消毒，大大提高了生产效率和安全性[7]。刀具端拾器自动消毒装置结构如图 6-2 所示。

刀具端拾器自动消毒装置运行流程如下：刀具进入消毒装置内部，喷头喷洒清洁剂直至覆盖刀具表面，高压喷头喷洒清水清洁刀具，紫外线消毒照射器与电加热式高温消毒器相继工作为刀具消毒，清洁消毒完毕刀具退出消毒装置。

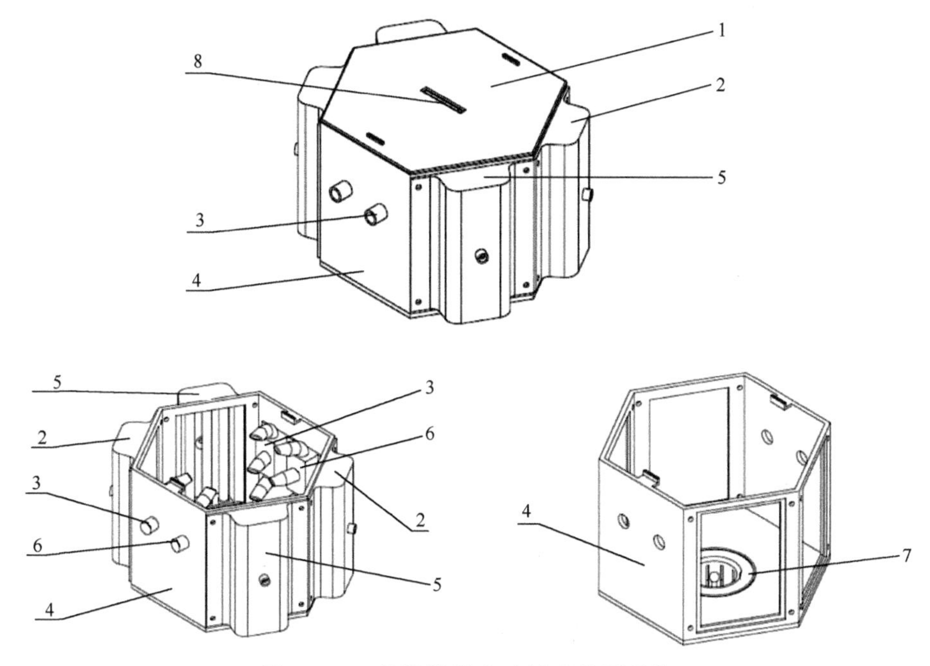

图 6-2　刀具端拾器自动消毒装置结构

1-机体上盖；2-UV 紫外线消毒照射；3-高压蒸汽喷嘴(喷射清水)；4-机体外壳；
5-电加热式高温消毒器；6-高压蒸汽喷嘴(喷射清洁剂)；7-漏斗；8-进刀口

6.1.2　工作原理

6.1.2.1　剔骨装置工作原理

该剔骨装置的实施步骤如下：首先，通过电机一的顺时针转动，打开刀具仓；然后，舵机驱动刀具从刀具仓中弹出；最后，通过电机一的逆时针转动，关闭并固定弹出的刀具。当需要更换剔骨刀时，电机二驱动剔骨刀进行 180° 的旋转，使其竖直向上。同时，电机二通过传动轴套驱动左侧刀库旋转盖向左旋转。在旋转过程中，平台二与剔骨刀接触，其上配备的两个柱状突起会穿过剔骨刀孔，进而带动整个自动抬刀装置进行旋转。当旋转到一定程度，与刀库外壳上的平台一相接触并穿过其上的孔，从而进一步夹紧剔骨刀，防止在工作过程中出现不必要的晃动。同时，在刀库旋转盖带动自动抬刀装置旋转时，棘牙固定杆上的棘牙咬合支撑传动机构上的类棘轮，防止整个自动抬刀装置反向旋转[8,9]。在工作完成之后，电机二通过传动轴套驱动左侧刀库旋转盖向右旋转至最初位置，同时电机二驱动剔骨刀进行 180° 的旋转并回到原来位置，实现剔骨刀自主更换。

6.1.2.2　自动消毒装置工作原理

刀具端拾器自动消毒装置工作原理如下：当刀具需要清洗消毒时，将刀具插入进刀口中，使刀身置于本机构中，相对的两个高压蒸汽喷头喷洒清水蒸汽，另外相对的两个喷头喷洒清洗剂，高温蒸汽使刀具表面的油污更易清洗[10]，高压喷射的蒸汽快速将刀具表面油污和污垢剥离，去除刀具表面可见污渍；刀具表面清洗后高压蒸汽喷头关闭，UV 紫外线消毒照射器和电加热高温消毒器同时开启，在 UV 紫外线消毒照射器和电加热高温消毒器侧面装有玻璃隔板，既隔绝了高压蒸汽喷头和高压蒸汽喷头喷射出的蒸汽对 UV 紫外线消毒照射器和电加热高温消毒器的侵蚀，又能够防止因电路沾水而产生短路或非正常工作的现象[11,12]。UV 紫外线消毒灯可破坏微生物内部结构，加上高温消毒器照射，利用高温深度清理刀具表面附着的有害微生物，一方面起到双重杀菌消毒的效果，另一方面可以将刀具表面附着的水珠烘干，既保证了刀具的干净卫生，又保证了刀具下一次使用和储存的安全。机体上盖可随意拆卸，机体外壳上端的长方形突起和机体上盖两侧凹槽相配合，保证了机体上盖的稳定，装置长时间使用后要对漏斗进行拆卸清理，漏斗放置在机体外壳下端面中心的凹槽中，漏斗的中间部分设有小圆柱手柄，方便拆卸取出清理。

6.2　剔骨工作站搭建

近年来，肉类加工行业的员工数量逐渐减少，使得人员配备无法满足需求，从而影响加工厂的日常运营[13,14]。此外，该行业员工的离职率非常高，使得本就短缺的员工数量进一步减少。这些因素相互作用，给肉类加工行业带来了严重困扰。另一方面，由于肉质质地柔软和形状各异的特点，去骨过程的自动化成为了一个难题。目前剔骨过程主要由人工完成，要想高效、有效地剔骨，需要过硬的专业技术，但很少有专业技工能够快速、轻松地完成这项工作[15]。针对上述问题，本章提出了一种全新的解决方案——肉类剔骨机器人，该装置能够实现骨肉分割环节的全自动加工，大大提高加工效率，并且能够保证加工成品的一致性。此外，在分割过程中没有工作人员与肉品接触，降低了食品安全风险。该精细剔骨机器人由机械臂、自动换刀库和消毒机构组成。机械臂末端添加自动换刀库，可用机械臂末端的刀进行剔骨，在需要更换剔骨刀时，通过对自动换刀库的控制即可进行换刀，极大提高了生产效率，降低了对人工的依赖。肉类加工机器人的引入为肉类加工行业提供了一种创新的解决方案，有效解决了员工短缺、手工去骨效率低等问题。这不仅提高了生产效率，降低了食品安全风险，也为肉类加工行业的持续发展提供了新的可能性[16]。

快速自主剔骨机器人工作站总体布局如图 6-3 所示。

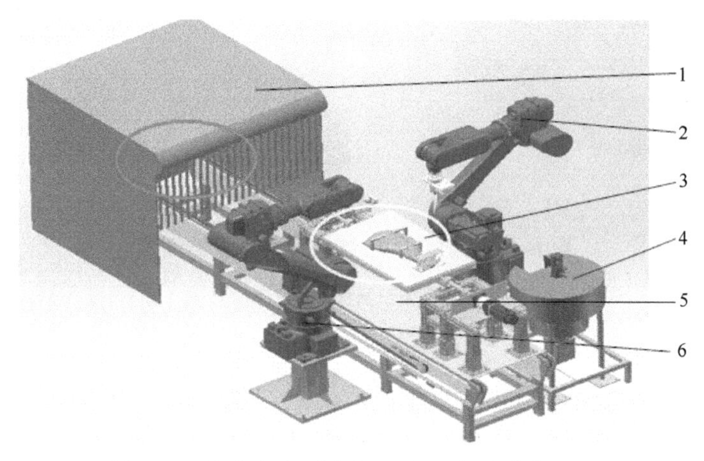

图 6-3　快速自主剔骨机器人工作站总体布局

1-骨骼扫描装置；2-肉品分割剔骨机器人；3-刀库（含刀具和刀具消毒装置）；4-工作台（含卡具）；5-往复平移式装置；6-辅助抓取机器人

6.2.1　骨骼扫描装置

骨骼扫描装置的设计原理是通过 X 射线线束器拍摄获取骨骼的照片，然后利用图像处理系统对照片进行处理，获取骨骼的尺寸、位置和直径等数据。将扫描数据与系统中的标准骨骼模型进行对比，得出实际骨骼与标准骨骼之间的偏差值[17]。偏差值被用于修正机器人根据标准骨骼预设的剔骨路径和运动轨迹。铅房的设计目的是保护操作人员免受 X 射线辐射的伤害，铅房的墙体和顶棚均采用铅板材料制成，能够有效地阻挡 X 射线辐射。同时，铅房内部设有观察窗和操作口，方便操作人员对骨骼扫描装置进行观察和控制。通过这种骨骼扫描装置，可以实现对动物骨骼的高精度测量和识别，进而为机器人剔骨提供准确的骨骼信息[18]。骨骼扫描装置如图 6-4 所示。

1）工艺描述

X 射线线束器主要用于在分割前检测骨骼的位置和直径。其生成的图像经过图像处理软件处理后，被用于机器人剔骨路径的规划和运动轨迹的实时优化；通过骨骼扫描仪对肉品进行多角度平面成像后，图像处理软件将接收到的图像模拟出三维骨骼图像；然后根据三维骨骼图像提取出点坐标，生成机器人路径轨迹坐标，并由图像软件将生成路径轨迹传输给机器人系统[19]。

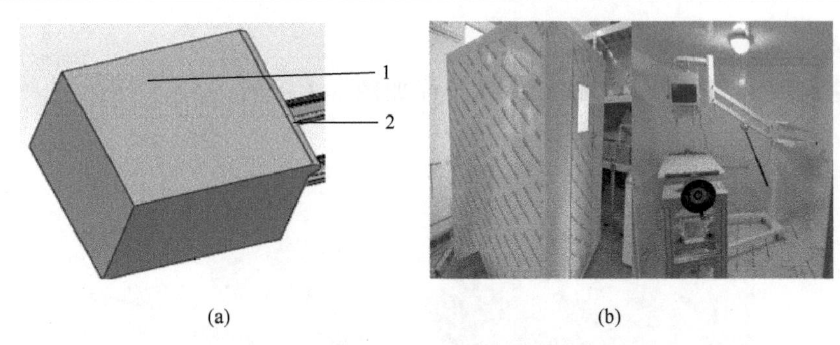

(a)　(b)

图 6-4　X 射线线束器机头和平板探测器

1-骨骼扫描仪；2-铅房

2) 关键设备描述

X 射线线束器由镜头和接收底板组成，把需要扫描的物体放置于中间进行穿透扫描，形成图像。骨骼扫描仪的参数如表 6-1 所示。

表 6-1　骨骼扫描仪参数

参数	数值
焦点(微焦点 X 射线管)/mm	0.04
电压/V	50～75
成像大小/mm	430×430
像素分辨率	1280×1024
有效分辨率	1274×1024
像素大小/μm	125×125
图像/MB	2.6

3) 系统控制要点

图像处理软件与骨骼扫描仪的接口处理，由骨骼扫描仪扫描成像之后，将图像输出到图像处理软件；图像处理软件生成机器人剔骨路径之后，将该路径传输到机器人系统。在每次切割之前，图像处理软件生成路径后将其传输给机器人进行路径规划和优化，使机器人在切割时能根据最优的路径进行操作，提高工作效率和准确性[20]。

6.2.2　剔骨机器人

剔骨机器人系统应用于动物胴体的精确分割，实现骨骼与肌肉的分离。剔骨过程中，六维力觉传感器固定在机器人手腕末端，并与刀具快换夹具固定端连接，在刀具分割肉品时，可实时获取刀具和肌肉纤维之间的接触力。当刀具在剔骨过程中与骨骼发生接触时，接触力会异常增大。这种异常的接触力变化被机器人实时感知并迅速做出反应。机器人控制系统对刀具的运行轨迹进行精确修正，使刀具与骨骼成功脱离[21]。剔骨机器人系统的整体结构如图 6-5 所示。快换夹具固定端与力觉传感器连接，活动端与刀具连接，固定端和活动端之间通过真空、电磁或机械方式连接，实现根据不同作业任务快速自动换刀功能。

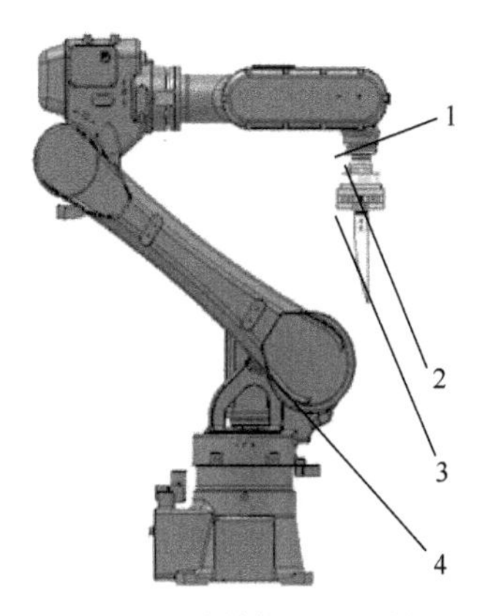

图 6-5　剔骨机器人系统

1-六维力觉传感器；2-快换夹具；3-刀具；4-六自由度机器人

1) 工艺描述

根据自主剔骨机器人的剔骨工艺，针对畜禽类产品的不同部位选用不同剔骨刀具，研究剔骨机器人端拾器末端设计方法。为避免剔骨作业交叉污染，保证快速更换刀具，端拾器配备有自动消毒和快换装置。

2) 关键设备描述

剔骨机器人选用 EFFORTER20-1700 六轴机器人，主要参数见表 6-2 所示。

表 6-2　EFFORTER20-1700 六轴机器人参数

参数	数值
手腕持重/kg	20
工作半径/mm	1722
管路	内置
防护等级	IP65
工作范围	1 轴±175°；2 轴+64°/–142°；3 轴+165°/–73°； 4 轴±178°；5 轴±132°；6 轴±720°

3) 接口定义

端拾器与机器人的信号交互检测点分别为：刀具夹紧到位点、刀具松开到位点、手爪有无刀具检测点、刀库内刀位有无刀具检测点。机器人根据平台上要切割的猪胴体部位，选择相应的运行程序，发送信号给端拾器，端拾器可以根据接收到的信号选择与之匹配的刀具。

6.2.3　工作台

工作台用于放置待分割的畜类胴体，由一个台面和转轴组成，台面由电机驱动，可以绕着转轴旋转。在切割过程中，回转台台面不断转动有助于与抓取机器人紧密配合，从而变换胴体姿态以配合剔骨机器人的作业；夹具是另一个重要的组成部分，主要功能是固定胴体。夹具的一端固定在回转台上，另一端则用于固定胴体，保持胴体在切割过程中的稳定。两部分共同作用实现无论台面如何旋转，胴体都能保持固定位置的效果，从而确保切割的精度和安全性；支架则固定在往复平移式装置的滑板上，随着滑板的移动而移动，实现更加灵活和精确的切割操作。往复平移式装置则能够实现刀具在水平方向上的往复运动，实现更加复杂和精细的切割路径。整个系统的协同工作使得待分割的畜类胴体能够被精确、高效地切割，提高肉类加工的效率和质量[22]。同时，各部分设计的共同作用也确保了在切割过程中刀具和胴体都能够被牢固地固定，提高操作的安全性和稳定性。工作台如图 6-6 所示。

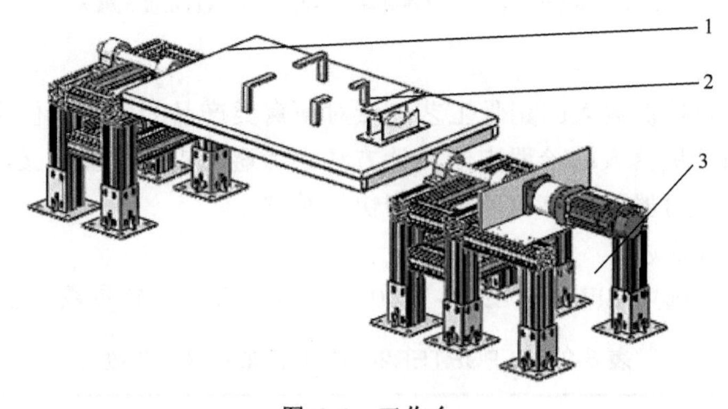

图 6-6　工作台

1-回转台；2-夹具；3-支架

6.2.4　往复平移式装置

往复平移式装置能够实现滑台在切割工位和 X 射线扫描工位之间进行精确的运动和定位。在肉类加工过程中，这种装置对于提高生产效率和产品质量都至关重要。固定座被安放在地面，作为整个装置的固定基础。往复平移式装置通过电机驱动滑台运动能够实现滑台在两个工位之间的精确移动，确保工作台与固定的胴体能够精确地移动到 X 射线扫描装置的内部扫描位置和切割位置。传动机构是整个装置的核心部分，它采用了齿轮齿条的传动方式。齿轮齿条是一种高效、精确的传动方式，能够实现滑台的快速、稳定移动。当然，其他传动方式如链轮链条、丝杠螺母等也可以被采用，具体选择哪种方式取决于实际的应用需求和场景。通过滑台的精确运动和定位，往复平移式装置能够实现 X 射线扫描装置和切割工具与胴体之间的精确配合。而在切割位置，切割工具则可以进行精确的剔骨切割工作，以确保切割的完整性和准确性。往复平移式装置的设计和应用，不仅提高了肉类加工的效率，也使得切割更加精确、安全。同时，X 射线扫描装置的应用，可以更好地保证产品质量，避免因手工操作而产生的误差和安全隐患[23]。往复平移式装置如图 6-7 所示。

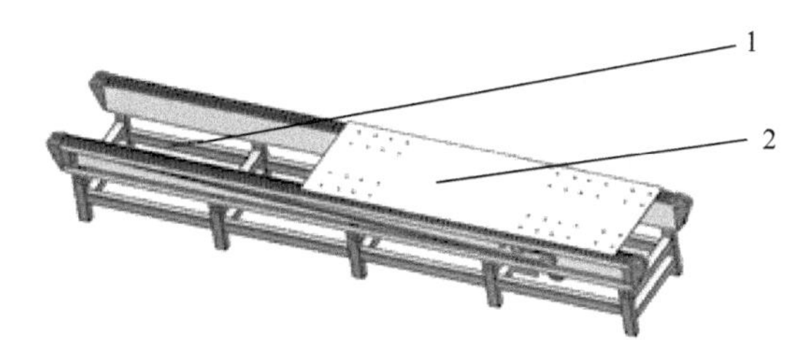

图 6-7　往复平移式装置

1-固定座；2-滑台

6.2.5　辅助抓取机器人

辅助抓取机器人系统是一个由多个组件组成的复杂系统，其中包括六自由度机器人、机器人手爪和视觉系统。系统的主要功能是在肉类加工过程中，协助肉品的上下料、分割胴体等操作[24]。辅助抓取机器人如图 6-8 所示。

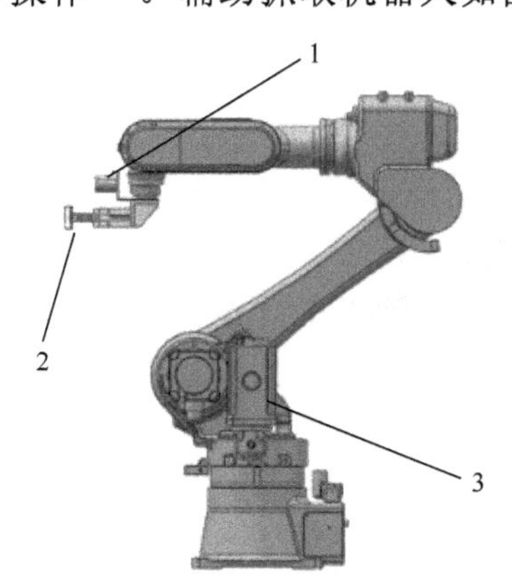

图 6-8　辅助抓取机器人系统

1-视觉系统；2-机器人手爪；3-六自由度机器人

六自由度机器人是整个系统的核心，具有高灵活性和精确性，可以实现在空间中的复杂运动。机器人的手爪部分可以用来抓住胴体一端，实现固定和变换肉品姿态的作用，从而配合肉品分割剔骨机器人的作业；视觉系统在这个过程中起着关键的作用，它由一个 3D 相机和相应的软件系统组成。视觉系统的主要任务是通过拍摄获取胴体的外观数据，进而使用软件系统进行图像处理，最终检测出胴体的外观和剔除骨头的位置信息，为后续的切割和分离操作提供了精确的引导。为了确保机器人的操作精度，需要进行精确的标定，3D 相机和手爪被固定在机器人的末端，因此需要分别对相机和手爪与机器人之间的相对位置进行标定，以确定它们之间的位置关系。此外，机器人与相机之间也需要进行标定，以确定两者之间的坐标关系。完成标定步骤后，视觉系统就可以通过拍摄被测物体(如胴体和骨骼)，使用软件系统进行处理，建立抓取目标(如胴体和骨骼)的坐标系。然后，通过获取目标坐标系与机器人坐标系之间的变换关系，可以进一步确定机器人的抓取位姿。最后，将位姿数据传输到机器人，引导机器人进行精确的抓取操作。通过视觉系统和机器人技术的结合，辅助抓取机器人系统能够在肉类加工过程中实现高效、精确的抓取操作，从而提高生产效率并降低人工操作的风险[25]。

6.3 功能分析

6.3.1 主要功能

精准剔骨机器人凭借其独特的剔骨末端执行装置和刀具端拾器自动清洗装置，实现了食品加工过程中繁琐的骨头剔除任务。其核心优势体现在以下几个方面。

(1) 高精度识别与剔除。利用机器视觉技术和深度学习算法，机器人能够精确识别并定位肉品中的骨头位置。这主要依赖于安装在机器人上的高分辨率相机及其使用的特殊识别算法，能够快速而准确地识别出骨头的形状、大小和位置。获取到骨头位置信息后，机器人就会通过其执行装置进行剔骨工作。这种高精度的识别和剔除能力，不仅确保了骨头的完整移除，同时也尽可能地减少了对肉品的损伤[26]。

(2) 自动清洗与防污染。为了解决传统剔骨方式中刀具清洁不完全所导致的交叉污染的问题，该机器人配备了刀具端拾器自动清洗装置。机器人能够在每次使用后自动对刀具进行清洗，确保刀具的卫生和效能[27]，刀具的自动清洗不仅能够避免肉品之间的交叉污染，还能防止骨渣在刀具上的积累，从而提高剔骨的效率和质量。

(3) 集中监控与管理。为了更好地管理多个剔骨机器人的工作，机器人还配备了剔骨工作站。工作站能够实现对多个机器人的集中监控和管理，包括对每个机器人的工作状态、任务进度等进行实时监控[28]。通过工作站，操作人员可以直观地了解每个机器人的工作情况，从而有效地进行任务分配和协调操作，极大地提高了整体的生产效率。

(4) 数据采集与分析。除了对剔骨过程的监控，工作站还能够进行数据采集和分析。通过收集和分析机器人的工作数据，可以了解机器人的工作效率、刀具的磨损情况等关键信息[29,30]。这些信息对于优化生产流程、提升食品加工的质量以及多机器人的管理具有重要意义。

6.3.2 工作流程

整个系统的工作流程在遵循食品安全和质量控制标准的前提下，以高效、精确和自动化的方式进行。整个系统通过构建被切畜禽肉品肌骨组织的环境模型，突破基于骨肉界面力觉实时反馈策略的柔顺控制技术，解决人工剔骨不精确、易污染等工艺难题[31]。本节运用基于自主剔骨机器人的力位精确控制技术、三维视觉扫描、点云获取和点云配准技术准确获取畜禽胴体的体征几何模型数据[32]，并以此与肌骨几何模型进行匹配，完成初步剔骨信息的提取及剔骨作业的坐标系转换。研究畜禽胴体剔骨机器人轨迹自主生成技术，构建基于力反馈机制的机器人剔骨路径自主修正模型[33]。整体工作流程图如图 6-9 所示。

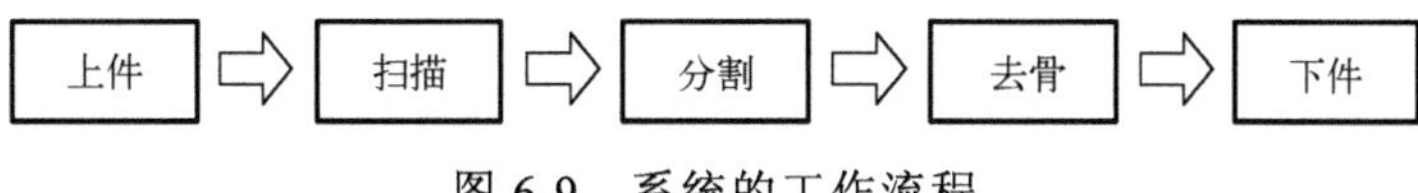

图 6-9　系统的工作流程

(1) 通过人工将猪胴体放置在特制的工作台上，工作台卡具启动将其夹紧，确保猪胴体在处理过程中的稳定。

(2) 工作台平移通过 X 射线骨骼扫描系统，利用 X 射线对猪胴体进行扫描，获取猪胴体骨骼的形状和位置信息[34]。获取后的信息会通过软件系统进行处理和提取，生成骨骼的形状和位置信息，供后续步骤使用。工作台随后被移至切割工位，辅助抓取机器人启动并利用其高精度的定位和抓取能力，根据骨骼信息对骨骼进行辅助定位。

(3) 分割剔骨机器人会根据之前扫描获取的骨骼信息，自主修正分割和剔骨的路径。这些路径是基于预设的算法和程序生成的，能够确保切割和剔骨操作的精确性和完整性[35]。分割剔骨机器人利用其先进的切割工具和技术，按照修正后的路径对猪胴体进行精确的切割和剔骨操作，完成整个分割及剔骨过程。

(4)在完成骨肉分离操作之后，辅助抓取机器人会将分割完成或剔完骨骼的猪胴体放入料筐中以备后续处理或包装[36]。整个处理过程流畅、高效且自动化程度高，大大提高了生产效率和准确性。

通过这种自动化的处理方式，不仅可以提高生产效率和质量，还能降低人工操作的强度和难度，减少人为因素对产品质量的影响。同时，整个系统的卫生和清洁程度也得到了显著提升，符合现代食品加工的要求。

图 6-10 为畜禽胴体剔骨系统运行界面图。畜禽胴体剔骨系统利用三幅二维视图的 X 射线图，在手动模式下通过控制剔骨刀两个时刻的坐标位置，分段完成剔骨任务，并将不同时刻的剔骨刀位置坐标信息存入路径数据库。根据手动模式下的路径信息以及三维建模所得的骨头模型信息，在自动模式下完成剔骨和路径存储工作，通过实时显示剔骨点的坐标信息，监测剔骨系统[37]。

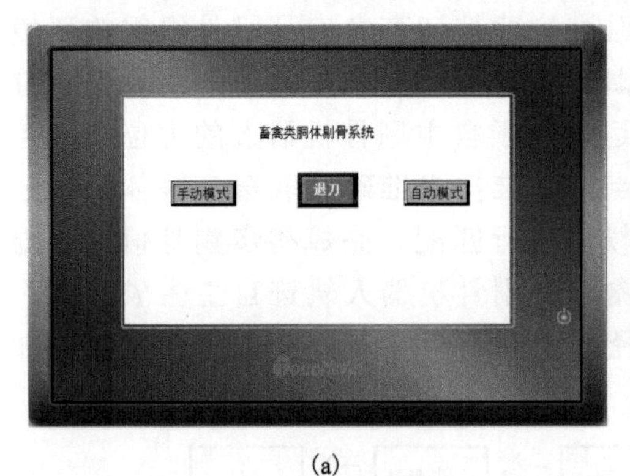

(a)

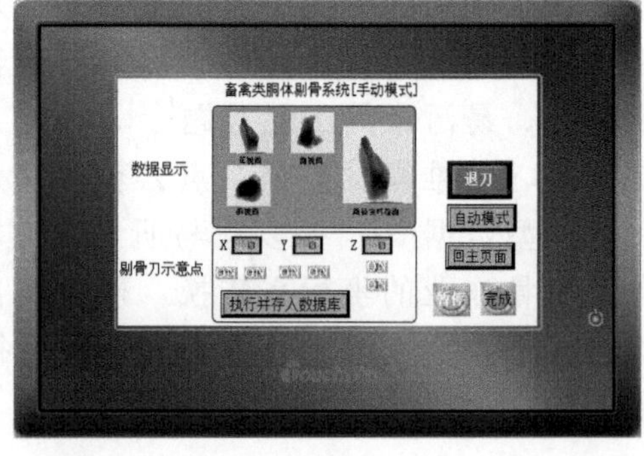

(b)

(c)

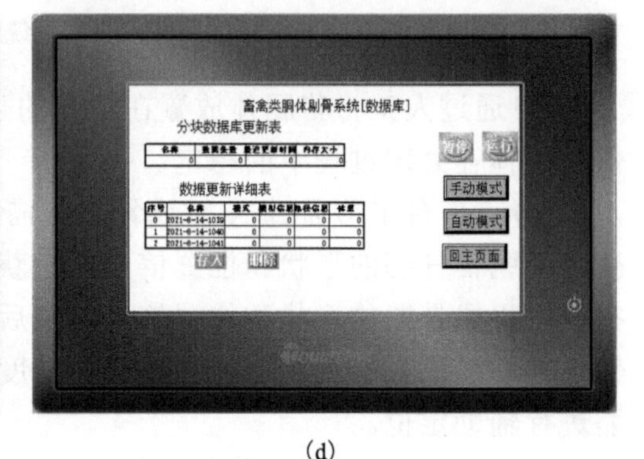

(d)

图 6-10　畜禽胴体剔骨系统运行界面图

6.4　精准剔骨关键技术

6.4.1　胴体作业机器人切割力随形调控

猪胴体作业机器人分割肉品过程中，肉品密度分布不均导致刀具所受阻力随机变化[38]。传统猪胴体作业机器人在肉品分割时不能够根据肉品密度分布调整切割力和切割角度，导致肉品分割品质低，并且易损坏刀具[39]。针对上述问题，本节提出一种基于强化元学习的切割力随形调控方法。首先，构建基于强化学习的切割刀具随形调控模型，对分割任务序列进行强化训练，获取最优动作序列，提高机器人针对不同任务的适应性。其次，利用随机梯度下降法对强化学习中动作序列参数变化的情况进行训练，提高算法的泛化能力[40]。最后，结合元学习和长短期记忆网络(Long Short-Term Memory，LSTM)实现对动作长序列长期记忆，同时能有效解决训练过程中的梯度爆炸和梯度消失的问题。

肉品以多目标状态的形式存在，包括腹内斜肌、肌间脂肪、腹外斜肌、皮下脂肪、红白相间的切块等，因此肉品对刀尖的阻力是随机多变的。现有的算法采用强化学习对任务进行训练，使系统在面对未知环境下依然保持较好的鲁棒性，但强化学习存在探索效率低和样本可利用率低的问题，算法流程图如图 6-11 所示。针对以上问题，提出建立肉品切割模型的方法，构建屈服应力、肉品密度、肉品形变的随机特征矩阵，分析刀具运行速度与刀具所受阻力的关系，构建基于强化学习的切割刀具随形调控模型。对分割任务序列进行强化训练，获取最优动作序列，提高机器人针对不同任务的适应性，提出基于强化元学习的切割力随形调控方法[41,42]。

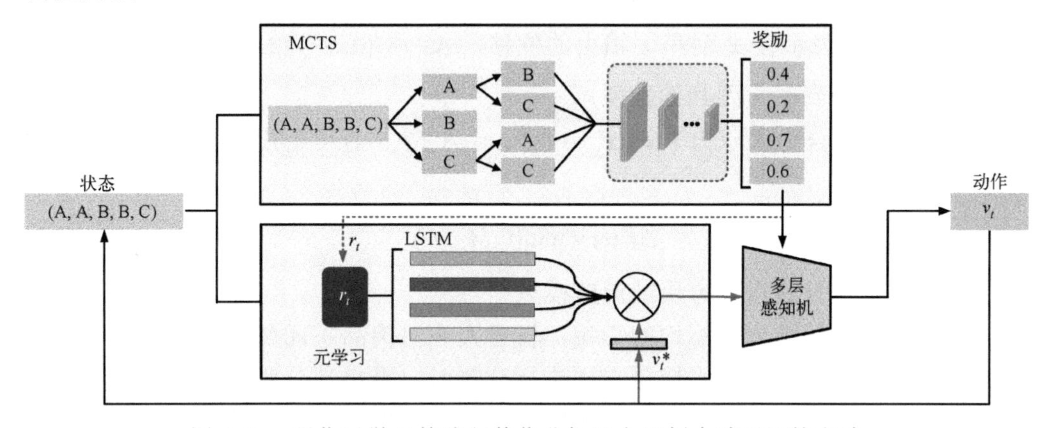

图 6-11　强化元学习的猪胴体作业机器人切割力随形调控方法

1) 刀具切割模型构建

在进行猪肉胴体分割时，由视觉相机获取图像信息。控制系统根据获取的图像信息生成切割轨迹，由机械臂携带末端执行器进行运动。机械臂的末端执行器上安装有一个六维力觉传感器。切割过程中产生的力可由六维力觉传感器获得。由于肌肉纤维分布不均，肌肉纤维含量丰富的区域对刀尖阻力较大，脂肪含量较大的区域对刀尖的阻力较小，所以肉品对刀尖的阻力是随机多变的[43]。刀尖对肉品产生作用力后，肉品会产生形变，产生的形变量与屈服应力 F_y 关系如下

$$D = \frac{F_y}{E_1} \tag{6-1}$$

式中，D 为形变量，F_y 为屈服应力，E_1 为弹性模量，切割肉类所需的作用力为 $F = F_y + f_l$，摩擦力 f_l 计算公式为

$$f_l = \frac{\omega}{2} \times E_1 \times \mu \tag{6-2}$$

式中，μ 表示摩擦系数，E_1 为弹性模量，ω 表示刀具的厚度。由式(6-1)和式(6-2)得切割肉类品所需的作用力 F 为

$$F = F_1 + \frac{\omega}{2} \times \frac{F_1}{D}\mu \tag{6-3}$$

在机械臂控制刀具切割过程中，六维力觉传感器获取切割时的作用力 F，同时保持固定的切削角度，根据切削力的反馈调整切削力度或修正切削路径。刀具位移与切割力度关系为

$$F_x \Delta x + F_z \Delta z = M_c \omega \Delta x + f_l \sqrt{(\Delta x)^2 + (\Delta z)^2} \tag{6-4}$$

式中，F_x 表示在 x 轴上的作用力，F_z 表示在 z 轴上的作用力，M_c 表示肉品断裂韧性，Δx 和 Δz 表示在 x 轴和 z 轴上的位移，$\Delta S = \sqrt{(\Delta x)^2 + (\Delta z)^2}$ 表示为刀具实际的位移方向，ω 表示为刀具的宽度。

刀具作用力合力表示为 $F = \sqrt{{F_x}^2 + {F_z}^2}$，代入式(6-4)可得出刀具速度与摩擦力关系为

$$\Delta V(t) = \min(0, M_c, f_l) \tag{6-5}$$

2) 基于元学习的六维力反馈调整模型

受肉品肌肉纤维分布不均的影响，机器人在对肉品不同部位切割时所需的切割力也不尽相同，而且在沿肌骨界面进行分割时，会出现分割路径不够精细造成刀具切割骨头的情况。这就需要刀具能够根据力反馈自适应调整切割力度的大小

和调整切割路径[44]，提高肉品的分割品质。本节提出一种基于自适应调整的对抗激励模型，实现对刀具切割力及方向的自适应调整。

在肉品切割过程中，刀具切割力度的大小和调整切割路径反映为刀具的运动速度信息 $\Delta V(t)$，将分割刀具的位移量和切割力作为模型的动作种类，记为 $v_t=\{v_1,v_2,\cdots,v_n\}$，其中 n 为特征个数。在执行肉品分割时，v_t 作为环境 ε 下所需执行的切割动作，设置执行动作的奖励值 r_t。切割开始时，系统随机选择一个动作指令 x_t，x_t 表示该时刻刀具的方向和速度组成的向量。将 x_t 输入输入层，经过网络前向传播后系统会获得一个奖励 r_t，奖励 r_t 表示对样本的拟合程度。

将执行每次任务的对应动作序列 v_t 输入元学习网络。通过元学习对模型参数 θ 进行更新，同时更新调整动作序列 v_t，损失函数为

$$L=l(v_t^*\times f(V_t),r_t) \tag{6-6}$$

式中，V_t 为 t 时刻的速度信息，r_t 为序列的奖励值。对 θ 和 v_t 更新得

$$\begin{cases} v_t^*=v_t-\alpha\nabla L_v \\ \theta^*=\theta-\beta\nabla_\theta \sum\limits_{T_i\sim p(T)} L_{T_i}(f_{\theta_i'}) \end{cases} \tag{6-7}$$

通过训练得出最优的动作序列 v_t 和参数 θ，依靠元学习中 LSTM 实现对动作长序列的长期记忆，同时能有效解决训练过程中的梯度爆炸和梯度消失问题，具有良好的泛化能力[45]。

3) 基于元学习的切割力随形调控

将输出的动作序列 v_t 作为输入，设定序列 u' 下一轮次动作 v' 的最优值为 $Q^*(u,v)$[46]，设 γ 为折扣系数，选择动作 a' 最大化 $r+\gamma Q^*(u',a')$ 的期望值可表示为

$$Q^*(u,v)=\mathrm{E}_{u'\sim\varepsilon}[r+\gamma\max_{a'}Q^*(u',v')|u,v] \tag{6-8}$$

训练时采用损失函数 $L_j(\theta_j)$，每次迭代 j 进行如下更新

$$L_j(\theta_j)=\mathrm{E}_{u,a\sim\rho(\cdot)}\left[\left(y_j-Q(u,v;\theta_j)\right)^2\right] \tag{6-9}$$

第 i 次训练的特征输出函数为

$$y_j=\mathrm{E}_{u'\sim\varepsilon}[r+\gamma\max_{a'}Q^*(u',v';\theta_{j-1})|u,v] \tag{6-10}$$

式中，y_i 表示对识别目标进行强化学习提取的新特征，$\rho(u,v)$ 表示序列 u 和动作序列 v 的概率密度分布。

六维力觉传感器获取力觉传感信息，基于元学习的六维力反馈调整模型如

图 6-12 所示，视觉相机返回切割路径信息。将力觉信息与路径偏移信息设定网络惩罚系数 ρ，从而实现对行动网络序列参数的更新，任务最优执行控制 T 表示为

$$T = \arg\max_{1 \leqslant c \leqslant C} Q^*(u,v) \tag{6-11}$$

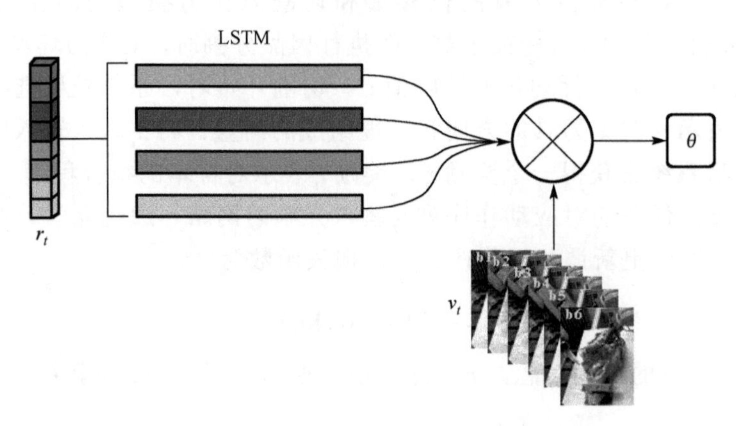

图 6-12　基于元学习的六维力反馈调整模型

6.4.2　胴体分割机器人路径自主修正

针对猪胴体分割机器人无法根据现有路径进行路径修正从而难以保证切割机器人在对猪胴体进行有效切割的问题，利用六维力传感器对切割路径进行实时力反馈读取，利用导纳控制模型将其作为闭环反馈中的环境变量，不断输出偏移量对切割路径进行实时修正，实现切割路径的自我修正过程[47-51]。其流程如图 6-13 所示。

(1) 视觉识别系统对猪胴体分割线进行识别与提取，得到预设分割轨迹，分割机器人的刀具沿着预设轨迹对待分割胴体进行切割[52]。多维度感知系统包括深度相机、工业相机及六维力觉传感器，深度相机可提取猪胴体关键部位的深度信息，工业相机用于实现猪胴体分割线的识别，六维力觉传感器用于获取刀具两端的接触力值。基于 Yolo v4 目标检测算法对分割部位进行关键特征提取，获得大量猪胴体关键部位的图像数据，并对猪胴体关键部位的图像数据进行训练获得猪胴体分割线，最终通过深度相机三维坐标转化获取一系列三维坐标点，这些三维坐标点共同构成一条预设分割轨迹 A-B-C，如图 6-14 所示。

(2) 预设分割轨迹的运动学规划与执行。根据预设分割轨迹的三维坐标点得到机器人运动位置矢量 x_d，将其代入机器人的运动学方程，逐步计算出每一关节对应电机矩阵变换量，对机器人各关节位电机进行控制。

为计算出每一关节对应角度矢量 q，需要建立机器人在笛卡儿坐标系中的动

力学方程为

$$M_r(x)\ddot{x}+C_r(x,\dot{x})\dot{x}+G_r(x)+F_f=F_r+F_e \tag{6-12}$$

式中，M_r 为机器人惯量矩阵，C_r 为科氏力矩阵，G_r 为重力矩阵，x 为机器人执行器末端刀具的运动位置矢量，$\dot{x}$ 为机器人运动速度矢量，$\ddot{x}$ 为机器人运动加速度矢量，F_f 为摩擦力，F_r 为机器人系统的控制输入力，F_e 为外界环境与机器人之间相互作用力。

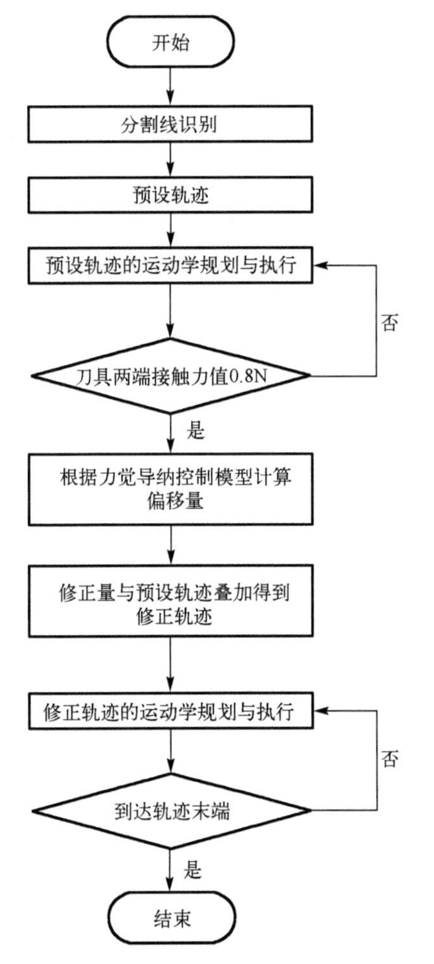

图 6-13　机器人路径自主修正流程示意图

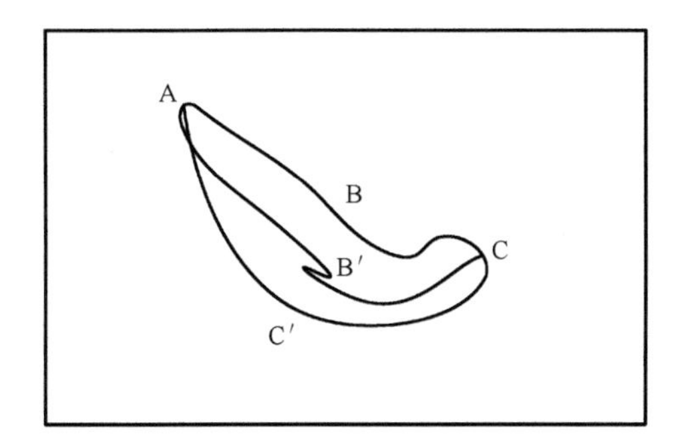

图 6-14　机器人切割路径修正示意图

机器人末端位置的控制是由各关节协同运动完成，因此，需要建立笛卡儿坐标系下与关节空间坐标系下的动力学耦合关系，关节空间动力学方程为

$$M_r(q)\ddot{q}+C_r(q,\dot{q})\dot{q}+G_r(q)+F_f=\tau_r+\tau_e \tag{6-13}$$

式中，q为机器人关节坐标的角度矢量，$\dot{q}$为速度矢量，$\ddot{q}$为加速度矢量，τ_r为关节驱动力矩，τ_e为外界驱动力矩。两种坐标系下参数转化对应关系为

$$\dot{x} = J(q)\dot{q} \tag{6-14}$$

$$M_r(x) = J^{-\mathrm{T}} M_r(q) J^{-1} \tag{6-15}$$

$$C_r(x) = J^{-\mathrm{T}} (C_r(q) - M_r(q) J^{-1}) J^{-1} \tag{6-16}$$

$$G_r(x) = J^{-\mathrm{T}} C_r(q) \tag{6-17}$$

$$F_r = J^{-\mathrm{T}} \tau_r \tag{6-18}$$

$$F_e = J^{-\mathrm{T}} \tau_e \tag{6-19}$$

式中，J为速度雅可比矩阵。

为了使机器人末端刀具运动更加精确，需要获取机器人末端位置、工业相机与机器人各关节间的精确位置关系。由于三者处于不同的坐标系下，即机器人基础坐标系、机械手坐标系、相机坐标系、工件坐标系，为了得到各坐标系间的转换关系，需要进行机器人手眼标定。工业相机固定于机器人上方且保持不变，采用眼在手外的标定方法。基于相机标定的九点标定法，即分割机器人在平行于工作平面的平面上分别沿着田字格走 9 个点，然后回到田字格中心，分别左右旋转一定度数，记录机器人每次移动的位置，同时工业相机进行拍照，对视野内的同一个点进行记录，可以得到机器人位置和图像坐标系中点位映射关系，进而建立起相机与机器人之间的坐标变换关系。最后，使用 MATLAB 软件计算出相机标定参数，可获得机器人基础坐标系、机械手坐标系、相机坐标系、工件坐标系之间的变换关系。

对预设分割轨迹的三维坐标点(x, y, z)进行矢量合成，可得机器人运动位置矢量x，x求导可得机器人运动速度矢量$\dot{x}$，由$\dot{x} = J(q)\dot{q}$求解得到速度矢量$\dot{q} = \dot{x} J(q)^{-1}$，对速度矢量$\dot{q}$进一步积分可得角度矢量$q$，$J(q)$表示雅克比矩阵，将角度矢量$q$代入关节空间动力学方程$M_r(q)\ddot{q} + C_r(q, \dot{q})\dot{q} + G_r(q) + F_f = \tau_r + \tau_e$，求得机器人关节电机驱动力矩$\tau_r$，将机器人规划前后的运动位置矢量$x$的差值逐步代入以上公式，可以得到每一关节电机对应的电机驱动力矩阵τ_r的差值，即电机驱动力矩阵变换量，并通过程序代码对每一关节电机进行具体控制，至此完成机器人运动学规划与执行。

(3) 视觉识别系统实时检测分割机器人的刀具的运动轨迹，判断实际切割路径是否与预设分割路径有偏差，如果有偏差，则进入步骤(4)，否则返回步骤(2)。由深度相机、工业相机、六维力觉传感器构成的多维度感知系统实时感知刀具的

运动轨迹及其与外界接触状态，深度相机实时识别猪胴体分割路径并将其与预设分割轨迹 A-B-C 进行比对；六维力觉传感器获取刀具两端接触力值后，刀具两端接触力值大于设定阈值 0.8N 时，机器人控制系统将判定刀具的运行轨迹与预设分割轨迹出现偏差，系统将会进入切割路径的自修正过程。在刀具两面安装小型六维力觉传感器，不断感知外界环境对刀具的力觉反馈值 F_e，当力觉反馈值 F_e 大于 0.8N 时，判定切割路径与预设分割路径有偏差，即路径由 A-B-C 偏差为 A-B'-C；当力觉反馈值 F_e 小于 0.8N 时，判定切割路径与预设分割路径无偏差。

(4) 力觉导纳控制系统基于力觉导纳控制策略建立阻抗模型，计算切割路径修正量，经过机器人逆运动学解得到每一关节对应电机矩阵变换量，进行切割路径的不断调节与修正，直到实际切割路径与预设分割路径无偏差。当力觉反馈值 F_e 大于 0.8N 时，力觉导纳控制系统开始计算路径修正量，并不断输出切割路径修正量，经过机器人逆运动学解，得到每一关节对应电机矩阵变换量，而后开始进行切割路径的不断调节与修正，直至实时力反馈值 F_e 小于 0.8N，同时力觉反馈与视觉反馈不断进行交叉融合，构成机器人感知外界环境变化的多维度传感网络。

在机器人切割路径的自修正过程中，基于力觉导纳控制策略建立合适的阻抗模型，将力觉传感器与外界的接触力值、机器人相关参数值代入一个二阶导纳模型，生成一个切割路径修正量，将切割路径修正量与预设分割轨迹叠加会得到一条修正轨迹，机器人控制系统对修正轨迹进行运动学规划与执行。整个过程中刀具两面的小型六维力觉传感器会实时感知外界环境对刀具的力反馈值，力觉导纳控制系统将实时力反馈值与设定阈值判断比较，不断输出轨迹修正量，以保证力觉反馈值在设定阈值内，同时进行修正轨迹的运动学规划与执行，直至到达轨迹末端，完成猪胴体分割路径的自主修正[53]。

力觉导纳控制系统采用基于位置控制的内环和力控控制的外环策略，如图 6-15 所示。六维力传感器与外界的接触力通过一个二阶导纳模型 $M\ddot{x}_e + B\dot{x}_e + Kx_e = F_e$ 生成一个附加位置 x_u，此附加位置再去修正预先设定的位置轨迹，最终送入位置控制内环，完成最终的位置控制。设定初始参数数值，将刚度系数、阻尼系数、惯性系数分别设定 1、5、45，建立阻抗模型为

$$\ddot{x}_e = M^{-1}(F_e - B\dot{x}_e^t - Kx_e^t) \tag{6-20}$$

式中，F_e 为力觉传感器采集的基础坐标系下的力觉反馈值，K 为刚度系数，B 为阻尼系数，M 为惯性系数，$x_e = x - x_d$ 为基础坐标系下实际位移 x 与规划位移 x_d 之差，$\ddot{x}_e$ 和 $\dot{x}_e$ 分别为差值 x_e 的一阶导数和二阶导数。

进一步积分可得

$$\dot{x}_e^{t+1} = \dot{x}_e^t + \ddot{x}_e \Delta t \tag{6-21}$$

$$x_e^{t+1} = x_e^t + \dot{x}_e^{t+1} \Delta t \tag{6-22}$$

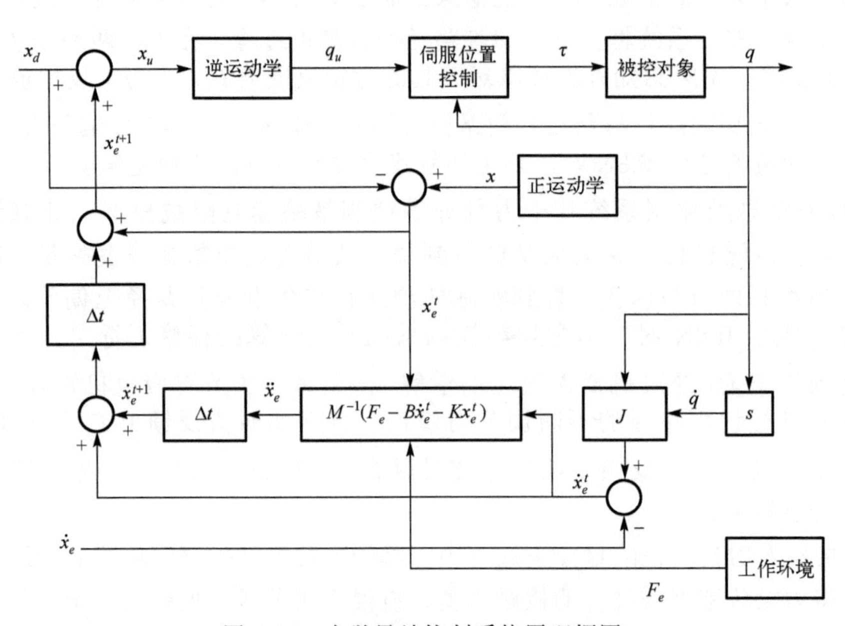

图 6-15　力觉导纳控制系统原理框图

利用各关节电机上的角度传感器检测到当前反馈的角度矢量q，计算机器人运动速度矢量$\dot{x} = J(q)\dot{q}$，对运动速度矢量$\dot{x}$积分得到机器人执行器末端运动位置矢量x，计算位移偏差$x_e^t = x - x_d$，输入规划位移x_d为预设轨迹的机器人末端运动位置矢量，对x_e^t求导得位移速度偏差$\dot{x}_e^t$。由力觉传感器采集的力觉反馈值F_e，可得到期望的加速度$\ddot{x}_e = M^{-1}(F_e - B\dot{x}_e^t - Kx_e^t)$，对加速度$\ddot{x}_e$积分得到修正位姿偏差$x_e^{t+1}$，将修正位姿偏差$x_e^{t+1}$叠加到期望的输入规划位移$x_d$上，得到最终的位姿控制量$x_u = x_d + x_e^{t+1}$。

对位姿控制量x_u求导并代入公式$\dot{x} = J(q)\dot{q}$可求解得到角度矢量q，代入关节空间动力学方程$M_r(q)\ddot{q} + C_r(q,\dot{q})\dot{q} + G_r(q) + F_f = \tau_r + \tau_e$，求得机器人各关节电机驱动力矩$\tau_r$，进一步控制机器人每一关节的运动，以此完成切割路径的自我修正，即最终建立起修正轨迹 A-C'-C。轨迹 A-B'-C 是预设轨迹偏差路径，经修正过的轨迹 A-C'-C 与预设轨迹偏差路径 A-B'-C 相比，由于力觉及视觉反馈的作用，机器人能够有效规避一些坚硬的骨头，减少了由于偏差路径引起的刀具损耗以及骨渣碎肉等边角料的生成，保证猪胴体的精确化分割。

6.5 本章小结

本章基于自主剔骨机器人的力位精确控制、三维视觉扫描、点云获取和点云配准等技术准确获取了畜禽胴体的体征几何模型数据。首先，根据获取数据与肌骨几何模型的匹配程度，完成初步剔骨信息的提取及剔骨作业的坐标系转换。然后，研究了畜禽胴体剔骨机器人轨迹自主生成技术，构建了基于力反馈机制的机器人剔骨路径自主修正模型，完成了精准自主机器人剔骨工作站的应用验证。最后，研究了面向畜禽屠宰行业大规模生产的自主剔骨机器人剔骨工艺，设计了剔骨专用机器人系统，其中包括融合视觉、力觉等传感器模块的剔骨端拾器以及具备剔骨路径自主修正的机器人剔骨工作站，从而实现对传统剔骨工艺的升级改造。

参考文献

[1] 马欢, 冀晶晶, 刘佳豪, 等. 面向机器人自主分割的肉品识别分类系统实现. 图学学报, 2021, 42(6): 924-930.

[2] 许毓婷, 孙浩然, 高勋, 等. 基于 LIBS 技术结合 PCA-SVM 机器学习对猪肉部位的识别研究. 光谱学与光谱分析, 2021, 41(11): 3572-3576.

[3] 张华锋, 王武, 白玉荣, 等. 多光谱成像无损识别冻融猪肉中危害级碎骨. 光谱学与光谱分析, 2021, 41(9): 2892-2897.

[4] 郭楠, 叶金鹏, 王子戡, 等.畜禽肉品分割加工智能化发展现状及趋势. 肉类工业, 2020, (2): 37-41.

[5] 贺国华, 刘刚. 机械臂运动规划设计及仿真研究. 造纸装备及材料, 2023, 52(2): 54-56.

[6] 刁慧, 陈桂, 马俊哲, 等. 基于 ROS 的机械臂建模与运动规划. 南京工程学院学报: 自然科学版, 2023, 21(1): 52-58.

[7] 游龚君. 基于深度学习的多自由度机械臂轨迹跟踪方法. 现代制造技术与装备, 2023, 59(4): 107-109.

[8] 王文萍, 刘伟潮. 一种轻型仿人机械臂关节并联机构设计. 机床与液压, 2023, 51(13): 106-111.

[9] 吕泽, 蔡乐才, 成奎, 等. 基于角度估计机械臂抓取系统目标检测算法. 四川轻化工大学学报: 自然科学版, 2023, 36(2): 46-56.

[10] 李萍, 池福敏, 谭占坤, 等. 藏猪屠宰过程中微生物污染状况分析. 高原农业, 2021, 5(1): 36-41.

[11] 朱双霞. 数控机床定点清洗刀具喷头的设计. 机械制造, 2020, 58(2): 20-21.

[12] 敖培云. 高压水射流技术在刀具清洗中的应用研究. 时代农机, 2018, (11): 220-222.
[13] 郑若璇. 基于目标检测的移动抓取机器人系统设计与实现. 现代计算机, 2023, 29(9): 86-91.
[14] 李永靠, 万其, 林心怡, 等. 机器人柔顺夹爪控制系统设计. 工业控制计算机, 2023, 36(1): 39-41.
[15] 赵宝乐, 姬五胜, 陈建敏. 基于双目视觉的机器人抓取目标的研究. 物联网技术, 2023, 13(5): 73-76.
[16] 张英坤. 室内遥操作移动抓取机器人系统设计. 单片机与嵌入式系统应用, 2022, 22(6): 70-73.
[17] 闫赟. 基于 ROS 的室内移动抓取机器人研究与实现. 现代计算机, 2022, 28(11): 117-120.
[18] 钟宇, 张静, 张华, 等. 基于目标检测的机器人手眼标定方法. 计算机工程, 2022, 48(3): 100-106.
[19] 王志凌. 小型软体抓取机器人的系统设计. 金陵科技学院学报, 2021, 37(1): 35-39.
[20] 邹洵, 张帆, 张国胜, 等. 抓取机器人控制系统设计. 计算机与数字工程, 2021, 49(4): 828-832.
[21] 王烽元, 赵新威, 鲁佳雄, 等. 基于 ROS 的移动抓取机器人设计. 电脑编程技巧与维护, 2021, (1): 118-119.
[22] 陈斌. 基于深度强化学习的机器人抓取策略的研究. 北京: 中国科学院大学, 2020.
[23] 马灼明, 朱笑笑, 孙明镜, 等. 面向物流分拣任务的自主抓取机器人系统. 机械设计与研究, 2019, 35(6): 10-16.
[24] 方跃法, 林华杰. 连续体并联抓取机器人的结构设计及运动学分析. 北京交通大学学报, 2019, 43(4): 80-87, 95.
[25] 安蓓, 李淑娟, 郝政, 等. 硬脆材料切割过程中基于线锯速度的切割力自适应控制. 兵工学报, 2019, 40(2): 412-419.
[26] 舒宏, 邓东桃, 王嫱, 等. 冰箱中影响猪肉垂直切割力力值的因素分析. 家电科技, 2021, (S01): 191-194.
[27] 徐伟锋, 金向阳, 张丽平. 煤矿掘进机器人视觉位姿感知与控制关键技术. 煤矿机械, 2022, 43(5): 181-184.
[28] 王振宇, 张荣闯, 于天彪. 圆柱直齿轮铣削加工无干涉刀具路径规划. 东北大学学报: 自然科学版, 2022, 43(7): 988-995.
[29] 杨东, 伊力扬, 陈建彬. 走刀路径对梯形框体薄壁件加工变形影响. 航空制造技术, 2022, 65(21): 128-134.
[30] 步文瑜, 童晶, 孙海舟, 等. 面向橄榄核雕刻的模型编辑与刀具路径规划. 计算机系统应用, 2022, 31(4): 322-332.

[31] 罗来臻, 赵欢, 王辉, 等. 复杂曲面机器人磨抛位姿优化与刀路规划. 机械工程学报, 2022, 58(3): 284-294.

[32] 马千千, 杨旗. 室内场景下目标的识别抓取算法研究. 机械工程与自动化, 2023, (3): 19-20.

[33] 汪洋, 王黎明, 薛毓铨, 等. 基于改进 SIFT 算法的机械臂识别抓取研究. 机床与液压, 2022, 50(16): 63-66.

[34] 王晶航, 韩江桂, 张文群, 等. ROS 环境下机械臂物体抓取技术研究. 舰船电子工程, 2022, 42(4): 49-53.

[35] 刘亮. 机器人视觉识别抓取物件. 中小企业管理与科技, 2020, (36): 180-181.

[36] 刘正琼, 万鹏, 凌琳, 等. 基于机器视觉的超视场工件识别抓取系统. 机器人, 2018, 40(3): 294-300, 308.

[37] 黄荣瑛. 机器人视觉系统模糊识别抓取物算法. 北京航空航天大学学报, 2009, 35(2): 197-200.

[38] Liu Y, Guo C, Er M J. Robotic 3-D laser-guided approach for efficient cutting of porcine belly. IEEE/ASME Transactions on Mechatronics, 2021, 27(5): 2963-2972.

[39] Lee J, Hwangbo J, Wellhausen L, et al. Learning quadrupedal locomotion over challenging terrain. Science Robotics, 2020, 5(47): eabc5986.

[40] de Medeiros E I, Cordova-Lopez L E, Romanov D, et al. Pigs: a stepwise RGB-D novel pig carcass cutting dataset. Data in Brief, 2022, 41: 107945.

[41] Matthews D, Pabiou T, Evans R D, et al. Predicting carcass cut yields in cattle from digital images using artificial intelligence. Meat Science, 2022, 184: 108671.

[42] Bao X, Junsong L, Mao J. Kinematics analysis and trajectory planning of segmentation robot for chilled sheep carcass. Applied Engineering in Agriculture, 2021, 37(6): 1147-1154.

[43] Cong M, Zhang J, Du Y, et al. A porcine abdomen cutting robot system using binocular vision techniques based on Kernel principal component analysis. Journal of Intelligent and Robotic Systems, 2021, 101(1): 1-10.

[44] Calnan H, Williams A, Peterse J, et al. A prototype rapid dual energy X-ray absorptiometry (DEXA) system can predict the CT composition of beef carcases. Meat Science, 2021, 173: 108397.

[45] Xiao X, Huang J, Li M, et al. Parameter analysis and experiment of citrus stalk cutting for robot picking. Engenharia Agrícola, 2021, 41: 551-558.

[46] Beltran-Hernandez C C, Petit D, Ramirez-Alpizar I G, et al. Learning force control for contact-rich manipulation tasks with rigid position-controlled robots. IEEE Robotics and Automation Letters, 2020, 5(4): 5709-5716.

[47] Ning G, Chen J, Zhang X, et al. Force-guided autonomous robotic ultrasound scanning control method for soft uncertain environment. International Journal of Computer Assisted Radiology and Surgery, 2021, 16(12): 2189-2199.

[48] Chen Y, Zeng C, Wang Z, et al. Zero-shot sim-to-real transfer of reinforcement learning framework for robotics manipulation with demonstration and force feedback. Robotica, 2023, 41(3): 1015-1024.

[49] Ren W, Han D, Wang Z. Research on dual-arm control of lunar assisted robot based on hierarchical reinforcement learning under unstructured environment. Aerospace, 2022, 9(6): 315.

[50] Gao K, Liu B, Yu X, et al. Unsupervised meta learning with multiview constraints for hyperspectral image small sample set classification. IEEE Transactions on Image Processing, 2022, 31: 3449-3462.

[51] Li W, Wang S. Federated meta-learning for spatial-temporal prediction. Neural Computing and Applications, 2022, 34(13): 10355-10374.

[52] Cai L, Sun Q, Xu T, et al. Multi-AUV collaborative target recognition based on transfer-reinforcement learning. IEEE Access, 2020, 8: 39273-39284.

[53] James M, Frederic C. Adaptive feedback control in human reaching adaptation to force fields. Frontiers in Human Neuroscience, 2021,8(15): 742608.

第 7 章　畜类肉品机器人自主包装系统

7.1　包装内胆自动更换装置

在食品加工生产线中，包装环节对于产品的保质期和运输保护具有重要意义[1]。然而，当前肉品包装行业所使用的自主包装设备大多只能按照包装流程分步进行，缺乏成熟的一体化包装技术，导致生产线自动化程度低且应用范围有限。现有的自主包装设备在投入使用后，不仅未能减少对人工操作的需求，反而增加了生产成本，同时由于包装完整性检测设备的不足，整体包装成品效果受到影响[2]。此外，一些经济不发达地区的小型企业由于资金和生产力的限制，仍采用简易包装方式，通过人工包装平台完成装箱，人力消耗大、效率低且不利于肉类的长期保存。在肉品自主包装过程中，确保产品包装的密封性至关重要，然而，利用现有的塑封装置对肉品进行塑封操作时，通常采用需间歇性暂停的传送带方式输送，再对肉品进行加热塑封。待包装肉品在传送带上的位置可能不够准确，从而导致热封位置出现偏差，包装效果差。此外，当需要热封的肉块种类较多或者数量较大时，现有装置往往难以同步进行塑封，导致耗费时间较长，使用效率低，无法满足人们在生产生活中的使用需求[3]。同时，现有技术中的包装自动生产线上，只能包装固定尺寸的分割肉，不能根据所要包装的每块分割肉的实际大小调整塑封包装装置，过大的分割肉无法进行直接包装，还需要进行人工分割[4]。

为了解决以上问题，本章研发了一种能够根据分割肉的实际大小调整塑封包装装置的智能包装系统。该系统可以通过精准的测量结果来调整包装膜的大小，提高包装精度和生产效率。

7.1.1　多用途内胆设计

现有的自动包装机技术只能依赖人工更换内胆的大小来适应已知切割肉胴体体积大小，无法根据肉胴体切割的不同大小来自动切换不同尺寸的内胆进行包装，导致包装工作繁琐、工作量大。当遇到过大或过小的肉胴体时，需要人工手动切换内胆，无法实现自动切换包装[5]。这种现象在肉品加工行业尤为凸显，不同大小的分割肉需要不同的包装尺寸，但现有技术无法满足这种需求。针对上述问题，本节提出一种内胆自动更换装置，该装置可以针对分割完成后的肉胴体实现针对性的变构包装，根据传送带运输的胴体大小自动变更内胆尺寸，对不同大小的分割肉进行包装。

多用途内胆是一种根据市场需求和国家标准的变构型定制内胆,旨在解决市场上大部分胴体包装的问题，更好地适应各种包装机。其设计包括一个机械自动变构内胆装置和操作平台。自动变构内胆装置是在包装机内部的内胆位置进行设计的。受到电梯运动形式的启发，该装置采用了一种电梯式轮换方式，其主要核心零件包括步进电机、伺服电机、支撑杆、变构型夹板、丝杠、固定板、连接板和溜板[6]。步进电机放置在包装机的左侧，通过齿轮的转动来带动整体模具的切换。支撑杆位于变构型模具的中心，用于加固变构型模具并通过步进电机带动模具转换。变构型夹板采用夹角形变构夹板及椭圆变构型夹板，根据所需模具的目标尺寸，通过丝杠进行伸缩控距以达到目标物需要的大小。丝杠方形模具采用四个双杠，分别位于四面，与底部地面固定板相连接，椭圆形模具则采用对立面设计，安装两个双杠达到伸缩状态[7]。固定板与变构型夹板的组数相同，安装于模具下方。

利用步进电机的精准控制和高效性，通过相机信号来命令齿轮旋转，进而将符合尺寸的模具带动到顶部，这样可以实现精确的模具切换，提高包装效率。为使旋转位置符合设计需求，选择扭矩力大的电机，保证在切换模具时克服各种阻力，准确地将模具旋转到所需位置。操作变构型模具的上面设置有真空抽气嘴，通过加热装置以及变构型模具的变构，利用真空抽气嘴实现对传送塑料固形。操作平台左端设置有放料与进料装置，进料平台右侧固定有切割包装完成体的装置。此结构使得整个包装过程更加流畅，从放料、进料、切割到包装完成体都可以在一个操作平台上完成。变构型模具为放料平台第一道工序，经过传送带深度相机识别物品大小进行图像处理分析，然后变构模具根据反馈信号值自动变构尺寸。这个设计利用了深度相机识别物品大小的能力，通过图像处理分析得到反馈信号值[8]，进而控制变构型模具自动变构尺寸，以适应不同大小的物品包装。

变构型模具溜板的外侧采用丝杠相连接，丝杠长度为 15cm，方形模具四个面采用四个，椭圆模具采用两个，丝杠有效距离为 10cm，丝杠旁放置步进电机，在获取信号之后电机自动正反转，根据伺服电机的特性驱动丝杠旋转到相应位置，实现变构。方形模具使用四个溜板，设置在四个直角位置，在两块直角溜板中间设置连接板来驱动溜板；椭圆形溜板使用两个，大小各一个，外侧使用两个电机、两个丝杠，驱动完成椭圆形模具的变构。固定板选择定制十字凹槽板，在方形模具下方放置用来固定连接板的位置，提升直角溜板的高度方便丝杠驱动直角溜板完成变构。胴体分割肉的可变构模具正上方为夹块、卷膜、高温保护盖及加热装置，可变构模具在得到信号反馈时，先通过自身齿轮旋转带动整体模具到符合信号反馈值的对应模具形状，准备进行二次变构；伺服电机根据信号反馈值驱动丝杠，四个丝杠利用螺纹把四块直角溜板与连接板进行合并，肉胴体体积不同，四个方向丝杠旋转的螺纹距离也不同；椭圆形模具利用两个伺服电机驱动两个丝杠完成圆形系列胴体分装；根据模具的二次变构，变构成为符合肉胴体大小尺寸的模具，加热装置对模具进行加热，从而实现对不同肉胴体的分割肉采用不同大小的包装，操作简单。多用途内胆设计包括三个可变构内胆模具以及一个定制内胆模具，其结构如图 7-1 所示。

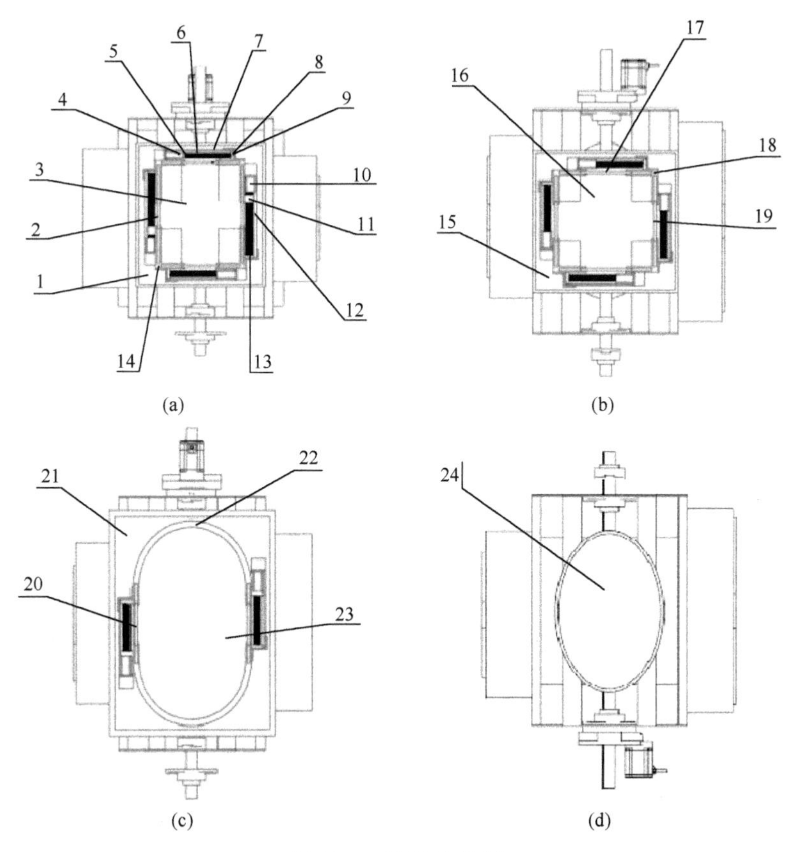

图 7-1　模具结构图

1-模具底部支撑板；2-连接板；3-十字凹槽板；4-伺服电机；5-小尺寸滑块；6-丝杠；7-夹板；8-直角固定板；9-连接板；10-电机驱动器；11-大尺寸滑块；12-夹板；13-丝杠；14-直角固定板；15-模具底部支撑板；16-十字凹槽板；17-大尺寸连接板；18-直角固定板；19-小尺寸连接板；20-大尺寸连接板；21-圆形底部支撑板；22-定制椭圆形变构模具；23-支撑板；24-定制尺寸圆形模具

7.1.2 可变构包装执行装置设计

目前，人们对肉品卫生、安全、保鲜度越来越重视，对已分割的冷却肉及时进行包装处理，可以延长食品的保质期，同时也使得其在运输过程中增加了一层保护[9-12]。

本章提出一种创新的冷却分割肉自主变构包装结构，其设计旨在解决现有包装技术领域的一些问题，实现对于不同大小的冷却分割肉进行精准密封包装。该装置主要包含可变构塑封包装装置和操作平台。可变构塑封包装装置设计为安装在三段伸缩杆的第二段和第三段上，通过固定在第二段伸缩部分的四个长杆连接四个模具，模具之间由两段可自由伸缩的伸缩杆连接，同时通过固定在第三段伸缩杆末端的四个短杆分别支撑四个长杆，且模具与两段伸缩杆都均安装有塑封加热板。三段伸缩杆的顶部则通过法兰盘固定在安装框架上，法兰盘上有若干安装孔。此外，包装分割装置部分包括一个二段伸缩杆和安装在伸缩杆末端的分割刀。二段伸缩杆的顶部同样通过法兰盘固定在安装框架上，法兰盘上同样有若干安装孔。操作平台则通过安装框架上的两个横杠支撑固定，中间部分有凹槽，凹槽位于可变构塑封包装装置下方，且凹槽大小符合可变构塑封包装装置能够实现的最大包装大小。在凹槽侧边设计并安装有一气嘴。操作平台上凹槽左侧有上、下层膜卷支架和包装膜导向杆支架，膜卷支架位于导向杆支架左侧。膜卷支架上设有上下两个膜卷安装杆，导向杆支架上设有上下两个导向杆。膜卷支架两侧分别固定有一个进料通道支架，进料通道贯穿两个膜卷安装杆和两个导向杆之间到达操作平台凹槽左侧。操作平台凹槽部分右侧安装有两组辊筒组合，每组辊筒组合均固定有一个电机驱动的长辊筒，且长辊筒两侧各有一个齿轮，每个齿轮上方均有一个带齿轮的短辊筒。这些长、短辊筒已均匀喷涂防滑材料。两组辊筒组合之间设置有垫板，垫板上有适合分割刀具位置的刀槽。

包装流程如下：从进料通道口处投入冷却分割肉，通过进料通道到达操作平台上凹槽处的两层包装膜之间，然后在塑封装置与真空包装气孔的配合下进行密封包装。包装完成后，将经由电机驱动的组合辊筒运输到垫板处，随后分割刀具对包装进行分割。分割完成后，将经由垫板右侧电机驱动的组合辊筒脱离垫板。包装执行装置结构如图 7-2 所示。

包装装置的执行步骤如下：通过视觉识别获取肉品信息，利用视觉识别技术，对肉品进行非接触式测量和识别，获取所需的信息，如形状、大小、颜色等；包装机构根据得到的信息进行自适应调整，根据视觉识别系统获取的肉品信息，包装机构会进行相应的调整，以确保包装的准确性；输送包装薄膜固定包装肉塑封，在包装机构调整完成后，将包装薄膜送至包装位置，并将肉品包裹在内，然后，通过热封装置将薄膜密封，完成包装过程；在塑封完成后，已包装的产品会被输送至切割装置，根据产品的大小和形状进行精准切割，最后脱离包装装置。整体流程图如图 7-3 所示。

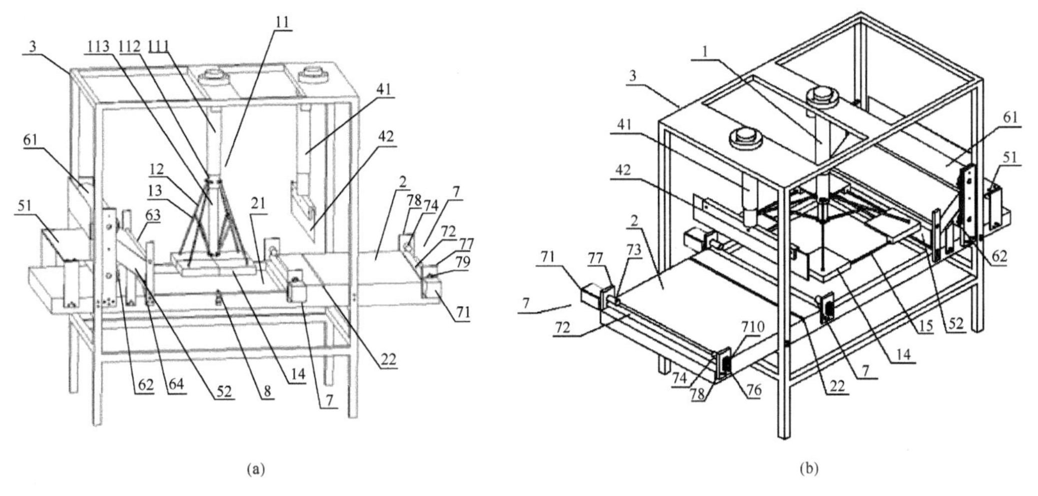

图 7-2　包装执行装置

1-可变构塑封包装装置；2-操作平台；3-框架；7-辊筒组合；11-三段伸缩杆；12-斜杆；13-支撑杆；14-热封模具；15-热封伸缩杆；21-凹槽；22-刀槽；41-伸缩刀柄；42-刀头；51-进料平台；52-滑板；61-上膜卷；62-下膜卷；63-上膜导向杆；64-下膜导向杆；71-电机；72-长辊筒；73-第一短辊筒；74-第二短辊筒；76-第二齿轮；77-第一固定板；78-第二固定板；79-第三齿轮；80-第四齿轮；81-真空抽气嘴；111-上段；112-中段；113-下段

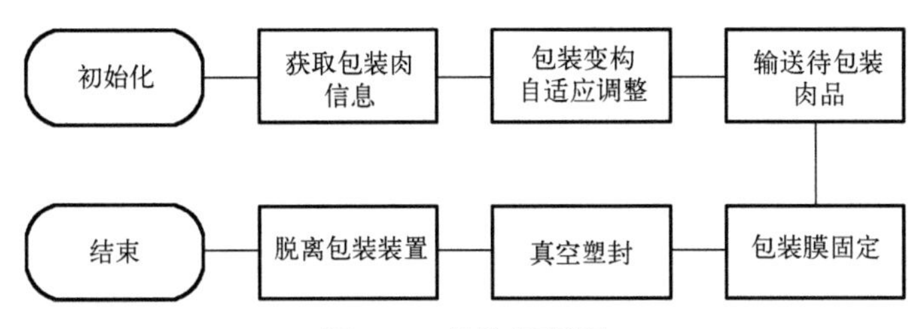

图 7-3　整体流程图

设备工作原理：包装装置运行前，自主变构塑封装置通过力觉传感器与视觉传感器结合共同获取包装肉的质量与尺寸信息，结合已训练好的数据集匹配所需最合适的包装尺寸。然后模具进行自适应调整，使塑封装置达到最适合冷却分割肉的包装大小；在开始包装时，卷在下膜卷上的下包装膜经下膜导向杆导向后铺设在操作平台上的凹槽，然后挤压夹在刀槽左侧的辊筒组合的长辊筒与第一短辊筒、第二短辊筒之间；同时，将卷在上膜卷上的上包装膜经上膜导向杆导向后铺设在操作平台上的凹槽，挤压夹在刀槽左侧的辊筒组合的长辊筒与第一短辊筒、第二短辊筒之间。完成以上工作之后，可以将分割肉从进料平台上沿滑板滑下落在凹槽中的上包装膜和下包装膜之间，开启可变构塑封包装装置使可变构塑封包装装置的三段伸缩杆向下拉伸，铰接在斜杆下端的多个热封模具相互分离且向四周张开，同时热封伸缩杆伸长，可变构塑封包装装置整体下移将分割肉密封在热封模具和热封伸缩杆合围而成的封闭曲线之内，然后真空抽气嘴伸入到上包装膜和下包装膜之间，在可变构塑封包装装置下压的条件下，真空抽气嘴抽气至所需的真空度，退出上包装膜和下包装膜。此时，热封模具和热封伸缩杆的底部设置的塑封加热条加热，将上、下两层包装膜热融而黏合，分割肉完成真空包装。

在产品塑封完成之后，两个辊筒组合的长辊筒和第一短辊筒、第二短辊筒同时转动，通过长辊筒、第一短辊筒、第二短辊筒的滚动挤压，使包装好的产品向操作平台的持续移动。同时，伸缩刀柄使刀头下降切向刀槽，从而将包装好的分割肉及其包装切下，与另外一份分割肉及包装分离。然后，位于刀槽右侧的辊筒组合滚动挤压将切下的分割肉及其包装继续向右移动至操作平台之下，由容器承接。当送入包装装置入料口的第一块肉塑封完成并在辊筒组合的作用下离开塑封位置时，卷在下膜卷上的下包装膜和卷在上膜卷上的上包装膜在以上过程的拖动下再次铺设在操作平台凹槽内，从而可以将待包装肉从进料平台上沿滑板滑下落在凹槽中的上包装膜和下包装膜之间，如此反复进行，可实现流水线操作。

7.1.3　个体差异化柔性包装

差异化柔性包装装置如图 7-4 所示。该装置设置在操作平台正上方，包括三段伸缩杆、斜杆和支撑杆；三段伸缩杆由依次滑动连接的上段、中段和下段组成；斜杆和支撑杆为相同的多个，多个斜杆的上端依次铰接在中段周向，每个斜杆中部分别对应铰接一个支撑杆的一端，支撑杆的另一端与下段铰接；每个斜杆下端铰接有热封模具，两个相邻热封模具之间有热封伸缩杆，热封模具和热封伸缩杆的底部均设置有塑封加热条，所有塑封加热条在与操作平台接触时合围而成的图形为封闭曲线[13]。

图 7-5 为热封伸缩杆结构示意图，以第一伸缩杆和第二伸缩杆为主体。第二伸缩杆是截面为凹字型的杆，具有开口向下的凹形滑道。第一伸缩杆可滑动嵌套在凹形滑道中。热封模具、第一伸缩杆、第二伸缩杆的底部均设置有塑封加热条，所有的塑封加热条在与操作平台接触时合围而成的图形为封闭曲线。塑封加热条为电加热条，通电后加热产生高温作用与上下包装薄膜实现包装。

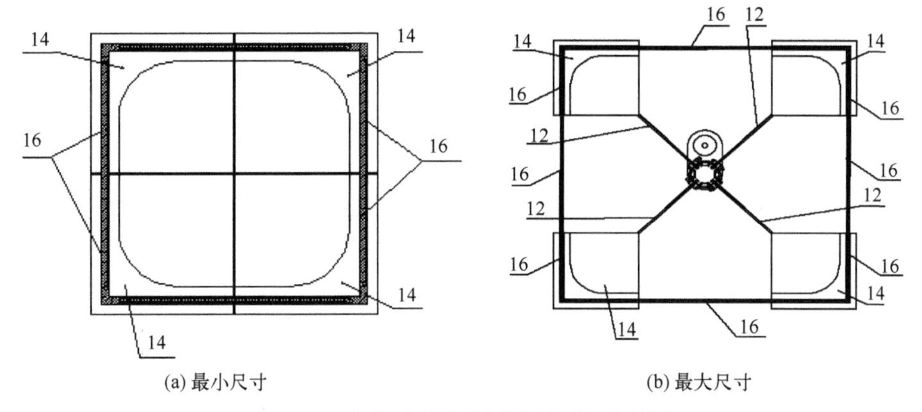

(a) 最小尺寸　　(b) 最大尺寸

图 7-4　自主变构塑封装置结构示意图

12-斜杆；14-热封模具；16-塑封加热条

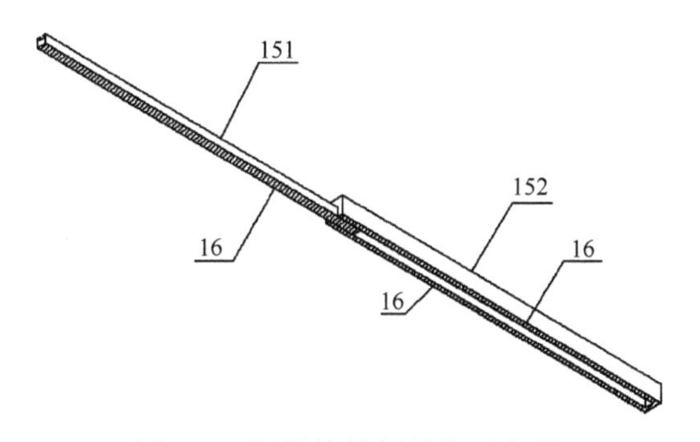

图 7-5　塑封伸缩杆结构示意图

151-第一伸缩杆；152-第二伸缩杆；16-塑封加热条

7.1.4 包装方式的定制化机制

目前在食品生产线中，包装领域市场竞争非常激烈，高效率的包装设备可提高自动化与作业效率。包装机械根据包装物与包装材料的供给方式，可分为全自动包装机械及半自动包装机械；若按包装物的使用范围划分，可分为通用包装机、兼用包装机及专用包装机；按包装种类可分为内包装机及外包装机等。随着包装机械竞争加剧，种种信息表明，未来包装业将配合产业自动化趋势，朝着研发技术及发展更高速包装机等方向进行，在技术上正朝着机械功能多元化、弹性化且具有多种切换功能、结构设计标准化、模块化、控制智慧化、结构运动高精度化方向发展。包装这一环节的作用在于延长食品的保质时间，同时保证其在运输过程中不受损坏，本章采用的包装自主变构流程图如图 7-6 所示。

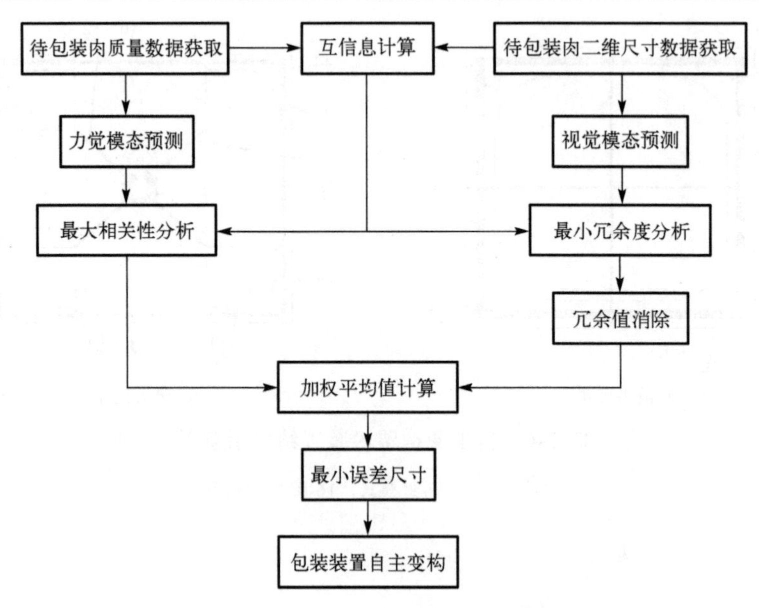

图 7-6 包装自主变构流程图

7.2 功 能 分 析

7.2.1 主要功能

(1)多功能内胆设计。经过调研发现，市场上现存的包装机普遍存在模具规格单一且需人工更换的问题，整个过程费时费力。针对上述问题，设计出由三种变构型模具和一种定制型模具所组成的一个大型变构型模具，它可以有效解决市场上绝大部分肉品分割后难以快速包装的问题，更好地适应包装需求，本章所提出的变构型模具是一种可以根据肉品大小自动变构，自动切换，无需人力干涉的电梯式结构模具。该装置共有四种模具，每种都能单独变构，对应和面向市场上大部分肉品，该变构模具可以根据数据反馈，分析肉品大小自动变更各内胆尺寸，适用于不同大小的分割肉包装。

(2)可变构包装执行装置设计。在包装的过程中，对于大小不一的肉品，存在包装不紧密，无法实现高精度包装的现象。针对以上问题，本章提出一种可变构包装执行装置，实现后续工序自主变构包装。可变构包装执行装置可以实现根据肉品形状、大小、凹凸面及其尖锐部分的自适应变化调整，最大程度保证包装精度。

7.2.2　工作流程

(1)变构型模具整体工作流程。首先，通过深度相机获取胴体体尺数据，进行数据分析与上传，分析出胴体体积大小，通过信号形式反馈给变构模具，进料平台使塑料膜卷通过顺滑夹层进入第一道工序变构磨具上方，根据反馈信号，驱动步进电机切换符合模具变换到最上端，模具内部收到信号使伺服电机驱动丝杠带动直角溜板或椭圆形溜板旋转到相应位置，实现模具自动变构。然后，通过上料平台自加热装置及真空抽取装置对卷膜进行操作，加工出胴体体积对应凹槽形状，胴体放进凹槽后完成第一道工序，随后根据流动带进入空气抽空工序对胴体实现真空包装。最后，上料平台尾部放有切割装置，对包装不规则的肉胴体进行牙口状切割。多用途内胆设计包括一个方形变构内胆，其工作原理是利用深度相机对肉胴体进行扫描、识别、分析，经深度相机处理过的肉胴体数据会分析出胴体体积形状的尺寸，传输信号给变构模具，变构模具接收到信号之后根据信号转动模具，使最适合胴体尺寸的模具转至顶部继续实施二次变构，根据胴体大小内侧模具伺服电机开始转动，驱动丝杠把一侧的直角连接板通过丝杠及滑台进行收缩或打开，同理对立面也是通过伺服电机驱动丝杠进行收缩或打开，保证模具的尺寸与胴体相符合，最终实现二次变构。

(2)可变构包装执行装置设计的工作流程。当分割肉包装装置在进行分割肉的包装时，首先在位于可变构塑封包装装置的正下方的操作平台上铺设一层下包装膜，将分割肉放置在下包装膜上，在分割肉上表面铺设一层上包装膜，将可变构塑封包装装置的三段伸缩杆向下拉伸，在拉伸过程中，上段和中段的单独拉伸可使得斜杆和支撑杆的姿态保持不变且热封模具向下移动；而在拉伸过程中，中段相对于下段的向下拉伸使得铰接在中段上的多个斜杆在支撑杆的支撑下向四周张开，从而带动铰接在斜杆下端的多个热封模具相互分离且向四周张开，同时热封伸缩杆伸长，可变构塑封包装装置整体下移与操作平台接触，热封模具和热封伸缩杆围合在一起而成的封闭曲线将包覆在分割肉的上、下的两层包装膜压在一起，分割肉被密封在两层包装膜之间，热封模具和热封伸缩杆的底部设置的塑封加热条加热并将上、下两层包装膜热融而黏合，从而将分割肉成功包装。本章设计的可变构塑封包装装置在上段下移的过程中，中段和下段也可以伸缩，而中段和下段的相对移动将导致各个热封模具及热封伸缩杆所合围而成的封闭曲线发生变化，因此可以根据分割肉大小的不同来调整中段和下段的相对伸缩程度，从而调整各个热封模具及热封伸缩杆合围而成的封闭曲线面积大小，通过各个热封模具及热封伸缩杆底部的塑封加热条加热，实现对上包装膜和下包装膜加热融合热封。由此可根据分割肉的大小调整上、下包装膜的大小，从而实现对不同大小的分割肉采用不同大小的包装。当使用四个斜杆和四个支撑杆时，对应的热封模具就可以做成矩形，从而使得四个热封模具及热封伸缩杆合围而成的封闭曲线很容易成为矩形，最终的分割肉成形的包装也为矩形，便于存储和运输。斜杆和支撑杆的数量也可为三个、五个或多个，可以根据所要形成外包装的最终外形设计。

7.3 自主包装关键技术

7.3.1 力视双模态自主包装方法

模态可被定义为任何一种信息的来源或形式。例如，人的触觉、听觉、视觉、嗅觉；信息的媒介，有语音、视频、文字等；多种多样的传感器，如雷达、红外、加速度计等。以上的每一种都可以称为一种模态[14]。同时，模态也可以有非常广泛的定义，比如可以把两种不同的语言视为两种模态，甚至在两种不同情况下采集到的数据集，也可认为是两种模态[15]。单模态学习将信息表示为计算机可以处理的数值向量或者进一步抽象为更高层的特征向量，而多模态学习通过利用多模态之间的互补性，剔除模态间的冗余性，从而学习到更好的特征表示。多模态融合是指综合来自两个或多个模态的信息以进行预测的过程[16]。

为了确定最合适的包装尺寸，本章选择采用力觉和视觉两种模态融合的方法对包装尺寸数据进行预测[17]。单独采用以上两种模态来对包装尺寸数据进行预测，会使所预测的结果与实际所需尺寸存在的误差不在可接受范围之内。如果单独采用力觉模态预测，所得包装尺寸数据会偏大于实际情况，这将会导致上、下两层包装薄膜之间空隙增大，并使得执行真空操作后的产品中仍然存在气泡，导致成品率降低；如果单独采用视觉模态预测，由于直观视角无法获取待包装肉品的厚度，所得包装尺寸数据偏小于实际情况，这将会影响产品的密封性[18]。因此，综合利用力觉和视觉两种模态的数据，通过互补消除歧义和不确定性，能够得到更加准确的判断结果，进而获取最接近实际情况的包装尺寸。

目前，多模态数据融合主要有三种融合方式：前端融合或数据水平融合、后端融合或决策水平融合和中间融合[19-21]。考虑到力觉模态与视觉模态各自获取数据的特性，本章采用前端融合的方法对两种模态的数据进行融合。

前端融合将多个独立的数据集融合成一个单一的特征向量，然后输入到机器学习分类器中。多模态数据的前端融合往往无法充分利用多个模态数据间的互补性，且前端融合的原始数据通常包含大量的冗余信息，因此，多模态前端融合方法常常与特征提取方法相结合以剔除冗余信息，如主成分分析(Principal Component Analysis，PCA)、最大相关最小冗余算法(Max-Relevance and Min-

Redundancy，mRMR）、自动解码器（Autoencoders）等。本章采用的方法为最大相关和最小冗余算法。

最大相关最小冗余算法主要是为了解决通过最大化特征与目标变量的相关关系度量得到的最好的 m 个特征，并不一定会得到最好的预测精度的问题，因为这 m 个特征存在冗余特征的情况（是指该特征所包含的信息能从其他特征推演出来，如对于“面积”这个特征而言，能从“长”和“宽”得出，则它是冗余特征）。因此 mRMR 就是为了保证最大相关性的同时，彼此之间又有最小的冗余性[22]。

在 mRMR 算法执行之前，首先准备一批不同规格尺寸的带包装肉进行分类并标注序号，分别测量其重量与尺寸，并按照序号置于两个数据集 X、Y 中，可将 X 与 Y 的互信息定义为

$$I(X,Y)=\int_x\int_y p(i,j)\log\frac{p(i,j)}{p_x(i)p_y(j)}\mathrm{d}i\mathrm{d}j \tag{7-1}$$

式中，$p(i,j)$ 是 $x=x_i$ 和 $y=y_j$ 同时在整个数据集中出现的频率，$p_x(i)$ 是 $x=x_i$ 在整个数据集中出现的频率，$p_y(i)$ 是 $y=y_j$ 在整个数据集中出现的频率。

利用互信息计算 $I(x_i,c)$，$I(x_i,c)$ 越大则两者间的关联性就越大。因此需要计算出含有 $m\{x_i\}$ 个特征的特征子集 S，使得数据特征 m 与类别 C 之间的相关性最大，即求出与 c 关系最密切的 m 个特征

$$\max D(S,c),D=\frac{1}{|S|^2}\sum_{x_i y_j\in s}I(x_i,y_i) \tag{7-2}$$

特征集 S 与类 c 的相关性由各个特征和类 c 之间的所有互信息值的平均值定义，因此可以得出 m 个平均互信息最大的集合 S，消除 m 个特征之间的冗余

$$\min R(S),R=\frac{1}{|S|^2}\sum_{x_i y_j\in s}I(x_i,y_i) \tag{7-3}$$

最终可以求出关于最大相关度-最小冗余度的特征集合[23]

$$\mathrm{mRMR}=\max\left[\frac{1}{|S|}\sum_{x_i\in s}I(x_i,c)-\frac{1}{|S|^2}\sum_{x_i,y_j\in s}I(x_i,y_j)\right] \tag{7-4}$$

力视双模态自主包装技术在猪肉包装领域的工作流程如下：准备工作，将待包装的猪肉放置在包装生产线上的指定位置，同时准备好包装盒、标签、胶带等包装材料。识别猪肉，通过机器视觉技术，力视双模态自主包装技术可以自动识别猪肉的形状、颜色、大小等特征。这可以通过使用相机和计算机视觉算法来实现。抓取猪肉，在识别到猪肉之后，机器力觉技术可以控制机械臂或吸盘等装置

来抓取猪肉。这可以通过使用传感器和算法来控制抓取力度和位置，确保猪肉被稳定地抓住。放置猪肉，一旦猪肉被抓取，机器视觉和机器力觉技术可以协同工作，将猪肉放置在包装盒中的正确位置。这需要机器视觉技术来识别包装盒的位置和形状，并使用机器力觉技术来控制放置力度和位置，确保猪肉被准确地放置在包装盒中。封装包装，在猪肉放置完成后，可以使用机器视觉技术来自动检测包装质量，如确认包装盒是否被正确关闭、标签是否被正确粘贴等。一旦检测到质量问题，可以自动进行修复或剔除不合格的包装。完成包装，经过质量检测后，合格的包装盒会被输送到下一道工序或直接输出。整个包装过程就此完成。后续处理，对于不合格的包装，可以进行相应的处理，如重新封装或报废等。同时，可以根据实际需求对系统进行优化和调整，以满足不同的包装需求。此外，力视双模态自主包装技术还可以实现其他功能，如自动计数、防止重复包装等。这些功能可以根据实际需求进行扩展和定制。总之，力视双模态自主包装技术在猪肉包装领域可以实现高效、准确、灵活和安全的包装过程。通过自动化和智能化技术，提高生产效率和产品质量，降低成本和减少人工干预。同时，可以满足不同包装需求，提高包装效率和准确性，为猪肉包装行业带来更多的便利和发展机会。

7.3.2 基于三维点云轮廓判断尖锐肉品包装技术

肉品在包装过程中，难免会遇到表面粗糙的肉品或者表皮携带尖锐骨刺的肉品，如果不对其进行判断处理，很容易造成尖锐部分刮破包装机塑封膜，使得包装过程变得费时费力[24]。肉品表面粗糙度的判断有许多方法，一种方法是使用它的近似分形维数。分形维数为 2 表示普通的、近乎绝对光滑的表面；分形维数为 2.5 表示相当崎岖的表面；分形维数接近 3 表示接近“3D 空间填充”的内容[25]。相应地，分形维数为 1 的曲线几乎在所有地方都是平滑的，1.5 表示一条非常崎岖的线，接近 2 表示接近“2D 空间填充”的内容。使用分形维数度量可能是一个有用的近似值，但真实的表面在超过几个数量级的尺度上不是分形的[26]。真实表面具有空间频率“截止”点，这是因为它们的尺寸有限，并且当将它的细微部分“放大”后，其结构特征仍与原来的一样。

表征表面粗糙度的另一种方法是它的空间频率含量。这可以变成一种建设性方法，通过使用类似于傅里叶级数扩展的三角函数之和来合成表面数据[27]。这种总和中的每个项都表示在空间中振荡的某个频率。在物理学中，随时间变化的振荡频率一般以数学表达式的形式出现，例如

$$\cos(2\pi ft) \tag{7-5}$$

式中，频率 f 的单位是 Hz。通过空间的振荡具有相应的空间频率，如式(7-6)所

示，只需将时间变量 t 替换为空间变量 x，将时间频率 f 替换为空间频率 v，即

$$A_{mn}\cos(k_{mn}\cdot x+\phi) \tag{7-6}$$

式中，空间频率通常由波数 $k=2\pi v$ 表示。一个相关的量是波长，它与频率和波长 $\lambda=\frac{1}{v}$ 有关，即

$$k=2\pi v=\frac{2\pi}{\lambda} \tag{7-7}$$

空间可能有多个维度，因此可能存在多个空间频率。在二维中，使用笛卡儿坐标表示

$$\cos(2\pi(v_x x+v_y y))=\cos(k\cdot x) \tag{7-8}$$

式中，波矢量 $k=(k_x,k_y)=(2\pi v_x,2\pi v_y)$，并且 $x=(x,y)$，波矢量 k 表示波的方向。

在构建中方肉三维点云轮廓模型时，基于三维点云轮廓数提取平躺姿态下中方肉的高度分布信息[28]，构建高度分布走势模型，用于判断中方肉尖锐部分与非尖锐部分区域。设定中方肉各点的高度走势为 t，当 $t_0<t<t_1$ 时，则判定该点为尖锐点，t_0 和 t_1 的取值通过对中方肉尖锐区域平均高度走势开展实际测定得到的平均值进行设置[29]。

由于中方肉的表面相对比较粗糙，可看成是许多基本波构成

$$\cos(k\cdot x+\phi) \tag{7-9}$$

式中，φ 是相位角，由于相位角 $\sin(\theta)=\cos(\pi/2-\theta)$ 也可以表示正弦函数，对于中方肉认为它是完全随机的表面，所以认为相位角 φ 可以取任何值。当随机表面合成基本波时，在长度为π的区间内均匀随机分布中挑选 φ，因为允许表达式取−1～1 之间的所有可能值[30]。但是如果选择大小大于π的间隔，则可能会出现终点或环绕效应。这是由于余弦函数是其自身的镜像，步长为π。每个基本波都有一个相关的振幅[31]，因此每个组成波分量具有以下形式

$$A_{mn}\cos(k_{mn}\cdot x+\phi) \tag{7-10}$$

最终表面将是这些波分量的总和

$$f(x)=\sum_{m,n}A_{mn}\cos(k_{mn}\cdot x+\phi) \tag{7-11}$$

振幅选择是选择一个来自均匀分布或高斯分布的系数 A_{mn}。但是，事实证明，这不会生成看起来特别自然的表面[32]。在自然界中，不同的过程，如磨损和侵蚀，使得慢速振荡比快速振荡更有可能具有更大的振幅。在离散情况下，这对应于根据某种分布逐渐变细的振幅[33]。中方肉表面较为粗糙，所以使用二重求和

$$f(t,y)=\sum_{m=-M}^{M}\sum_{n=-N}^{N}a(m,n)\cos(2\pi(mx+ny)+\varphi(m,n)) \tag{7-12}$$

式中，t 和 y 是空间坐标，m 和 n 是空间频率，$a(m,n)$ 是振幅，$\varphi(m,n)$ 是相位角。由于角度求和规则，相位角使得该求和可以表示一个非常一般的三角级数

$$\cos(\alpha+\beta)=\cos(\alpha)\cos(\beta)-\sin(\alpha)\sin(\beta) \tag{7-13}$$

7.4 本章小结

本章主要介绍了个体包装差异化的可变构包装执行装置设计、多用途内胆设计、个体差异化柔性包装以及包装方式的定制化机制。其中，多用途内胆装置主要用于不规则肉品包装，它可以根据包装肉品的尺寸大小，自主变换内胆大小，省时省力。可变构包装执行装置可以根据肉品的多元化、多种类进行精确包装，实现自适应变构包装，当肉品比较尖锐时，可变构包装执行装置会使上塑封膜最大程度紧贴肉品，实现最小间隙包装。个体差异化柔性包装通过将塑封膜加热使其柔性化，然后对肉品进行包装，这样可以使得肉品塑封效果比较好，对于不完整的肉品可以起到保护的作用。

参考文献

[1] 彭润玲, 谢元华, 张志军, 等. 真空包装的现状及发展趋势. 真空, 2019, 56(2):1-15.

[2] 徐智. 浅析食品真空包装机械及应用趋势. 科技风, 2020, (18):186-187.

[3] 郑飞杰, 叶荣冠, 高浩, 等. 自适应尺寸纸箱切割折痕包装机的设计. 包装与食品机械, 2023, 40(1):70-75.

[4] 蒋红祥, 朱柏澄, 吴恒文, 等. 折叠式连体烟包的包装装置的设计. 仪器与设备, 2023, 11(2): 135-139.

[5] 何笑颜, 陆佳平, 葛昭, 等. 真空包装整形装置对合机构的优化设计. 轻工机械, 2020, 38(4): 69-72, 78.

[6] 陈伯清. 丁基橡胶薄膜包装装置热封技术的改进. 化学工程与装备, 2019, (9): 188-189, 196.

[7] 戴秋洪, 代久双, 李建康, 等. 包装密封性在线检测锁紧装置设计与仿真计算. 兵工自动化, 2021, 40(9): 89-91, 96.

[8] 大阪希琳阁印刷株式会社. 包装材料的包装装置及包装方法: CN201980103245.8, 2022.

[9] 葛小鹏. 民用食品真空包装机械发展及其应用趋势. 农村实用技术, 2019, (7):78.

[10] 郑致远. 基于滚动多稳态的链式模块化可重构机器人的设计及构型规划. 西安: 西安电子科技大学, 2021.

[11] 张娜, 沈灵斌, 李晔卓, 等. 自适应可变形轮腿式移动机构. 机械科学与技术, 2020, 39(11): 1705-1712.

[12] 李琦, 李婧, 蒋增强, 等. 考虑个体差异的系统退化建模与半 Markov 过程维修决策. 计算机集成制造系统, 2020, 26(2): 331-339.

[13] 程庆贺, 张振寰, 胡燕, 等.一种实时多层融合注意力机制的语义分割方法.软件导刊, 2023, 22(8): 48-53.

[14] 罗盆琳, 方艳红, 李鑫, 等. RGB-D 双模态特征融合语义分割.计算机工程与应用, 2023, 59(7): 222-231.

[15] 孙颖, 侯志强, 杨晨, 等. 基于双模态融合网络的目标检测算法. 光子学报, 2023, 52(1): 203-215.

[16] Hosseinzadeh A Z, Amiri G G, Abyaneh M J, et al. Baseline updating method for structural damage identification using modal residual force and grey wolf optimization. Engineering Optimization, 2019, 52(4): 549-566.

[17] Abiri A, Pensa J, Tao A, et al. Multi-modal haptic feedback for grip force reduction in robotic surgery. Scientific Reports, 2019, 9(1): 5016.

[18] 王杰鹏, 谢永权, 宋涛, 等. 力觉交互控制的机械臂精密位姿控制技术. 机械设计与研究, 2019, 35(4): 47-52.

[19] 陆熊, 林闽旭, 高永强, 等. 面向多点交互的多模态振动反馈触觉再现系统. 国防科技大学学报, 2021, 43(3): 52-57.

[20] Wong C, Zheng W, Qiao M. Urban expansion and neighbourhood commuting patterns in the Beijing metropolitan region: a multilevel analysis. Urban Studies, 2020, 57(13): 2773-2793.

[21] 韩建平, 张一恒, 张鸿宇. 基于计算机视觉的振动台试验结构模型位移测量. 地震工程与工程振动, 2019, 39(4): 22-29.

[22] 范习健, 杨绪兵, 张礼, 等. 一种融合视觉和听觉信息的双模态情感识别算法. 南京大学学报: 自然科学版, 2021, 57(2): 309-317.

[23] 庞正雅, 周志峰, 王立端, 等. 改进的点云数据三维重建算法. 激光与光电子学进展, 2020, 57(2): 199-205.

[24] 李嘉位, 马为红, 李奇峰, 等. 复杂环境下肉牛三维点云重建与目标提取方法. 智慧农业, 2022, 4(2): 64-76.

[25] 李百明, 吴茜, 吴劼, 等. 基于多视角自动成像系统的作物三维点云重建策略优化. 农业工程学报, 2023, 39(9): 161-171.

[26] Mandikal P, Radhakrishnan V B. Dense 3D point cloud reconstruction using a deep pyramid

network//The 2019 IEEE Winter Conference on Applications of Computer Vision (WACV), 2019: 1052-1060.

[27] Li B, Zhang Y, Zhao B, et al. 3D-ReConstnet: a single-view 3d-object point cloud reconstruction network. IEEE Access, 2020, 8: 83782-83790.

[28] Tachella J, Altmann Y, Mellado N, et al. Real-time 3D reconstruction from single-photon lidar data using plug-and-play point cloud denoisers. Nature Communications, 2019, 10(1): 4984.

[29] 杨玉泽, 林文树. 基于激光点云数据的树木枝叶分割和三维重建. 西北林学院学报, 2020, 35(3): 171-176.

[30] 李百明, 吴茜, 吴劼, 等. 基于多视角自动成像系统的作物三维点云重建策略优化. 农业工程学报, 2023, 39(9): 161-171.

[31] 龚靖渝, 楼雨京, 柳奉奇, 等. 三维场景点云理解与重建技术. 中国图象图形学报, 2023, 28(6): 1741-1766.

[32] Huo Y, Zhang M, Liu G, et al. WenLan: bridging vision and language by large-scale multi-modal pre-training. arXiv Preprint, arXiv:2103.06561, 2021.

[33] 赵亮, 胡杰, 刘汉, 等. 基于语义分割的深度学习激光点云三维目标检测. 中国激光, 2021, 48(17): 177-189.

第8章　畜类肉品机器人自主加工示范生产线

8.1　自主加工示范线的搭建

8.1.1　示范线各级工作站共性协同技术

8.1.1.1　多机器人工作站生产协同技术

通过畜类胴体感知单元、切块机器人工作站、剔骨机器人工作站、自主传送装置等多工位之间的协同控制技术，在实验验证过程中实现畜类肉品、装备、工装、工艺的并行协同，将分割任务下达到生产线，实现多工位间的协同作业，提升设备的作业效率。采用多工位机器人间的互联互通技术，通过数据采集、大数据分析、可视化展现、智能决策等功能，实现数字化生产设备的分布式网络通信、程序集中管理与设备状态的实时监控。通过多执行器群体协同分布式决策优化方法，多个工作站之间能够实现协同工作，提高整体加工效率。

8.1.1.2　畜类肉品加工系统软硬件集成

畜类肉品加工系统是一个高度集成的自动化系统，不仅包含了多种硬件组件，如感知系统、控制系统、切割刀具和通信系统等，还融合了多项软件技术，如深度强化学习与大数据应用技术。在硬件方面，感知系统通过多种传感器和相机可以实时感知肉品的位置、形状和姿态等信息，为机器人的运动规划和切割路径提供精确依据；控制系统通过计算机程序控制机器人的运动轨迹、切割深度和速度等参数，实现精准、高效的加工；多种切割刀具的组合和选择可以根据不同的加工需求进行灵活搭配，实现快速、精准的切割；通信系统保证了机器人与其他设备之间的信息交互和协同工作。在软件方面，深度强化学习使得机器人系统具备自主学习和优化的能力，不断提高加工效率和精度。大数据应用技术可以对机器人系统的运行数据进行分析和处理，为系统的优化和控制提供参考。

8.1.1.3　畜类肉品加工示范线应用验证

畜类肉品加工示范线应用验证不仅是确保示范线可行性和效果的关键步骤，同时也是连接理论与实践、促进技术转化的重要桥梁。通过对不同设备的合理配置以达到最优的生产效果。在示范线安装和调试过程中，需考虑设备的布局、线路的连接、系统的调试等多方面因素，并对设备的运行状态进行监控和维护，以确保设备的正常运行和示范线的稳定运行。通过对畜类(以生猪为例)肉品机器人快速分块、精准剔骨技术的系统集成，搭建出畜类肉品自动分割生产线，进行胴体分割、前后腿分割、骨架剔骨，实现畜类胴体分割自主操作。在现有胴体机械化分割生产线上，安装三维视觉系统、力觉反馈系统、柔顺控制端拾器等感知与执行设备，按照多分体分割标准工艺要求分割胴体。开发立体化多层分割输送系统，对待分割和分割后的分类肉进行输送，配套设备有分割输送机、净箱返回输送机、脏空箱送洗机、重箱(分割肉箱)输送机、包装输送机及空箱清洗、风干装置等。

8.1.2　工作站并级联调

不同工作站之间既相对独立，又关联紧密。从畜禽类胴体精准扫描、差异化识别感知及肉品质量溯源等共性技术的突破，到对畜禽类肉品切块和剔骨分割工艺中存在的效率低、损耗多等技术难点的攻克，结合畜类生物差异性特点构建相应作业单元的自主机器人工作站，按照“差异化分析、关键技术攻关、系统集成开发、应用验证”全工艺流程一体化实施，紧扣畜类肉品高效精准机器人自主分割系统研究及应用的总体目标，以专用机器人系统研制带动和解决相关理论技术的突破。以“物料无堆积、设备无空闲”为协同准则，研究面向国产切块、剔骨等机器人及自主传送装置的协同控制技术；结合肉品精准扫描数据，建立畜类肉品分割信息管理系统，实现畜类肉品分割全流程可溯源；研究畜类胴体分割全流程机器人自主分割系统集成技术，完成畜类肉品机器人自主分割生产线的应用验证。

畜类胴体三维精准感知技术从现有畜类胴体背膘、腿肌厚度人工测量方式准确率低、耗时巨大以及存在对样本造成污染的问题出发，根据背膘、腿肌等关键部位肌肉组织检测、局部区域横截面直线检测与映射、测量部位骨骼分割建模等关键技术，构建剔骨路径规划模型，指导分割构件执行策略和寻找最优切割线。攻克基于三维视觉系统的胴体全局参数提取与面向畜类脊骨、肋骨、腿骨等关键局部的多层次数据提取与重构，采集畜类胴体 RGB 图像、CT 扫描图像、高光谱图像、胴体尺寸与重量等关键信息，实现基于视频内容理解技术的整畜在线质量感知系统，为后续工作提供技术支撑。畜类胴体自主切块机器人工作站针对分割过程中高湿、低温、腐蚀性环境，研究机器人本体、伺服驱动、控制系统及末端切块装置等部件的防护技术。研制可分离、可推进、可平移的自主变构型切块刀具装置，并利用畜禽胴体 RGB 图像训练得到的模型数据调整机器人控制参数。

分析刀具和畜类胴体表面的相对位置关系，构建刀具完整的运动轨迹，获取最优切割线以适应畜禽类胴体的个体差异性，实现畜禽胴体高效精准分割。自适应分级与分拣工作站包括非接触式检测分级系统与多指变构分拣系统两部分。分级系统基于上述三维数据系统结合多源信息融合技术构建冷却分割肉(外观、色泽及皮下脂肪厚度等)肉品模型，形成畜类胴体分级数据库，同时保留冷却分割肉的视觉模态信息至终端。在实际工作中通过工控机对采集的胴体数据进行分析处理，对比数据库后生成对应的分级结果并将结果传送至分拣系统。分拣系统中的多指变构末端分拣装置具备“一爪多用”的功能，主要由机械臂、末端分拣装置、力觉感知子系统、夹取有效性判别子系统、分割肉摆放稳定子系统组成。通过分级结果自动调节分拣装置，实现精准分拣，提高分拣效率和分拣准确率。畜类胴体快速自主剔骨机器人工作站通过采集的畜类 CT 扫描图像构建缩放模型，根据三维视觉系统捕获的畜类表面特征点对内部结构进行缩放，得到适用于个体差异性的模型。依据模型中骨骼的位置计算初始进刀点，分析剔骨刀具力反馈作用机制，提取骨肉界面关键特征参数。利用六维力传感器获取骨肉界面参数方法，构建适用于个体差异性的剔骨路径规划模型，同时保留力觉模态信息至终端。根据已构建的剔骨路径规划模型，结合精确力控技术、点云获取和点云配准技术攻克自主剔骨机器人技术，开发具备剔骨路径自主修正的机器人剔骨工作站。

差异化个体包装工作站设计的包装内胆能够根据分级分拣工作站对畜类胴体的执行结果进行自适应包装模具变构，以适应不同大小的分割肉包装。主要实施方法为通过上述工作站保留在终端的力觉与视觉双模态信息融合对包装尺寸数据进行预测，避免单一模态预测结果与实际尺寸出入较大引起的成品率降低的问题。然后，多用途包装内胆自动更换为合适的包装模具，由包装执行机构进行定制化包装。各级并级联调主要包括畜类胴体立体感知与重构系统、畜类肉品一刀多块自主分割机器人系统、畜类肉品机器人自主分级系统、多指变构末端分拣装置、畜类肉品机器人自主剔骨系统、畜类肉品机器人自主包装系统六部分。

1) 畜类胴体立体感知与重构系统

通过三维视觉系统和感知技术，对畜类胴体进行精准扫描和识别感知，实现畜类肉品分割全流程可溯源。同时，构建剔骨路径规划模型，指导分割构件执行策略和寻找最优切割线。除了获取畜类肉品分割信息管理系统和实现可溯源性外，该阶段还涉及对畜类胴体的精准扫描和识别感知。通过高精度的三维视觉系统，可以取畜类胴体的表面几何特征和内部结构信息。这些信息不仅用于构建剔骨路径规划模型，指导机器人进行高效、准确的分割操作，此外，通过对不同种类、规格畜类胴体的数据采集和分析，可以积累大量基础数据，为后续机器学习、优化算法的研发提供有力支持。三维构建的目的不仅是获取畜类胴体的精准信息，包括形状、大小、结构等，还包括将这些信息直接应用于自主切块阶段。在自主切块时，根据这些信息可以规划出更加准确和高效的切割路径，确保切割的完整性和准确性。同时，三维构建过程中获取的内部结构信息对于自主切块阶段中的避障和安全操作也具有重要的指导作用。

2) 畜类肉品一刀多块自主分割机器人系统

在自主切块阶段，需要针对实际生产过程中的环境因素和操作要求，确保切块过程的顺利进行。其中，对刀具轨迹的规划是关键环节之一。通过对畜类胴体表面和内部结构的精准识别获取关键特征点，进而根据特征点计算出最优的切割线。同时，利用机器视觉和深度学习技术对切割过程中的动态变化进行实时监测和调整，确保切割精度和效率。此外，自主变构型切块刀具装置的设计也是该阶段的重要环节，需要考虑刀具的耐磨性、锋利度以及与机器人末端的配合等问题。在自主切块后，畜类胴体会进入分级与分拣工作站进行进一步的加工和处理。这里的分级是指根据畜类胴体的不同特征和需求进行分类，而分拣则是指根据不同的订单需求选择相应的畜类胴体进行包装。分级与分拣工作站的结果将直接影响后续的包装和销售环节。

3) 畜类肉品机器人自主分级系统

非接触式检测分级系统在畜类胴体加工中的应用越来越广泛。该系统利用机器视觉和深度学习技术对畜类胴体的外观、颜色、脂肪厚度等特征进行快速、准确的检测和分析，进而实现自动分级。同时，通过多指变构分拣系统的应用，大幅提高分拣效率和准确率。利用力控技术和人工智能算法，实现对不同规格、形状的畜类胴体的精准抓取和分类放置。此外，分级和分拣过程中积累的大量数据可以为生产管理提供有力支持，帮助企业实现生产过程的可视化和智能化。

自主分级系统是整个加工流程中的重要组成部分，其结果将直接影响后续的包装和销售环节，通过非接触式检测分级系统对畜类胴体进行分级可以为后续的分拣和包装提供重要的参考依据。同时，分级过程中的数据积累和分析也可以为企业的生产管理和决策提供有力支持。

4) 多指变构末端分拣装置

分拣装置在整个畜类肉品自主作业系统中有着重要的地位，利用识别装置，得到猪胴体的位置信息、表征信息等数据，根据这些数据调整四轴桁架装置带动末端执行装置到猪胴体抓取位置，同时识别装置将猪胴体的信息反馈给末端执行装置上的电机，使其调整到最适合的抓取状态。多指变构末端分拣装置一方面可以准确抓取传送带上分级过后的肉品，并按照不同级别分别放置；另一方面，可以抓取合格肉品并准确放置剔骨工作台作业区域，保证自主剔骨系统的顺利进行。

5) 畜类肉品机器人自主剔骨系统

剔骨阶段是整个加工过程中非常关键的一环，其结果将直接影响到产品的质量和安全性。在剔骨过程中，首先通过 CT 扫描等技术获取畜类胴体的内部结构信息，并构建适用于个体差异性的模型。然后，根据模型中骨骼的位置计算初始进刀点，分析剔骨刀具力反馈作用机制，提取骨肉界面关键特征参数。这些参数用于构建适用于个体差异性的剔骨路径规划模型。同时，利用六维力传感器获取骨肉界面参数方法可以进一步优化切割过程，确保在切割时对骨骼的准确识别和安全切割，保留力觉模态信息至终端有助于对切割过程进行实时监控和调整。除了获取畜类肉品分割信息管理系统和实现可溯源性外，该阶段还涉及对畜类胴体的精准扫描和识别感知。通过高精度的三维视觉系统，可以获取畜类胴体的表面几何特征和内部结构信息。这些信息用于构建剔骨路径规划模型，指导机器人进行高效、准确的分割操作。此外，通过对不同种类、规格畜类胴体的数据采集和分析，可以积累大量基础数据，为后续机器学习、优化算法的研发提供有力支持。

6) 畜类肉品机器人自主包装系统

在包装阶段，设计的包装内胆能够根据分级分拣工作站对畜类胴体的执行结果进行自适应包装模具变构。这种自适应设计可以适应不同大小的分割肉包装要求，提高包装效率和质量。通过先前工作站保留在终端的力觉与视觉双模态信息融合对包装尺寸数据进行预测，这种预测方法可以更加精准地确定包装尺寸和形状。然后通过自动化机构进行包装执行动作，包括多用途包装内胆自动更换为合适的包装模具以及由包装执行机构进行定制化包装。这些自动化流程可以提高包装速度和准确度，同时减少人工干预，降低出错率，提升产品品质。

8.2　胴体加工运行实验

8.2.1　胴体三维构建实验

8.2.1.1　畜类三维精准感知方案设计

畜类胴体三维精准感知对应解决的是猪胴体的分块问题。结合猪胴体的生理特征，分块数据采集分为 RGB 图像和三维点云图像两部分，其中 RGB 图像用于确定猪胴体区域，并通过训练深度学习算法获取胴体前、后段分块点，三维深度图像用于融合生成点云图，获取猪胴体三维信息，主要为肋排和脊骨分段提供深度信息。

胴体前段：采集胴体的 RGB 图像，通过肋骨及其周围区域的颜色、纹理特征，确定肋骨前端点。通过生产线上的调研，再结合产线工人的工作经验，发现肋骨区域(图 8-1(a)绿色框区域)呈现出与其他部分红肉明显不同的白色，而且第五、六肋之间存在肉眼可辨的长度差异(图 8-1(a)蓝色框区域)，基于这两点，确定数据集标注时的前段分块点，图 8-1 为胴体前、后段分块点特征示意图与扫描深度图。

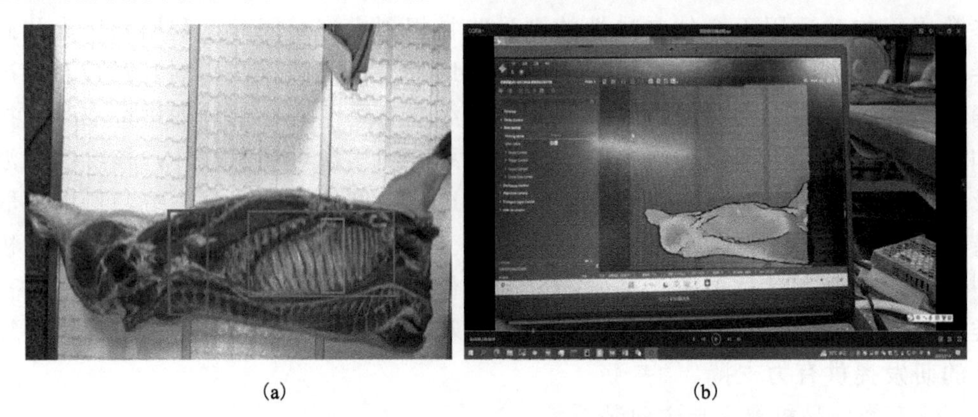

(a)　(b)

图 8-1　胴体前、后段分块点特征示意图与扫描深度图(见彩图)

胴体后段：在采集胴体 RGB 图像中，根据产线具体分块的要求，选取腰椎与荐椎结合处所处区域中的点为标注点，同时标注点尽量位于传送带之间的条缝区域(生产线上该区域即为后段分块点)。部分数据集前、后段分块点示意图如图 8-2 所示。

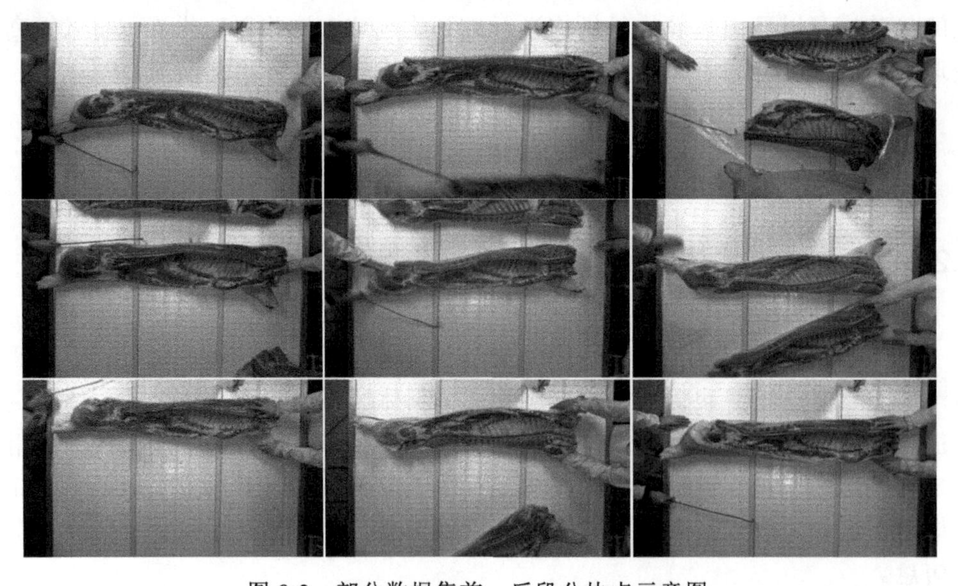

图 8-2　部分数据集前、后段分块点示意图

胴体肋排与脊骨分段：采集胴体三维深度图，用于获取三维信息特征，确定胴体体长等级，调用预存储的数据库，查找该畜类所述胴体体长等级对应的分块点到基准点的距离，为肋排和脊骨分段提供深度信息，指导分割刀具调整方向和距离。

8.2.1.2　畜类(猪胴体)三维精准感知方案实施

设备选型：根据畜类分块采取的二维、三维视觉信息融合获取分块点的方案，整体环境搭建分为设备选型和设备固定装置设计两部分。畜类分块二维信息获取设备选取 Intel 的 RealSenseD415，三维信息获取设备选取海康 MV-DB1300A 双目结构光相机。

畜类(猪胴体)三维精准感知实验环境搭建分为实验室环境和现场环境两阶段。

实验室环境验证：实验室环境下采用福誉 FSL80 滑轨模拟生产线上的传送装置，通过设计固定架固定两种相机，静态采集运动物体的二维、三维视觉信息，其中采用有简单背景色的托盘模拟传送带，用有明显且规则的工具箱测试轮廓提取算法、被测物品上的拐点提取算法，计算被测物长、宽、高。通过环境验证，采取的二维、三维视觉信息融合获取分块点方案可行，相关设备实验室与现场架设如图 8-3 和图 8-4 所示。

图 8-3　验证环境图

图 8-4　相机设备现场架设图

现场环境验证：相机直接架设在刀具前端钢架上，首先采集猪胴体的信息，并将处理后的分块信息传送给刀具控制系统，操作刀具完成分割，现场环境设备架设如图 8-5 所示。

图 8-5　现场环境设备架设

8.2.1.3　畜类参数自主提取与估测

采用迁移学习算法完成畜类胴体分块点的提取，选择在 ImageNet 数据集上训练好的 ResNet 50 模型作为图像特征提取器，最终输出两个分块点的坐标。选择 150 幅彩色二维图像作为训练集，30 幅图像作为测试集。测试结果如图 8-6 所示。

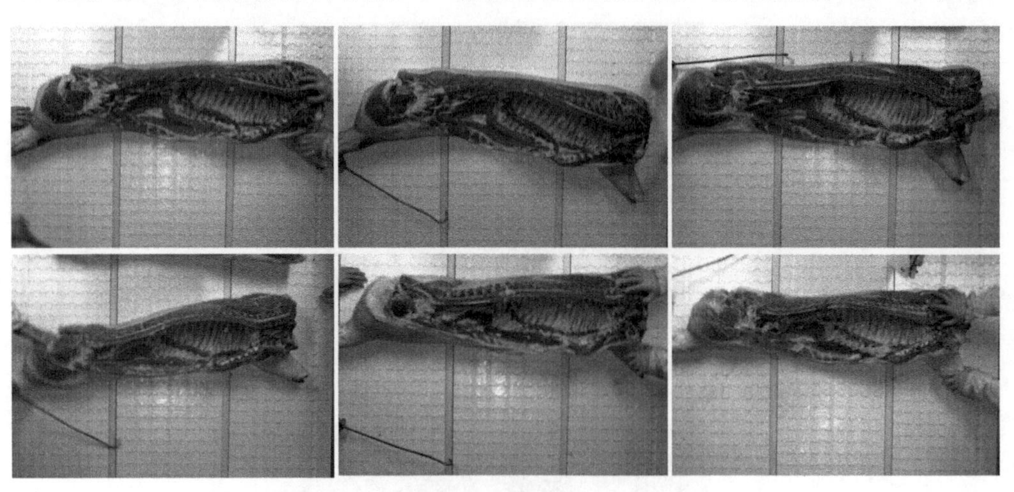

图 8-6　测试结果

在 Visual Studio 平台上，使用 PCL 三维点云开源库完成融合点云的数据处理算法。整个算法分为胴体参数自主提取和估测两部分。胴体参数自主提取体长和质心两个点云数据的关键信息，用于下一步的估测，胴体参数自主提取如图 8-7 所示。

体长是指沿胴体方向的最远两点的距离。读入胴体的点云数据后，人工标定体长关键点，可准确得到体长长度。质心指质量的中心，认为是物体质量集中于该点的假想点。

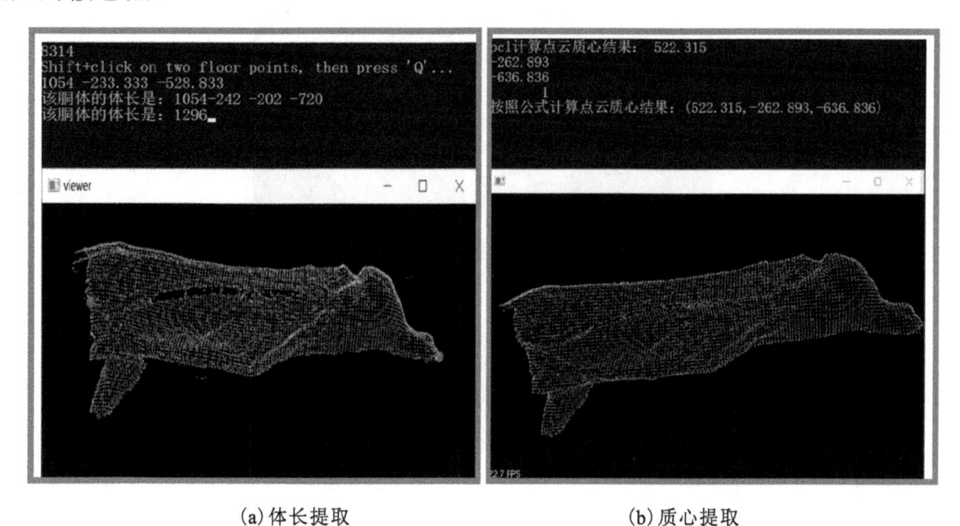

(a) 体长提取　　(b) 质心提取

图 8-7　胴体参数自主提取

8.2.1.4　基于多源信息融合的畜类脊骨、肋骨、腿骨关键局部参数提取和估测实验

利用线激光扫描仪、X 射线线束器、相机、力传感器采集信息。激光点云图像用于获取夹持点，指导夹持臂的动作，X 射线用于规划刀的行进路径；相机用于获取当前状态下的切入点，二者结合即得到待切割的路径；力传感器用于在切割过程中碰到骨骼时对切割路径进行校正，四者结合完成整个切割过程。

实验室环境验证：基于选型的设备，设计了实验室设备验证环境，采用机器人 JAKAPro16 机械臂两台，用于持刀切割。线激光方案使用基恩士 LJ-X8000A 线激光测量仪，固定在一台机械臂上拍摄。X 射线线束器因环境要求需要单独的铅房，实验室环境下与切割设备分离，单独拍摄。

1) 线激光方案验证

线激光扫描仪可以扫描样品的空间形状，建立其表面空间形态的点云模型。通过猪腿表面的空间特征确定剔骨路径。但经过实验论证发现只通过表面特征设计出切割轨迹误差较大，对不同的猪腿，这条路径偏差超过±2cm 的误差允许范围，极大地增加了力反馈传感系统的设计难度，需要更高精度的轨迹设计方案。切割轨迹与猪腿骨骼关系较为密切，需要一种可以直接观测到骨骼的检测方式，猪后腿线激光扫描图如图 8-8 所示。

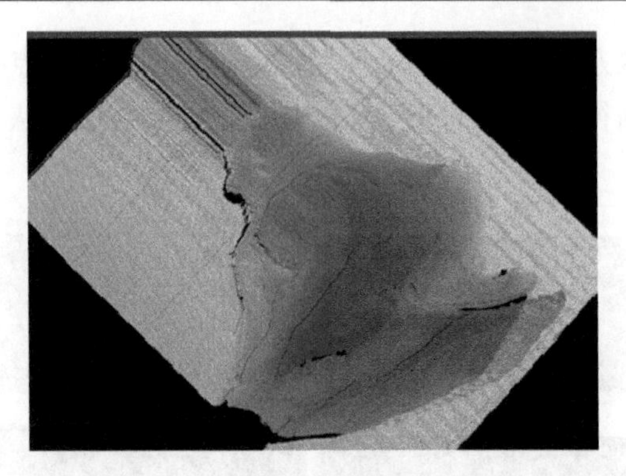

图 8-8　猪后腿线激光扫描图

2) X 射线方案验证

经过实验验证，线激光扫描仪并不能完成既定的剔骨生产线要求，故又选择了 X 射线线束器来完成猪腿剔骨过程。X 射线的穿透作用可以把猪腿部分密度不同的骨骼、肌肉、脂肪等软组织区分开来。X 射线穿过猪腿时，受到不同程度的吸收，如骨骼吸收的 X 射线量比肌肉吸收的 X 射线量要多，那么通过猪腿后的 X 射线量就不一样，根据猪腿各部密度分布的信息，在荧光屏上或摄影胶片上引起的荧光作用或感光作用的强弱就有较大差别，因而在荧光屏上或摄影胶片上经过显影、定影后将显示出不同密度的阴影。X 射线机可以即时成像，满足生产线快速生产的需求，X 射线采集猪腿骨图如图 8-9 所示。

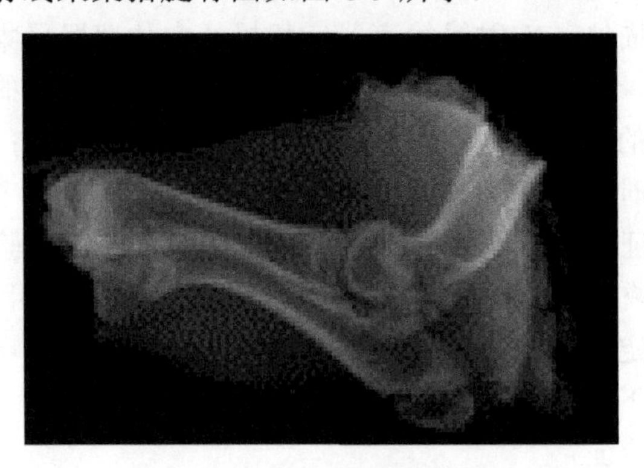

图 8-9　X 射线采集猪腿骨图

为了处理拍摄到的 X 射线图像，并获取完整的骨骼区域和边缘，设计一种基于深度学习的 X 射线图像骨骼检测方法与系统，如图 8-10 所示。通过构建两阶段双 U 型网络，对 X 射线图像中的骨骼区域和边缘进行检测，两阶段特征提取和细化操作能保证检测的准确率，同时保障图像处理的速度。

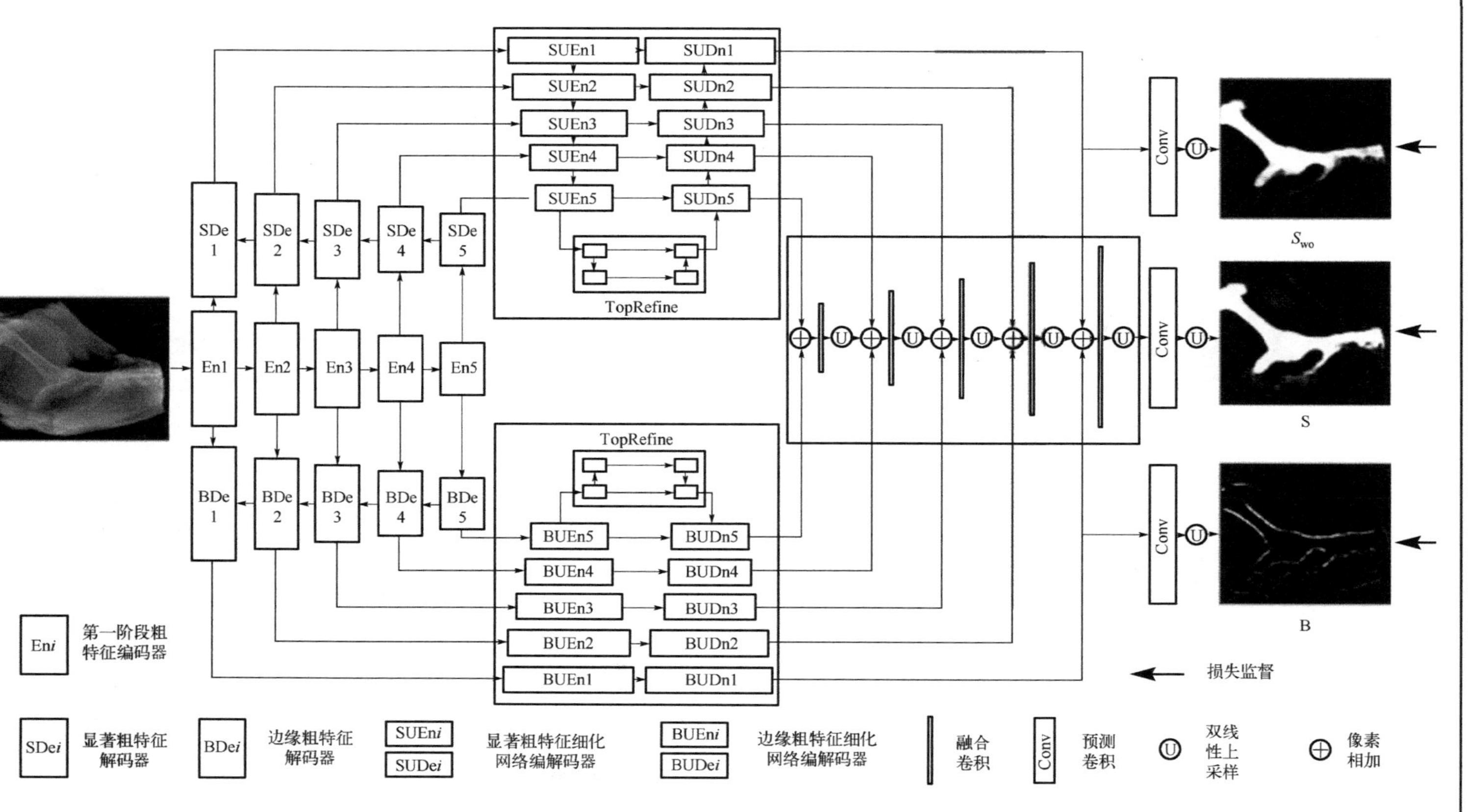

图 8-10　基于深度学习的 X 射线图像骨骼检测方法与系统

3) 相机方案验证

通过处理彩色工业图像获取当前状态下的抓取点和切入点，如图 8-11 所示。

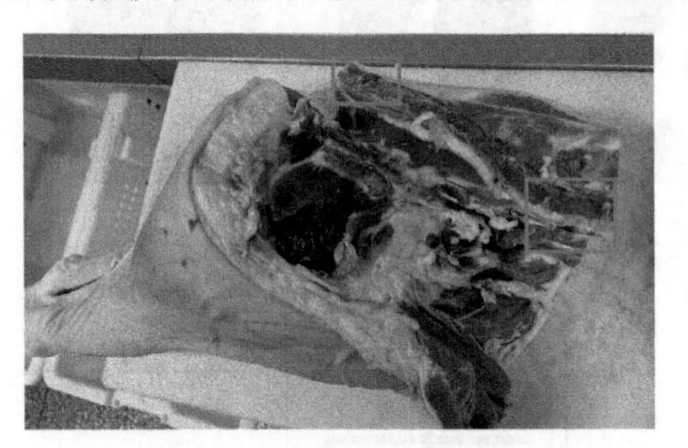

图 8-11　猪腿剔骨切入点

4) 力传感方案验证

设备选型：Abaqus 是一套功能强大的有限元软件，可解决很多复杂的非线性问题。柔性生物材料(肉、腱)由于其超弹性、高韧性、黏性等特点，在刀具接触材料时，极易发生变形。当刀具引起的变形导致局部应力超过材料强度时，材料就会断裂。大变形和断裂问题会引起几何非线性、边界非线性、材料非线性问题。因而选用 Abaqus 进行仿真模型，采用 Cohesiveelement 进行断裂模拟。由于其复杂的材料特性，不同的切割速度、滑移比会影响切割效果(切割力、变形程度)。通过仿真模型结果和少量实验验证，获取合适的工艺参数，为后续的基于力觉反馈的剔骨路径规划提供基础。

实验室环境验证：为了简化计算，先从最简单的柔性生物材料——凝胶进行仿真，仿真维度为二维仿真。

方案验证：选取仿真过程中切割断裂前、切割断裂、结束切割前、结束切割四个时刻来观察切割变形情况及全局应力特征，如图 8-12 和图 8-13 所示。可以发现，在断裂前，柔性材料变形较大，且刀尖应力很大。断裂后材料与刀具的接触应力降低，切割结束后应力更低。

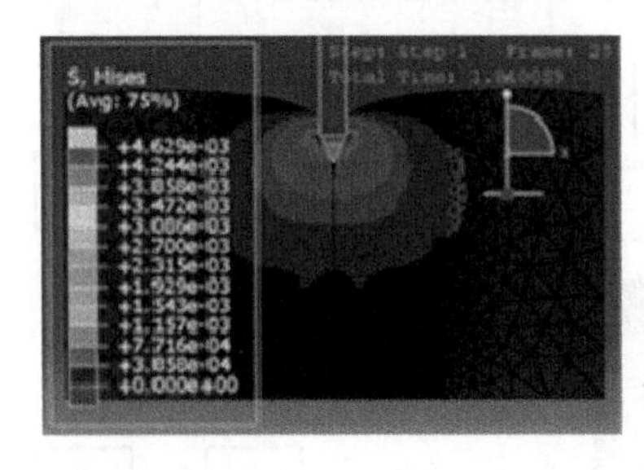

(a) t=1.84s

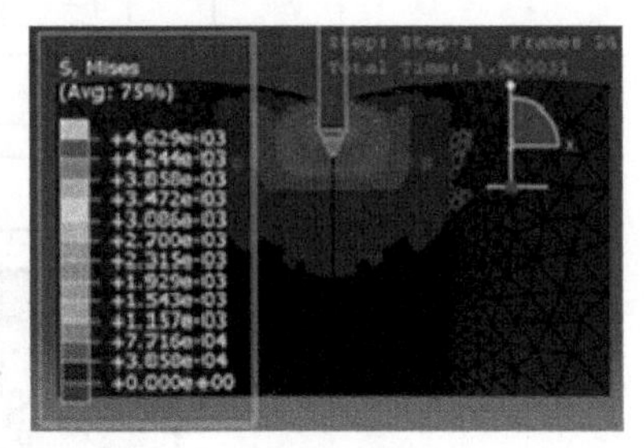

(b) t=1.92s

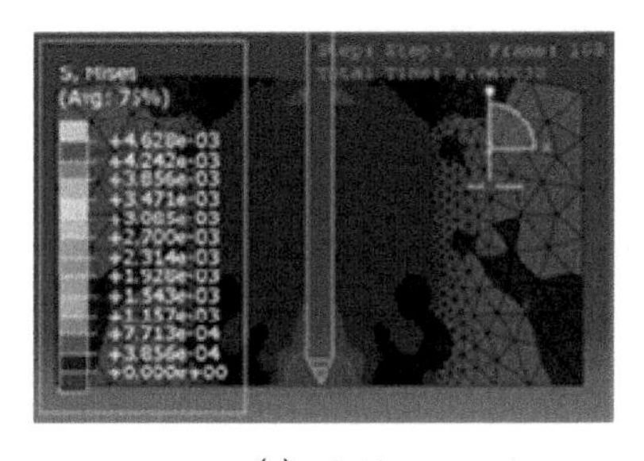

(c) t=8.64s

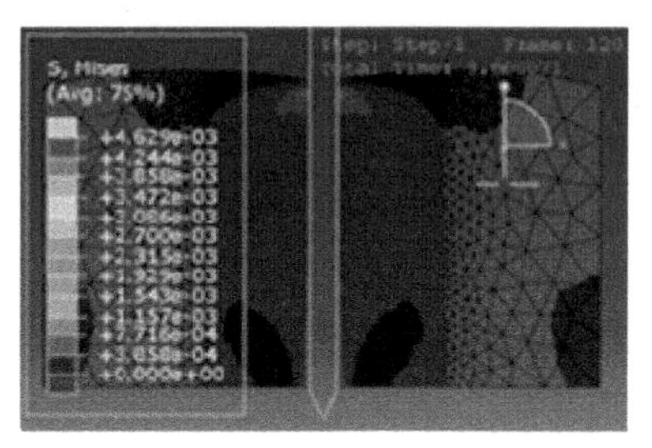

(d) t=9.60s

图 8-12　部分切割时刻特征

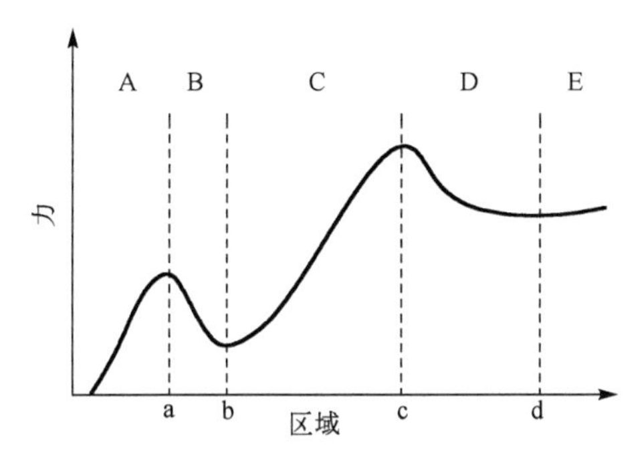

(a) 实际切割物体的五个阶段

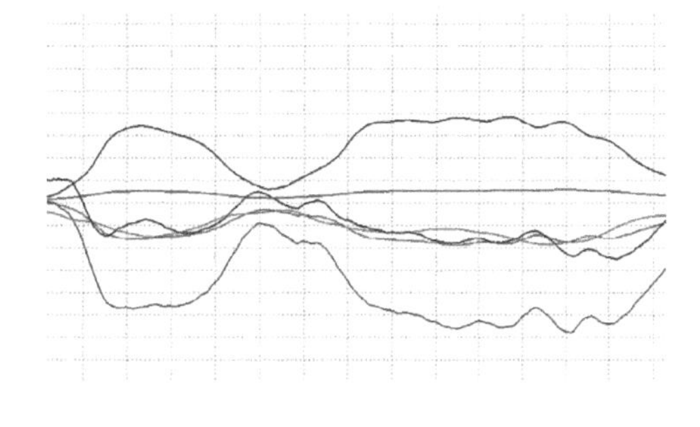

(b) 力-位移图(仿真结果)

图 8-13　切割的力-位移图

根据以上仿真结果可以发现，由凝胶仿真得到的模拟特征与实际相符，下一步对畜类肉品中的实际材料(肉、腱)进行材料、断裂参数测定，并根据测试结果推进该部分实施方案。

设计需求：针对猪后腿剔骨任务，拍摄单幅 X 射线骨骼图片、分离骨骼、三维重构，根据三维模型规划剔骨路径的方案。

方案设计：

(1) 网络：使用传统 CNN 网络进行训练，验证方案可行性，之后使用先进训练方法进行优化。

(2) 数据集：前期使用哺乳动物头骨 CT 扫描数据构建数据集，使用 DRR 图像代替 X 射线图像进行训练，之后拍摄少量的猪腿骨 CT 扫描数据进行验证。若使用哺乳动物头骨数据集训练得不出满意的效果，则拍摄一定数量的猪腿骨 CT 扫描数据用于网络训练。

(3) 预期结果：训练出的网络可以移植到生产环境中使用，实时拍摄一幅 X 射线图像，通过其他处理分离出其中骨骼部分，利用网络输出骨骼的三维模型，其重构误差在 5%以内。

8.2.2 畜类胴体自主切块实验

针对现有畜禽类肉品切块装置不具备自主切割路径规划功能且无法完成自主切块的问题，设计一种“粗-细”多级自主调节控制策略。

1) 不同部位特征分析

首先根据猪的不同部位特征加以分析，制定高效精准的分割方式。其次收集二分体猪胴体的数据集，经过识别算法优化处理、训练检测，得出了猪胴体识别的检测模型，猪肉胴体如图 8-14 所示。最后运用该模型对猪胴体进行识别，初步得出猪胴体六分体精确分割的位置。

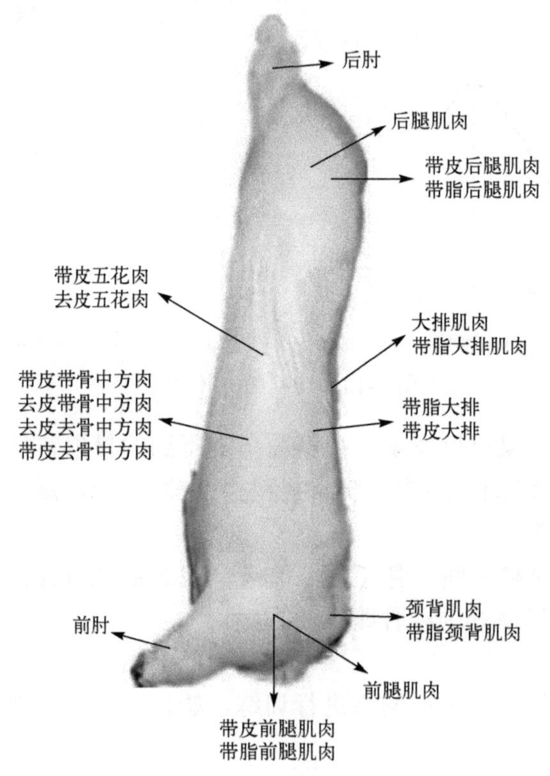

图 8-14　猪肉胴体图

2) 分割加工标准

六分体带皮前段的加工标准：从胴体的第五、六根肋骨之间平行分开的前腿部位，摘净甲状腺、外露淋巴结，无明显鞭伤、淤血、毛茬等。带(去)皮中段的加工标准：前从胴体的第五、六根肋骨之间平行分开，后从腰椎与荐椎连接处分开的腹肋部位，修去奶脯和膈肌(膈肌残留宽度不超过 1cm)，摘净残留的肾上腺、外露淋巴结，无明显鞭伤、淤血、毛茬等。带(去)皮后段的加工标准：从胴体的腰椎和荐椎连接处分开的后腿部位，修去内腿肉表面皮膘，表面无零乱碎肉，内侧仅修去软膘。摘净外露的淋巴结，无明显鞭伤、淤血、毛茬等。

3) 具体实验

实验利用三种色块表示猪肉胴体的前腿(绿色)、脊骨(红色)和后腿(黄色)，猪肉胴体图像的分割结果如图 8-15 所示。

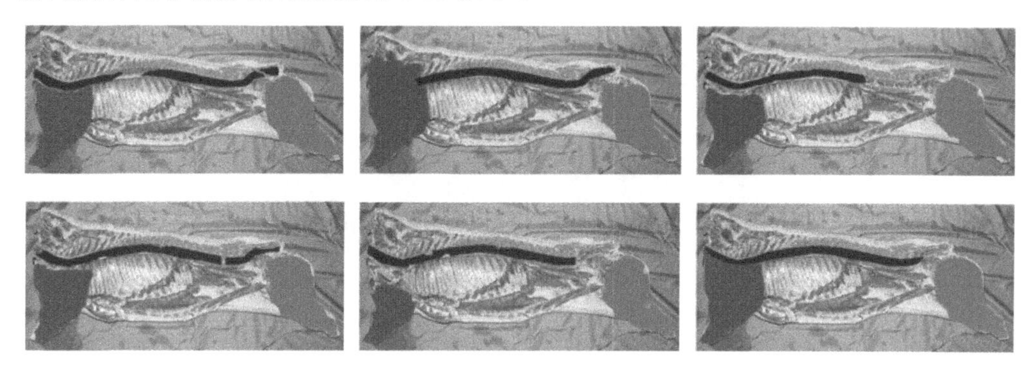

图 8-15　清晰猪肉胴体图像分割结果示意图(见彩图)

根据上述识别结果对自主切块装置进行运动轨迹规划，其中自主切块工作台如图 8-16 所示。首先，自主切块装置第一刀沿脊骨线进行切割，分离脊骨与肋排。然后第二刀对猪前腿与后腿进行切割，同时分离脊骨与前后腿的连接。自主切块示意图如图 8-17 和图 8-18 所示，分割结果分别如图 8-19 和图 8-20 所示。

图 8-16　自主切块工作台示意图

图 8-17　自主切块第一刀作业示意图

图 8-18　自主切块第二刀作业示意图

图 8-19　切块效果细节一示意图

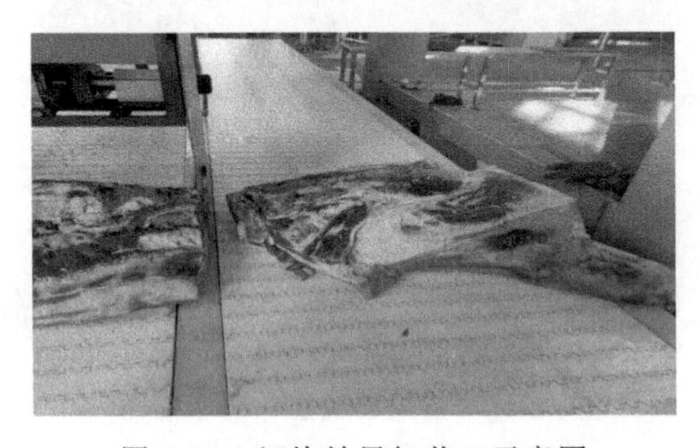

图 8-20　切块效果细节二示意图

8.2.3 自适应分级与分拣实验

设备选型：根据畜类(猪胴体)分级分拣总方案设计，整体环境搭建分为设备选型和固定装置设计两个主要部分。称重模块如图 8-21 所示。控制部分包括两台工控机，用于管理和协调所有数据收集和处理设备，以确保分级操作的准确性和高效性。

图 8-21　称重模块

在分拣模块中，采用自主设计的六自由度垂直关节机械臂，其前端夹爪采用气动设计，以实现灵活的分拣操作。此外，使用一台同型号的工业相机和工控机来监控和控制分拣过程，确保准确性和效率。包装模块采用全自主包装机，将分级完成的猪胴体进行包装，以确保产品的卫生和安全。整个系统的设计旨在实现高效的分级分拣过程，以满足畜类(猪胴体)加工的需求。

在畜类分级分拣实验中，搭建了一套完整的实验环境，包括称重模块、分级模块和分拣模块。首先，猪肉样本经过称重模块进行称重，然后传送带将其引导至分级模块。

在分级模块中，如图 8-22 和图 8-23 所示，线激光先进行数据采集，获取猪肉样本的三维点云信息，接着深度相机工作，获取 RGB 图像和深度信息，并通过计算机处理得出表面积、体积等参数。工业相机获取高清 RGB 图像，以便后续肉色和脂肪色等数据的提取。高光谱相机采集光谱信息。

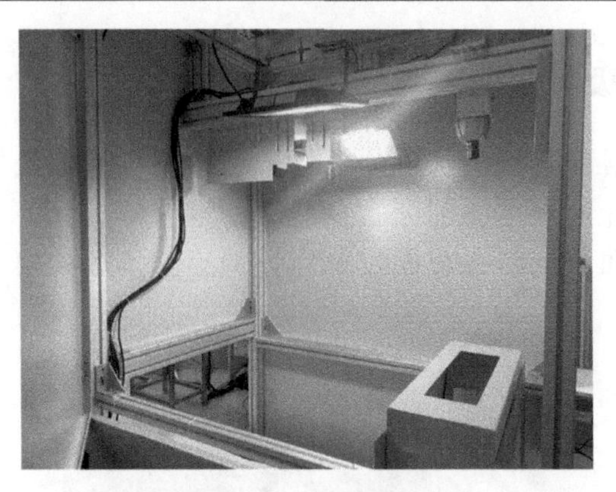

图 8-22　分级模块

机械臂采集装置通过运动获取肉品的全方位图片，便于获取皮下脂肪最大厚度等信息。采集完成后，所有数据传输到计算机进行处理，分析各项指标并得出具体数值，用于进行猪肉样本的分级。

图 8-23　分级模块

分级信息随后传输到分拣模块，如图 8-24 所示，六自由度垂直关节机械臂根据等级信息进行相应等级的包装部分抓取，最终实现对猪肉样本的自动分级和分拣，提高畜类生产线的效率和精度。

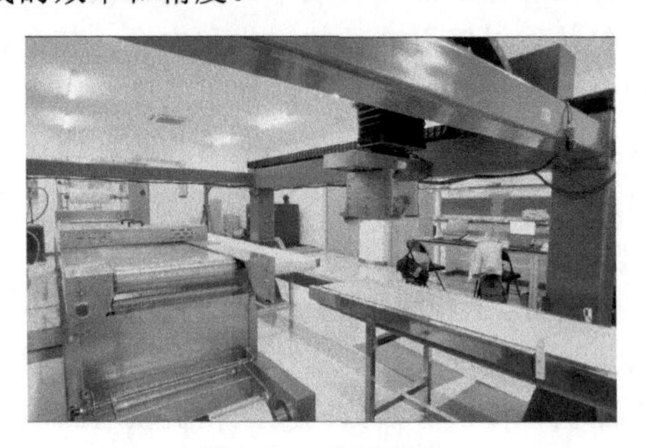

图 8-24　分拣模块

8.2.4　畜类胴体剔骨实验

实验设备包括：剔骨刀、猪腿肉、摄像机、六维力觉传感器、六自由度机器人、计算机。根据视觉相机反馈的图像信息预生成分割路径，设备图如图 8-25 所示。

图 8-25　实验设备图

剔骨实验数据包括 12 组切割关键点位数据记录，用于对畜类胴体自主剔骨下刀点位置进行检测与调整，为机器人下刀提供位置坐标信息。在对猪腿进行剔骨作业之前，首先采集记录猪腿整体数据，然后通过畜类胴体快速自主剔骨机器人工作站进行分割。根据切割实验，得出机器人处于切割关键点位时的位置坐标信息，通过切割效果，不断地调整机器人处于切割关键点位处的位置信息，达到更好的切割效果。分割完成后采集记录骨骼重量、剔下的肉品重量、合格产品的重量。

根据上述肌骨分割线生成结果对剔骨装置进行执行规划，畜类胴体快速自主剔骨机器人工作站测试平台如图 8-26 所示。

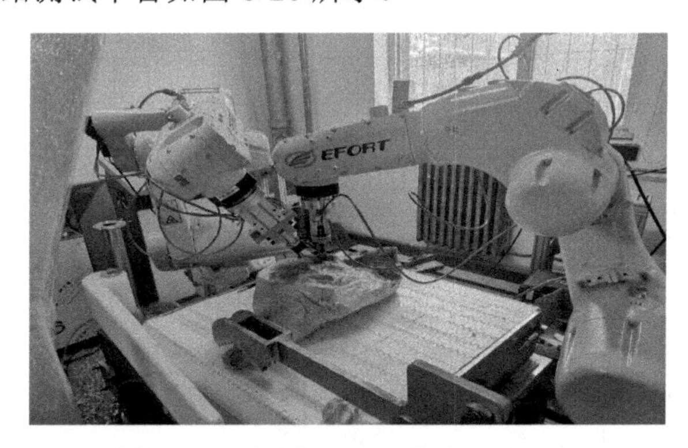

图 8-26　剔骨机器人工作站测试平台

在实验中六维力觉传感器安装于机械臂末端，刀具固定在六维力觉传感器上，肉品固定于水平面上。机械臂带动刀具对桌面上的肉品进行切割，设定六维力觉传感器采集数据频率为 10Hz，采样时间为 22.8s。

对于测试对象一的参数采集结果为：长宽为 600mm×350mm；高/尾骨末端高度为 165/125mm；尾叉骨与桌面角度判定为中等；凹陷程度判定为较深(约 20mm)。测试对象一的实物图如图 8-27 所示。

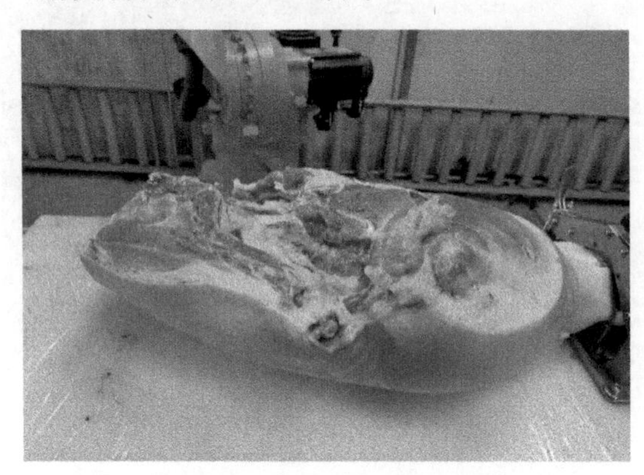

图 8-27　测试对象一实物图

测试对象一实验切割关键点位数据记录结果如表 8-1 所示。根据数据分析对刀具运动轨迹做出调整，第四刀起始点变化为：831.07、−767.43、699.83、−77.13、−86.6、74.15。

表 8-1　对象一切割关键点位数据记录表　　单位：mm

	位置	*X*	*Y*	*Z*	*A*	*B*	*C*
第一刀	关节 1	1002.3	−709.78	689.08	−39.42	−5.65	−1.8
	关节 2	1006.84	−687.13	687.44	−33.59	−5.44	−2.36
第二刀	夹爪偏移			−60			
				650			
第三刀	夹爪转角					−10	7
第四刀	起始点	830.66	−780.29	715.13	−77.17	−86.6	74.19
	1 偏移			−90/−100			
	2 偏移	15	130/140	−30			
	3 偏移	20				8	−17/−19
				−80/−90			
	4 偏移	−20	50/60	−10/−20	13		
	5 偏移		80/90				

通过多次实验确定刀具大致起刀点后，针对月牙骨剔骨示教位置进行实验。对于测试对象七的参数采集结果长宽为 470mm×260mm；测试对象七的示教点位图如图 8-28 所示。

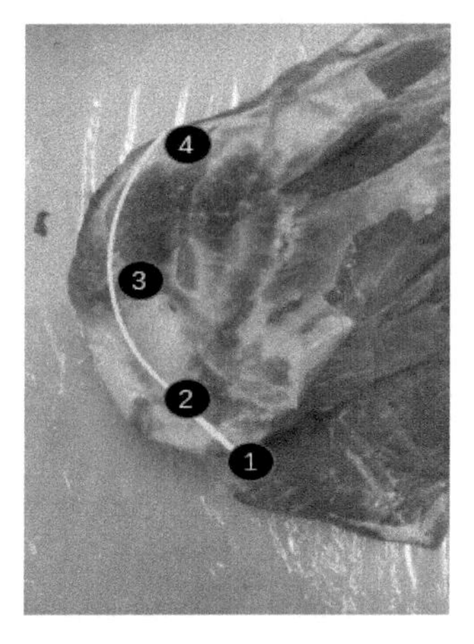

图 8-28　测试对象七示教点位图

测试对象七示教点偏移量数据记录结果如表 8-2 所示。根据数据分析得出调试结论：刀具移动到示教位置 3 的正上方后沿着 Z 轴向下偏移，可以找到合适的位置 3，位置 4 可以由示教得到。月牙骨采用此种方法还是会出现软骨不能正常分割的现象，应该加大第一步刀具的偏移量。扇骨的剔除经过测试后，确定加持设备与剔骨设备之间互不影响，测试对象七示教点偏移量数据如表 8-2 所示。

表 8-2　测试对象七示教点偏移量数据记录表　　单位：mm

	位置	X	Y	Z	A	B	C
月牙骨	1	915.53	−709.81	624.96	−41.18	−7.31	1.77
	2 偏移		20				
	3 偏移后	977.98	−653.24	620	−53.24	−3.63	2.41
	4	1072.23	−642.87	629.34	−89.05	−6.05	7.31

通过重复实验确定剔骨关键点位数据，部分畜类个体剔骨关键点位数据见附录Ⅰ。

8.2.5　差异化个体包装实验

包装环节对已分割的冷却肉的及时处理至关重要，自主包装设备的研制虽然提高了作业效率、降低了生产成本，但为保证包装的大小精度、对齐效果、塑封效果与密封性，进行差异化个体包装实验验证包装完整性。

1) 包装分割肉信息获取

畜类胴体分级与分拣实验中对生产线上的分割肉进行信息采集，其中分割肉的质量、表面积、体积等参数作为包装结构自适应调整的数据参考已上传至云端服务器，可以实时获取包装分割肉的具体参数。

2) 模具自适应变构

自动变构内胆装置通过步进电机、伺服电机、支撑杆、变构型夹板、丝杠、固定板、连接板、溜板等核心零件，实现模具尺寸的自动调整。多用途变构型模具通过方形变构夹板、椭圆形变构夹板，利用丝杠伸缩控距以适应不同肉胴体的包装需求。利用步进电机和伺服电机驱动，确保模具按照深度相机反馈的信号值自动变构，实现胴体分割肉的不同尺寸包装。

3) 操作平台设置

通过分级模块中的深度相机对肉胴体进行扫描、识别、分析，得出胴体体积形状的尺寸后，传输信号给变构模具，实现胴体尺寸的自适应调整。整体工作流程通过深度相机识别肉胴体大小数据，进行数据分析与上传，实现对不同肉胴体的分割肉采用不同大小的包装，且操作简单。操作平台如图 8-29 所示。

图 8-29　操作平台示意图

4) 具体实验

包装分割肉信息获取过程如图 8-30 所示。

图 8-30　包装分割肉信息获取示意图

模具自适应变构过程如图 8-31 所示。

图 8-31　模具自适应变构示意图

包装入料口过程如图 8-32 所示。

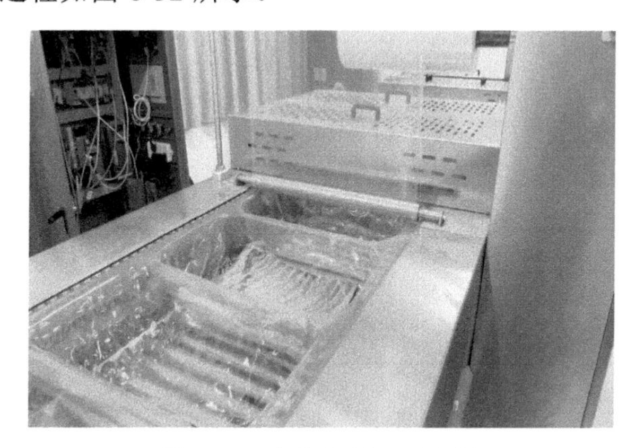

图 8-32　包装入料口示意图

包装出料口过程如图 8-33 所示。

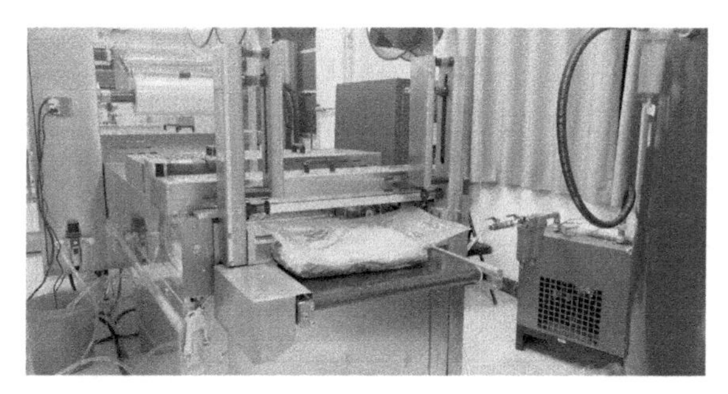

图 8-33　包装出料口示意图

8.3　效 果 评 估

8.3.1　胴体三维构建实验效果评估

三维构建准确率、漏检率、坏点率的基本测算方法如下

$$准确率=\frac{实际数据-观测数据}{实际数据}\times 100\% \tag{8-1}$$

$$漏检率=\frac{漏检坐标点位数量}{2176000}\times 100\% \tag{8-2}$$

$$坏点率=\frac{坏点坐标点位数量}{2176000}\times 100\% \tag{8-3}$$

胴体三维构建实验通过对多组畜类胴体点云数据进行采集，数据集采集时间精度为 3m/s，时间范围为可全天持续工作，空间范围为 1.5～1.8m^2，数据集精度跟随相机精度可达 5mm，每组实验坐标数据采集量为 2176000 个。表 8-3～表 8-5 为几组实验的部分坐标数据。

表 8-3　第一组实验采集部分坐标数据表　　单位：mm

	X	*Y*	*Z*		*X*	*Y*	*Z*
观测数据	1763	230.5	−1432	实际数据	1763	230.5	−1395
	1761	230.5	−1433		1761	230.5	−1395
	1764	230.5	−1442		1764	230.5	−1394
	951	−251.5	−531		951	−251.5	−501
	950	−251.5	−531		950	−251.5	−501
	949	−251.5	−532		949	−251.5	−499
	357	−251.5	−705		357	−251.5	***
	356	−251.5	−709		356	−251.5	−699
	355	−251.5	−713		355	−251.5	−684

表 8-4　第十四组实验采集部分坐标数据表　单位：mm

	X	Y	Z		X	Y	Z
观测数据	1241	210	−635	实际数据	1241	210	−625
	1240	210	−635		1240	210	−628
	1239	210	−639		1240	210	−631
	901	209	−689		901	209	−682
	900	209	−689		900	209	−681
	899	209	−689		898	209	−681
	765	−208	−734		765	208	−704
	764	−208	−734		764	208	−703
	762	−208	−735		762	208	−703

表 8-5　第五十八组实验采集部分坐标数据表　单位：mm

	X	Y	Z		X	Y	Z
观测数据	1002	207	−558	实际数据	1002	207	−528
	1001	207	−559		1001	207	−529
	1000	207	−559		1000	207	−529
	901	209	−689		901	209	−682
	900	209	−689		900	209	−681
	899	209	−689		898	209	−681
	765	−208	−734		765	208	−704
	764	−208	−734		764	208	−703
	762	−208	−735		762	208	−703

在对畜类胴体进行三维构建实验后，采集记录加工现场数据。根据三维构建坐标点检测准确率、漏检率、坏点率的计算公式计算得到：胴体三维构建坐标点检测准确率能够达到 97%，漏检率控制在 5%以内，坏点率不足 1%。

8.3.2　畜类胴体自主切块实验效果评估

根据采集到的数据和式(8-4)计算切割误差，表 8-6～表 8-8 为几组实验的数据。

$$\text{切块误差} = \frac{\left|\text{前腿理论值} - \text{前腿测试值}\right| + \left|\text{后腿理论值} - \text{后腿测试值}\right| + \left|\text{脊骨理论值} - \text{脊骨测试值}\right|}{3} \tag{8-4}$$

表 8-6　测试对象一自主切块数据记录表　　单位：mm

序号	切块部位	前腿切块理论值	前腿切块测试值	后腿切块理论值	后腿切块测试值	脊骨切块理论值	脊骨切块测试值	二分体切块误差	是否合格
1	二分体	487.5	485.6	455.8	455.5	194.4	196.3	1.37	是

表 8-7　测试对象二十四自主切块数据记录表　　单位：mm

序号	切块部位	前腿切块理论值	前腿切块测试值	后腿切块理论值	后腿切块测试值	脊骨切块理论值	脊骨切块测试值	二分体切块误差	是否合格
24	二分体	438.2	438.4	445.6	444.3	227.7	226.4	0.93	是

表 8-8　测试对象九十六自主切块数据记录表　　单位：mm

序号	切块部位	前腿切块理论值	前腿切块测试值	后腿切块理论值	后腿切块测试值	脊骨切块理论值	脊骨切块测试值	二分体切块误差	是否合格
96	二分体	444.5	446.4	492.3	493.4	225.5	225.5	1.00	是

根据切块误差的计算公式计算，切块误差能够小于等于 2mm。部分测试实验数据见附录Ⅱ。

8.3.3　剔骨实验效果评估

剔肉率、合格率的基本测算方法如下

$$\text{剔肉率}=\frac{\text{剔肉前重量}-\text{剔肉后骨骼重量}}{\text{剔肉前重量}-\text{骨骼理论重量}}\times 100\% \tag{8-5}$$

$$\text{损耗率}=\frac{1-\text{剔肉后畜禽肉类合格产品重量}}{\text{剔肉前畜禽胴体重量}}\times 100\% \tag{8-6}$$

胴体剔肉合格率指剔肉后肉品达到合格产品的百分比，将形状完整、无破皮、碎骨及产品特定指标作为常规检验项。

通过多次实验确定月牙骨剔骨刀具的偏移量设置，在对测试对象十二进行实验时完成了剔骨操作。对于测试对象十二的参数采集结果长宽为 450mm×260mm；测试对象十二的实验前后对比图如图 8-34 所示。

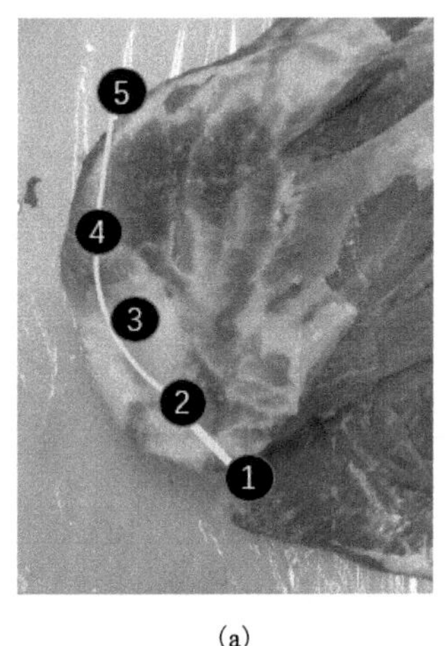

(a)

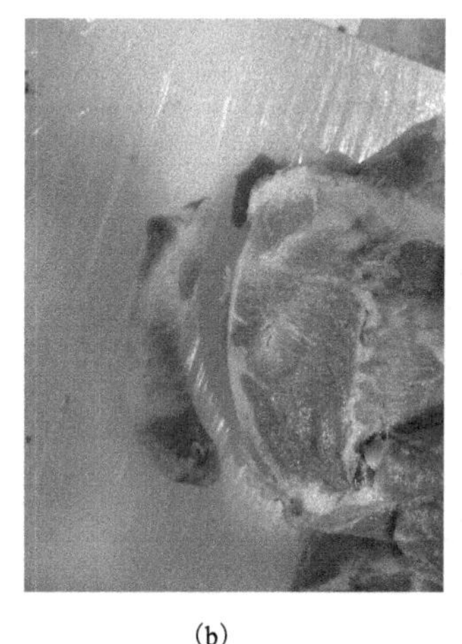

(b)

图 8-34　测试对象十二实验前后对比图

对于测试对象十二示教点偏移量数据记录结果如表 8-9 所示。

表 8-9　测试对象十二示教点偏移量数据记录表　　单位：mm

	位置	X	Y	Z	A	B	C
月牙骨 1	1	939.79	−730.66	604.81	−43.5	−7.8	−3.87
	2 偏移	10	35				
	3 示教偏移	1000.57	−680.65	605	−72.28	−7.32	0.21
	4 示教偏移	1046.95	−674.65	605	−106.4	−5.95	4.27
月牙骨 2	1	907.92	−734.01	608.8	−30.51	−7.26	−2.57
	2 偏移	10	35				
	3 示教偏移	954.37	−682.19	610	−54.14	−7.68	0.55
	4 示教偏移	1008	−659.91	610	−99.72	−5.09	5.88

畜类胴体快速自主剔骨机器人工作站运行实验后，实地采集记录了加工现场 135 组数据记录。剔骨工作站的剔肉率能够达到 95%，胴体合格率能达到 98%，损耗率低于 5%。部分测试实验数据见附录Ⅲ。

8.3.4　包装实验效果评估

根据采集到的数据和式(8-7)计算包装成功率。基本测算方法为

$$包装成功率=\frac{成功包装产品数}{实验包装组数}\times 100\% \tag{8-7}$$

表 8-10～表 8-12 为几组实验的数据。

表 8-10　第一组包装对比实验数据记录表

表面积/m^2	平均密度/kg/m^2	肥瘦比	脂肪覆盖率	是否合格
0.128	9.62	84.7%	48.7%	是
0.119	9.84	81.2%	41.4%	是
0.129	9.35	83.5%	45.6%	是
0.114	9.04	80.7%	40.5%	否
0.123	9.75	82.8%	42.7%	是

表 8-11　第二组包装对比实验数据记录表

表面积/m^2	平均密度/kg/m^2	肥瘦比	脂肪覆盖率	是否合格
0.118	9.19	85.4%	47.2%	是
0.121	9.36	88.1%	47.2%	是
0.123	9.55	84.0%	49.9%	是
0.124	9.10	85.0%	46.6%	是
0.111	9.42	84.8%	45.5%	是

表 8-12　第三组包装对比实验数据记录表

表面积/m^2	平均密度/kg/m^2	肥瘦比	脂肪覆盖率	是否合格
0.114	9.60	83.3%	42.5%	是
0.114	9.33	80.8%	42.9%	是
0.129	9.01	89.8%	42.7%	是
0.122	9.17	82.6%	40.1%	否
0.121	9.32	88.3%	40.9%	否

根据包装成功率的计算公式计算，包装成功率能够达到 74%。部分测试实验数据见附录Ⅳ。

8.4　本章小结

畜类胴体加工示范应用包括自主加工示范线的搭建、胴体加工运行实验以及效果评估三个关键环节。在搭建示范线过程中，需要精心挑选设备并合理配置，经过安装和调试后，确保示范线的稳定运行。随后进行加工实验，对不同类型的畜类胴体进行加工处理，同时记录关键参数并分析以寻找最优工艺。最后，对示范线的性能和效率进行评估，综合分析加工质量、产量以及成本等因素，并结合操作人员的反馈做出改进决策。这一系列步骤旨在验证示范线的可行性和实用性，并为企业的生产活动提供指导和借鉴，推动畜类肉品加工行业的持续创新和发展。

附录Ⅰ　剔骨关键点位部分数据

单位：mm

名称	x_1	y_1	x_2	y_2
Image_0004.bmp	156	109	81	101
Image_0005.bmp	163	95	84	102
Image_0006.bmp	152	112	76	96
Image_0008.bmp	158	144	81	174
Image_0009.bmp	159	117	82	147
Image_0010.bmp	161	67	81	78
Image_0018.bmp	156	72	75	57
Image_0019.bmp	163	88	74	94
Image_0024.bmp	161	74	82	62
Image_0028.bmp	164	93	83	82
Image_0029.bmp	156	128	83	137
Image_0032.bmp	157	60	84	72
Image_0034.bmp	159	63	82	79
Image_0035.bmp	163	107	78	106
Image_0036.bmp	159	78	79	86
Image_0040.bmp	163	108	81	101
Image_0041.bmp	160	128	81	118
Image_0043.bmp	158	141	77	135
Image_0045.bmp	160	63	78	77
Image_0051.bmp	159	71	79	79
Image_0052.bmp	160	131	72	121
Image_0053.bmp	163	98	78	95
Image_0055.bmp	167	121	77	118
Image_0057.bmp	156	121	79	114
Image_0058.bmp	158	87	77	91
Image_0066.bmp	158	60	78	70
Image_0067.bmp	158	161	78	145
Image_0068.bmp	159	116	84	121
Image_0070.bmp	158	150	80	144

续表

名称	x_1	y_1	x_2	y_2
Image_0072.bmp	158	54	79	65
Image_0073.bmp	159	137	72	131
Image_0074.bmp	161	92	75	81
Image_0075.bmp	158	90	78	112
Image_0082.bmp	159	138	76	137
Image_0085.bmp	160	74	82	81
Image_0087.bmp	165	66	80	75
Image_0088.bmp	158	102	78	90
Image_0089.bmp	160	83	77	109
Image_0091.bmp	162	150	78	104
Image_0094.bmp	163	56	80	73
Image_0098.bmp	159	117	78	111
Image_0099.bmp	160	89	77	107
Image_0105.bmp	163	64	84	76
Image_0111.bmp	159	63	78	67
Image_0113.bmp	159	79	79	87
Image_0117.bmp	158	97	77	74
Image_0126.bmp	164	96	80	79
Image_0128.bmp	159	92	77	101
Image_0130.bmp	159	88	70	103
Image_0132.bmp	160	109	77	92
Image_0133.bmp	160	102	76	74
Imagea_0005.bmp	165	163	79	148
Imagea_0006.bmp	167	131	78	115
Imagea_0007.bmp	162	111	65	127
Imagea_0008.bmp	156	72	67	91
Imagea_0011.bmp	157	155	63	141
Imagea_0015.bmp	157	149	72	133
Imagea_0016.bmp	164	140	73	126
Imagea_0020.bmp	161	72	79	92
Imagea_0025.bmp	161	140	75	125
Imagea_0027.bmp	155	62	76	67
Imagea_0029.bmp	153	54	73	73
Imagea_0031.bmp	158	100	70	119
Imagea_0032.bmp	161	130	74	122

续表

名称	x_1	y_1	x_2	y_2
Imagea_0033.bmp	159	46	77	70
Imagea_0038.bmp	166	135	78	128
Imagea_0043.bmp	156	62	78	91
Imagea_0045.bmp	153	89	77	105
Imagea_0049.bmp	158	111	73	101
Imagea_0054.bmp	165	77	82	85
Imagea_0056.bmp	157	81	75	94
Imagea_0062.bmp	159	90	80	110
Imagea_0066.bmp	159	87	67	104
Imagea_0067.bmp	160	149	74	150
Imagea_0069.bmp	169	77	76	88
Imagea_0078.bmp	160	102	75	102
Imagea_0080.bmp	156	119	67	106
Imagea_0088.bmp	155	71	68	90
Imagea_0090.bmp	153	70	61	80
Imagea_0097.bmp	168	97	72	113
Imagea_0100.bmp	157	147	72	132
Imagea_0103.bmp	160	145	81	137
Imagea_0104.bmp	162	72	78	91
Imagea_0106.bmp	151	98	61	104
Imagea_0112.bmp	161	79	76	80
Imagea_0115.bmp	158	88	79	99
Imagea_0117.bmp	162	108	78	117
Imagea_0119.bmp	163	72	81	77
Imagea_0121.bmp	161	53	79	75
Imagea_0124.bmp	160	56	81	73
Imagea_0126.bmp	163	33	79	58
Imagea_0128.bmp	156	108	78	124
Imagea_0129.bmp	154	105	80	129
Imagea_0132.bmp	163	124	76	115
Imagea_0134.bmp	158	95	71	114
Imagea_0135.bmp	159	50	81	69
Imagea_0137.bmp	154	58	72	69
Imagea_0140.bmp	152	71	79	91
Imagea_0141.bmp	157	131	74	110

续表

名称	x_1	y_1	x_2	y_2
Imagea_0142.bmp	160	98	76	107
Imagea_0143.bmp	159	156	86	149
Imagea_0145.bmp	161	63	81	89
Imagea_0146.bmp	159	50	73	65
Imagea_0150.bmp	163	143	82	141
Imagea_0151.bmp	157	54	80	75
Imagea_0155.bmp	161	74	81	90
Imagea_0156.bmp	159	83	77	106
Imagea_0158.bmp	159	73	78	103
Imagea_0164.bmp	154	42	80	70
Imagea_0167.bmp	160	68	85	91
Imagea_0170.bmp	159	81	80	99
Imagea_0171.bmp	158	31	81	49
Imagea_0172.bmp	164	44	82	59
Imagea_0173.bmp	164	116	81	103
Imagea_0174.bmp	157	120	78	126
Imagea_0175.bmp	168	45	82	54
Imagea_0177.bmp	163	51	80	67
Imagea_0179.bmp	163	51	80	67
Imagea_0183.bmp	160	105	81	95
Imagea_0185.bmp	160	39	77	67
Imagea_0186.bmp	158	72	82	93
Imagea_0189.bmp	167	115	73	116
Imagea_0191.bmp	164	70	79	89
Imagea_0195.bmp	153	47	77	67
Imagea_0200.bmp	155	52	74	67
Imagea_0202.bmp	161	50	84	76
Imagea_0206.bmp	157	66	76	92
Imageb_0003.bmp	168	119	87	133
Imageb_0011.bmp	156	161	77	165
Imageb_0028.bmp	168	99	82	112
Imageb_0030.bmp	154	135	75	134
Imageb_0033.bmp	156	166	77	153
Imageb_0043.bmp	169	128	87	153
Imageb_0044.bmp	164	92	78	107

续表

名称	x_1	y_1	x_2	y_2
Imageb_0045.bmp	158	137	79	146
Imageb_0046.bmp	157	113	79	122
Imageb_0047.bmp	169	94	83	105
Imageb_0055.bmp	163	105	78	113
Imageb_0058.bmp	158	138	82	149
Imageb_0059.bmp	159	110	83	124
Imageb_0070.bmp	159	67	75	75
Imageb_0071.bmp	163	173	71	154
Imageb_0072.bmp	163	143	78	127
Imageb_0074.bmp	164	99	81	108
Imageb_0077.bmp	163	148	81	160
Imageb_0078.bmp	168	119	82	131
Imageb_0079.bmp	165	88	81	100
Imageb_0080.bmp	166	62	81	74
Imageb_0092.bmp	167	145	83	143
Imageb_0096.bmp	163	170	82	183
Imageb_0097.bmp	168	141	85	148
Imageb_0099.bmp	164	155	80	168
Imageb_0100.bmp	164	130	80	144
Imageb_0108.bmp	163	135	79	146
Imageb_0115.bmp	163	110	82	131
Imageb_0116.bmp	162	81	81	103
Imageb_0125.bmp	166	131	80	129
Imageb_0126.bmp	163	110	81	121
Imageb_0127.bmp	162	78	79	91
Imageb_0135.bmp	167	116	77	150

附录Ⅱ　自主切块部分实验数据

单位：mm

序号	切块部位	前腿切块理论值	前腿切块测试值	后腿切块理论值	后腿切块测试值	脊骨切块理论值	脊骨切块测试值	二分体切块误差	是否合格
1	二分体	487.5	485.6	455.8	455.5	194.4	196.3	1.37	是
2	二分体	450.8	452.8	450.3	450	200	201.8	1.37	是
3	二分体	433	432.1	462.2	462.4	227	228.5	0.87	是
4	二分体	470.5	472.5	486	487.3	223.9	223.8	1.13	是
5	二分体	421.5	421.2	452.6	452.5	199.4	200.3	0.43	是
6	二分体	458.7	459	494.4	495.8	203.8	202.4	1.03	是
7	二分体	457.5	455.6	455	457	197.3	195.7	1.83	是
8	二分体	422.3	421.9	495.4	495	222.7	221.2	0.77	是
9	二分体	475	476.1	445.3	447.1	224.9	225.7	1.23	是
10	二分体	465.8	467.4	494.2	492.5	212.9	211.4	1.60	是
11	二分体	446.8	446.3	470.3	468.8	220.1	218.9	1.07	是
12	二分体	485.7	486.2	471.9	470.6	223.8	224.7	0.90	是
13	二分体	476.5	477	472.3	472.1	215	214.7	0.33	是
14	二分体	463.3	463.9	478.2	476.9	200.2	200.8	0.83	是
15	二分体	487.2	485.7	490	491.1	228.9	229.6	1.10	是
16	二分体	456.8	457.6	447.4	447.6	206.6	208.5	0.97	是
17	二分体	466	466.9	474.6	473.4	200.9	202.5	1.23	是
18	二分体	458.3	457.1	446.1	444.8	206.7	206.3	0.97	是
19	二分体	482	483.3	468.9	468.5	217.8	216.3	1.07	是
20	二分体	465.1	465.7	468	467.1	226.5	227.6	0.87	是
21	二分体	428.2	429	445.8	444.9	209	211	1.23	是
22	二分体	426.8	426.8	456.1	455.7	192.7	191.3	0.60	是
23	二分体	430.4	428.7	446.8	446.7	229.2	229.1	0.63	是
24	二分体	438.2	438.4	445.6	444.3	227.7	226.4	0.93	是
25	二分体	476.1	474.1	441.6	439.8	191.4	192.5	1.63	是
26	二分体	440.3	440	470.4	472.1	207.4	207.5	0.70	是
27	二分体	422.6	421.4	496.5	496	226.8	225	1.17	是
28	二分体	440.3	441.7	469.1	467.4	200.9	202.2	1.47	是

续表

序号	切块部位	前腿切块理论值	前腿切块测试值	后腿切块理论值	后腿切块测试值	脊骨切块理论值	脊骨切块测试值	二分体切块误差	是否合格
29	二分体	488.2	487	476.6	476.5	220.9	219.6	0.87	是
30	二分体	438.8	438.9	461.7	462	197.9	199.8	0.77	是
31	二分体	470.7	470	492.1	490.6	223.4	223.3	0.77	是
32	二分体	482.6	483.4	474.5	472.6	220.5	220.8	1.00	是
33	二分体	433.1	431.7	474.1	472.7	215.1	213.5	1.47	是
34	二分体	483.9	482.2	474.3	476.1	194.8	196	1.57	是
35	二分体	485.6	484.7	493.8	495.3	194.7	193.6	1.17	是
36	二分体	424.6	424.7	495.8	494.2	192.8	191	1.17	是
37	二分体	429.9	429.1	465.9	467.5	206.6	205.1	1.30	是
38	二分体	448.5	448.8	441.8	443.7	227.5	228.6	1.10	是
39	二分体	464.3	464.9	448	449.4	222.3	222.2	0.70	是
40	二分体	443.3	441.7	466.8	465.8	207.2	208.4	1.27	是
41	二分体	429.5	430.2	477.5	477.8	226.9	227	0.37	是
42	二分体	423.7	425.6	471.3	469.3	209.8	210	1.37	是
43	二分体	439.7	441	466.6	465.6	220.5	221.1	0.97	是
44	二分体	431.7	431.2	488.6	487.3	225.8	224.2	1.13	是
45	二分体	459.1	458	473.9	473.5	193	194.1	0.87	是
46	二分体	484.3	483.1	455.1	456.4	212.6	214.2	1.37	是
47	二分体	451.7	450.4	478.3	477.1	227.2	226.1	1.20	是
48	二分体	422.7	422.2	475.8	474.2	201.5	202.3	0.97	是
49	二分体	466.2	466.6	491.5	490	196	195.5	0.80	是
50	二分体	469.9	471.1	480.9	481.3	211.6	213.4	1.13	是
51	二分体	487.3	488.1	491.1	490.6	217.7	219.4	1.00	是
52	二分体	464.5	466.5	460.5	462.5	203.1	201.4	1.90	是
53	二分体	486.5	485.8	489.3	490	190	190.9	0.77	是
54	二分体	482.3	481.8	496.4	495	202.3	203.1	0.90	是
55	二分体	479.5	479.1	488.8	490.1	219.5	221.4	1.20	是
56	二分体	453.8	451.9	447.5	448.5	225.5	224.9	1.17	是
57	二分体	475.7	475.3	464.4	462.8	220.2	220.1	0.70	是
58	二分体	461.7	463.4	475.2	473.7	229.5	231.3	1.67	是
59	二分体	448.4	448.8	470.8	469.6	228	226.4	1.07	是
60	二分体	483.7	482.5	474.9	475.5	196.3	197.1	0.87	是
61	二分体	431.5	433.1	488.1	487.6	210.1	210.7	0.90	是
62	二分体	470.1	471.4	440.9	442.6	221.5	222	1.17	是

续表

序号	切块部位	前腿切块理论值	前腿切块测试值	后腿切块理论值	后腿切块测试值	脊骨切块理论值	脊骨切块测试值	二分体切块误差	是否合格
63	二分体	438.6	438.5	486.7	486.7	216.9	217.5	0.23	是
64	二分体	429.3	431.1	444.4	444.6	221.2	223	1.27	是
65	二分体	488.1	488.9	480	480.8	219.8	221.8	1.20	是
66	二分体	467.2	468.9	446.8	447.4	195	195.8	1.03	是
67	二分体	465.2	464.9	483.5	482.4	205.8	205.3	0.63	是
68	二分体	439	439	488.1	489.4	220.8	219.4	0.90	是
69	二分体	424	424.6	477.2	477	223.2	223.9	0.50	是
70	二分体	489.4	488.8	480.1	479	202.6	202.7	0.60	是
71	二分体	484.6	484	494.6	494.1	220.7	219.9	0.63	是
72	二分体	482.5	483.8	479.7	479	200.3	202	1.23	是
73	二分体	447.1	447.3	491	492.7	214.7	215.6	0.93	是
74	二分体	483.6	482.4	497.4	496.8	193.5	192.1	1.07	是
75	二分体	483.8	485.7	487.7	487.9	190.6	190.6	0.70	是
76	二分体	443.9	443.3	464.4	464	227	226.7	0.43	是
77	二分体	430.8	431.2	446.5	445.9	190.8	188.8	1.00	是
78	二分体	431.1	432.9	446.6	448.4	218.8	220.2	1.67	是
79	二分体	432.3	430.4	480.8	480.8	192.1	193	0.93	是
80	二分体	427.6	429	462.7	461.7	204.4	205.3	1.10	是
81	二分体	454.9	456.4	456.1	455.9	208.2	206.8	1.03	是
82	二分体	432.5	430.7	482.9	483.3	222.1	221.7	0.87	是
83	二分体	422	422.1	452.3	453.6	190.5	191.4	0.77	是
84	二分体	448.9	450.7	485.1	484.2	228	229.3	1.33	是
85	二分体	475.5	476.9	471.8	473.2	211.5	213.3	1.53	是
86	二分体	455.2	454.6	442	441.5	224	222.1	1.00	是
87	二分体	469.1	468.5	472.3	471.1	222.4	221.5	0.90	是
88	二分体	451.8	453.1	485.6	485.3	219.1	219.9	0.80	是
89	二分体	456.3	456.4	441.1	441	213	214.1	0.43	是
90	二分体	422.2	424	477	476.4	219.8	220.2	0.93	是
91	二分体	426.2	425.1	449.7	450.9	222.4	220.5	1.40	是
92	二分体	486.7	487.9	471.9	471.5	198.6	197.1	1.03	是
93	二分体	455.6	455.4	468.5	469.9	223	221.5	1.03	是
94	二分体	469.7	469.6	491.4	492.7	196.3	195.4	0.77	是
95	二分体	485	485.6	460.9	459	228.3	230	1.40	是
96	二分体	444.5	446.4	492.3	493.4	225.5	225.5	1.00	是

续表

序号	切块部位	前腿切块理论值	前腿切块测试值	后腿切块理论值	后腿切块测试值	脊骨切块理论值	脊骨切块测试值	二分体切块误差	是否合格
97	二分体	421.3	420.9	471.5	472.4	193.3	193.7	0.57	是
98	二分体	460.4	462.4	476.9	476	191.4	189.5	1.60	是
99	二分体	433.4	431.6	455.5	455.7	200.3	200.5	0.73	是
100	二分体	439.3	437.7	470	469.4	225.8	226.4	0.93	是
101	二分体	476	477.3	478.9	478.2	220	220.4	0.80	是
102	二分体	427.3	426.6	475.8	473.9	195.3	194	1.30	是
103	二分体	479.2	479.8	495.2	496.9	202	203	1.10	是
104	二分体	465.8	466.7	486	484.9	209.8	211.7	1.30	是
105	二分体	467.4	466.4	467	465.8	222.2	222.7	0.90	是
106	二分体	435.5	436.9	487.1	486.9	229.4	229	0.67	是
107	二分体	433.4	433.6	474.1	474.6	197.1	195.3	0.83	是
108	二分体	437.9	437.1	471.8	473.2	229.1	229.8	0.97	是
109	二分体	457.5	457.3	450.9	451.2	218.2	216.6	0.70	是
110	二分体	450	448.8	462.6	462.8	218.5	217	0.97	是
111	二分体	433.2	432.3	497.8	495.8	198.8	200	1.37	是
112	二分体	449.4	450.7	463	464.4	220.2	219.8	1.03	是
113	二分体	458	459.3	450.1	452	207.5	205.6	1.70	是
114	二分体	438.9	438.2	464.5	466	192.9	194.9	1.40	是
115	二分体	476.8	476.6	499.2	499.6	217.4	217.8	0.33	是
116	二分体	479.2	481.1	446.1	444.3	197.2	196.3	1.53	是
117	二分体	449.9	451.2	473.2	475.1	218.7	219.3	1.27	是
118	二分体	461.9	462.8	492.8	491.1	228.1	228.6	1.03	是
119	二分体	469.9	471.4	488.2	488.5	215.7	217.5	1.20	是
120	二分体	474.2	475.1	441.2	442.8	190.2	191.6	1.30	是
121	二分体	462.3	462.4	475.9	474	193.9	193	0.97	是
122	二分体	475.3	474.7	455	456.2	197.2	197.5	0.70	是
123	二分体	424.1	425.7	449.8	450.5	192.2	193.8	1.30	是
124	二分体	431.9	432.8	464.6	464.8	215.9	217.6	0.93	是
125	二分体	474.1	474.4	483.7	482.2	207.8	207.9	0.63	是
126	二分体	438.9	438.3	498.6	498.8	210.6	210.4	0.33	是
127	二分体	449	449.1	460.4	461.3	227.8	226.1	0.90	是
128	二分体	489.3	490.7	448.3	448.7	218.2	218.7	0.77	是
129	二分体	480.9	480.2	491.3	489.4	211.2	212	1.13	是
130	二分体	450.8	452.7	477.2	476.4	215.2	213.6	1.43	是

续表

序号	切块部位	前腿切块理论值	前腿切块测试值	后腿切块理论值	后腿切块测试值	脊骨切块理论值	脊骨切块测试值	二分体切块误差	是否合格
131	二分体	475.5	477.2	483	481	193.9	193.9	1.23	是
132	二分体	480.4	479	474.2	475.9	196.3	194.7	1.57	是
133	二分体	426	427.9	446.3	444.8	201.7	202.4	1.37	是
134	二分体	434.3	432.4	475.7	476.5	216.9	218.6	1.47	是
135	二分体	463.2	462.6	480.7	481.3	206	205.9	0.43	是
136	二分体	432.8	434.4	443.1	442	217.6	218.7	1.27	是
137	二分体	451.2	450.6	448.5	450.2	216.9	217.8	1.07	是
138	二分体	422.2	423	463.7	465.4	193.8	195.4	1.37	是
139	二分体	423.3	421.5	483.1	484.2	201.1	200.1	1.30	是
140	二分体	429.4	427.9	460	458.7	209.6	210.2	1.13	是
141	二分体	462.5	461.8	490	491.7	209.1	207.4	1.37	是
142	二分体	442	442.4	463.5	462.9	201.9	201.3	0.53	是
143	二分体	483.8	485.6	481	481.8	202.7	203.8	1.23	是
144	二分体	440.6	441.8	450.2	451	210.3	210.8	0.83	是
145	二分体	488.2	490.1	484.3	482.6	212.1	213.2	1.57	是

附录III　剔骨实验部分测试数据

注：后腿测试尾叉骨部分

序号	分割部位	剔肉前重量/kg	剔肉后骨骼重量/kg	骨骼理论重量/kg	剔肉率/%	剔下肉品的重量/kg	合格产品重量/kg	损耗率/%	是否合格
1	后腿	12	2.5	2.0	95.0	9.5	9.1	4.2	是
2	后腿	12.5	2.9	2.5	96.0	9.6	9.3	3.1	是
3	后腿	13	3.2	2.8	96.1	9.8	9.4	4.1	是
4	后腿	13.1	3.1	2.7	96.2	10	9.6	4.0	是
5	后腿	13.5	2.5	2	95.6	11	10.6	3.6	是
6	后腿	14.3	2.8	2.3	95.8	11.5	11	4.3	是
7	后腿	14.5	2.9	2.4	95.8	11.6	11.2	3.4	是
8	后腿	12.1	2.4	2.0	95.6	9.7	9.3	4.1	是
9	后腿	12.5	2.6	2.1	95.2	9.9	9.5	4.0	是
10	后腿	11.9	2.4	1.9	95.0	9.5	9.2	3.2	是
11	后腿	12.8	2.8	2.3	95.2	10	9.6	4.0	是
12	后腿	11.6	2.9	2.5	95.6	8.7	8.3	4.6	是
13	后腿	13.7	3.2	2.8	96.3	10.5	10.2	2.8	是
14	后腿	11.7	2.9	2.6	96.7	8.8	8.4	4.5	是
15	后腿	12.4	2.9	2.5	95.9	9.5	9.2	3.2	是
16	后腿	13.2	2.8	2.6	98.1	10.4	10.0	3.8	是
17	后腿	12.3	2.3	1.8	95.2	10	9.6	4.0	是
18	后腿	10.4	2.2	1.9	96.5	8.2	7.9	3.6	是
19	后腿	12.7	2.8	2.4	96.1	9.9	9.5	4.0	是
20	后腿	12.1	2.7	2.3	95.9	9.4	9.0	4.3	是
21	后腿	12.8	3	2.5	95.1	9.8	9.4	4.1	是
22	后腿	13.1	3.2	2.8	96.1	9.9	9.5	4.0	是
23	后腿	14	3.4	2.9	95.5	10.6	10.2	3.8	是
24	后腿	11.4	2.6	2.2	95.6	8.8	8.4	4.5	是
25	后腿	11.8	2.9	2.5	95.7	8.9	8.5	4.5	是
26	后腿	13.4	3.1	2.6	95.4	10.3	10.0	2.9	是
27	后腿	14.1	3.2	2.8	96.5	10.9	10.4	4.6	是

续表

序号	分割部位	剔肉前重量/kg	剔肉后骨骼重量/kg	骨骼理论重量/kg	剔肉率/%	剔下肉品的重量/kg	合格产品重量/kg	损耗率/%	是否合格
28	后腿	13.4	2.8	2.3	95.5	10.6	10.2	3.8	是
29	后腿	12.4	3	2.6	95.9	9.4	9.1	3.2	是
30	后腿	12.8	3.3	2.9	95.9	9.5	9.2	3.2	是
31	后腿	13.6	3.2	2.7	95.4	10.4	10.0	3.8	是
32	后腿	13.3	3.4	2.9	95.2	9.9	9.5	4.0	是
33	后腿	12.1	2.8	2.5	96.8	9.3	9.0	3.2	是
34	后腿	13.5	2.8	2.4	96.4	10.7	10.2	4.7	是
35	后腿	13.2	2.7	2.3	96.3	10.5	10.1	3.8	是
36	后腿	12.7	2.6	2.2	96.2	10.1	9.8	3.0	是
37	后腿	14.0	3.1	2.8	97.3	10.9	10.5	3.7	是
38	后腿	12.8	2.6	2.3	97.1	10.2	9.9	2.9	是
39	后腿	14.2	3.2	2.8	96.5	10.8	10.4	3.7	是
40	后腿	11.9	2.8	2.4	95.8	8.6	8.3	3.5	是
41	后腿	13.7	2.9	2.5	96.4	10.6	10.3	2.8	是
42	后腿	14.3	3.3	2.9	96.5	10.9	10.4	4.6	是
43	后腿	14.2	3.2	2.7	95.7	10.8	10.3	4.6	是
44	后腿	12.6	2.5	2.1	96.2	9.9	9.5	4.0	是
45	后腿	11.6	2.7	2.3	95.7	9.6	9.2	4.2	是
46	后腿	12.3	2.9	2.5	95.9	9.8	9.4	4.1	是
47	后腿	12.5	2.3	1.9	96.2	9.9	9.5	4.0	是
48	后腿	13.2	2.3	1.9	96.4	10.9	10.6	2.7	是
49	后腿	11.5	2.5	2.1	95.7	9.4	9	4.2	是
50	后腿	13.2	2.7	2.5	98.1	10.3	9.9	3.8	是
51	后腿	11.9	2.7	2.3	95.8	9.2	8.8	4.3	是
52	后腿	12.8	2.4	2	96.2	10.4	10	3.8	是
53	后腿	11.7	2.8	2.5	96.7	8.9	8.5	4.4	是
54	后腿	13.4	2.9	2.6	97.2	10.5	10.3	1.9	是
55	后腿	12.6	2.8	2.4	96.0	9.8	9.5	3.0	是
56	后腿	12.5	2.6	2.1	95.1	8.9	8.5	4.4	是
57	后腿	12.1	2.6	2.3	96.9	9.5	9.1	4.2	是
58	后腿	13.8	3.4	3	96.2	10.3	10	2.9	是

续表

序号	分割部位	剔肉前重量/kg	剔肉后骨骼重量/kg	骨骼理论重量/kg	剔肉率/%	剔下肉品的重量/kg	合格产品重量/kg	损耗率/%	是否合格
59	后腿	12.7	3.1	2.7	96	9.8	9.5	3.0	是
60	后腿	14.3	3.3	2.9	96.4	10.9	10.4	4.5	是
61	后腿	13.8	2.9	2.6	97.3	10.2	9.8	3.9	是
62	后腿	12.5	3.3	3.1	97.8	9.5	9.1	4.2	是
62	后腿	12.7	2.6	2.2	96.1	10.1	9.8	2.9	是
63	后腿	14.2	3.2	2.8	96.4	10.8	10.4	3.7	是
64	后腿	11.6	2.7	2.3	95.6	9.6	9.2	4.1	是
65	后腿	12.8	2.6	2.3	97.1	10.2	9.9	2.9	是
66	后腿	13.5	2.5	2.2	97.3	10.1	9.7	3.9	是
67	后腿	14.1	3.7	3.3	96.2	9.5	9.2	3.1	是
68	后腿	14.2	3.5	3	95.5	10.8	10.5	2.7	是
69	后腿	13.5	2.8	2.4	96.3	10.7	10.2	4.6	是
70	后腿	12.1	2.8	2.4	95.8	9.3	9	3.2	是
71	后腿	12.5	3.5	3.1	95.7`	10	9.7	3.0	是
72	后腿	14.5	2.9	2.4	95.8	11.6	11.2	3.4	是
73	后腿	11.9	2.6	2.4	97.8	8.6	8.3	3.4	是
74	后腿	12.6	2.7	2.5	98.0	9.9	9.6	3.0	是
75	后腿	11.6	2.7	2.3	95.6	9.6	9.2	4.1	是
76	后腿	14	3.6	3.2	96.2	10.4	10	3.8	是
77	后腿	13.4	2.8	2.3	95.4	10.6	10.2	3.7	是
78	后腿	12.8	3.3	2.9	95.9	9.5	9.2	3.1	是
79	后腿	12.7	2.6	2.3	97.1	10.1	9.7	3.9	是
80	后腿	13	3.2	2.8	96.0	9.8	9.4	4.0	是
81	后腿	13.1	2.7	2.4	97.0	10.4	10	3.8	是
82	后腿	12.7	2.6	2.2	96.1	10.1	9.8	2.9	是
83	后腿	13.7	2.9	2.6	97.2	10.6	10.2	3.7	是
84	后腿	12.6	2.7	2.3	96.1	9.9	9.5	4.0	是
85	后腿	11.6	2.7	2.4	96.7	9.6	9.3	3.0	是
86	后腿	11.8	2.9	2.5	95.6	9.9	9.6	3.0	是
87	后腿	13.7	2.9	2.6	97.2	10.6	10.2	3.7	是
88	后腿	11.9	2.6	2.4	97.8	8.6	8.3	3.4	是

续表

序号	分割部位	剔肉前重量/kg	剔肉后骨骼重量/kg	骨骼理论重量/kg	剔肉率/%	剔下肉品的重量/kg	合格产品重量/kg	损耗率/%	是否合格
89	后腿	12.3	3.5	3.2	96.7	7	9.9	2.9	是
90	后腿	14.1	3.7	3.5	98.1	9.5	9.1	4.2	是
91	后腿	12	2.5	2	95.0	9.5	9.1	4.2	是
92	后腿	13.8	2.9	2.6	97.3	10.2	9.8	3.9	是
93	后腿	13.7	2.9	2.5	96.4	10.6	10.4	1.8	是
94	后腿	12.1	2.8	2.4	95.8	9.3	9	3.2	是
95	后腿	14.5	2.9	2.4	95.8	11.6	11.2	3.4	是
96	后腿	11.9	2.8	2.4	95.7	8.6	8.3	3.4	是
97	后腿	13.8	3	2.6	96.4	10.2	9.9	2.9	是
98	后腿	13.7	2.9	2.5	96.4	10.6	10.4	1.8	是
99	后腿	12.4	2.9	2.6	96.9	9.5	9.2	3.1	是
100	后腿	12.8	3.3	3	96.9	9.5	9.2	3.1	是
101	后腿	13.6	3.2	2.7	95.4	10.4	10	3.8	是
102	后腿	11.7	3.6	3.3	96.4	8.9	8.5	4.4	是
103	后腿	14	3.2	2.9	97.2	10.8	10.6	1.8	是
104	后腿	11.9	2.8	2.4	95.7	8.6	8.3	3.4	是
105	后腿	12.8	2.6	2.2	96.21	10.2	9.8	3.9	是
106	后腿	14.1	3.3	2.9	96.4	9.8	9.5	3.0	是
107	后腿	12	2.5	2	95.0	9.5	9.1	4.2	是
108	后腿	12.8	2.6	2.3	97.1	10.5	10.1	3.8	是
109	后腿	13.3	3.4	2.9	95.1	9.9	9.5	4.0	是
110	后腿	12.8	3	2.7	97.0	10.9	10.5	3.6	是
111	后腿	12.1	2.4	2.1	97.0	9.8	9.5	3.0	是
112	后腿	10.4	2.2	1.9	96.4	8.2	7.9	3.6	是
113	后腿	12	2.5	2.1	95.9	9.5	9.1	4.2	是
114	后腿	13.1	2.7	2.4	97.1	10.4	10.1	2.8	是
115	后腿	13.9	3.2	2.8	96.3	10.6	10.2	3.7	是
116	后腿	12.6	2.7	2.3	96.1	9.9	9.5	4.0	是
117	后腿	13.2	2.8	2.6	98.1	10.4	10	3.8	是
118	后腿	14.5	2.9	2.4	95.8	11.6	11.2	3.4	是
119	后腿	10.4	2.2	1.9	96.4	8.2	7.9	3.6	是

续表

序号	分割部位	剔肉前重量/kg	剔肉后骨骼重量/kg	骨骼理论重量/kg	剔肉率/%	剔下肉品的重量/kg	合格产品重量/kg	损耗率/%	是否合格
120	后腿	12.4	2.9	2.5	95.9	9.5	9.1	4.2	是
121	后腿	12.1	2.8	2.4	95.8	9.3	9	3.2	是
122	后腿	14.2	3.2	2.8	96.4	10.8	10.4	3.7	是
123	后腿	14.1	3.3	3	97.2	9.9	9.5	4.0	是
124	后腿	12.4	2.9	2.6	96.9	9.5	9.2	3.1	是
125	后腿	12.8	3	2.5	95.1	9.8	9.4	4.0	是
126	后腿	11.6	2.9	2.5	95.6	8.7	8.3	4.5	是
127	后腿	13.2	2.8	2.6	98.1	10.4	10	3.5	是
128	后腿	12.7	2.8	2.4	96.1	9.9	9.5	4.0	是
129	后腿	13.8	3.4	3	96.2	10.3	10	2.9	是
130	后腿	12.1	2.4	2.1	97.0	9.8	9.5	3.05	是
131	后腿	11.7	3.6	3.3	96.4	8.9	8.5	4.4	是
132	后腿	10.4	2.2	1.9	96.4	8.2	7.9	3.6	是
133	后腿	13.3	3.4	2.9	95.1	9.9	9.5	4.0	是
134	后腿	12.7	2.6	2.2	96.1	10.1	9.8	2.9	是
135	后腿	12.7	3	2.6	96.0	10.9	10.5	3.6	是

附录Ⅳ　差异化包装部分实验数据

序号	表面积/m^2	平均密度/kg/m^2	肥瘦比	脂肪覆盖率	是否合格
1	0.128	9.62	84.7%	48.7%	是
2	0.119	9.84	81.2%	41.4%	是
3	0.129	9.35	83.5%	45.6%	是
4	0.114	9.04	80.7%	40.5%	否
5	0.123	9.75	82.8%	42.7%	是
6	0.130	9.87	86.9%	49.9%	是
7	0.123	9.61	81.3%	45.3%	是
8	0.113	9.69	81.5%	42.2%	是
9	0.126	9.70	86.9%	45.8%	是
10	0.130	9.68	88.4%	49.0%	是
11	0.128	9.82	85.8%	41.2%	是
12	0.112	9.49	80.8%	42.9%	是
13	0.121	9.53	83.6%	40.8%	否
14	0.119	9.71	84.9%	48.5%	否
15	0.112	9.98	89.2%	41.1%	是
16	0.112	9.04	82.6%	41.7%	是
17	0.123	9.10	86.4%	43.7%	是
18	0.114	9.75	82.5%	49.7%	是
19	0.112	9.52	80.8%	45.9%	是
20	0.115	9.82	82.9%	43.2%	是
21	0.111	9.94	82.9%	49.4%	是
22	0.128	9.19	87.4%	41.5%	是
23	0.116	9.57	82.5%	43.5%	是
24	0.129	9.40	87.5%	41.9%	是
25	0.116	9.81	80.5%	46.3%	是
26	0.119	9.01	81.6%	48.9%	是
27	0.127	9.27	83.2%	48.1%	否
28	0.116	9.26	84.6%	45.3%	是
29	0.127	9.41	85.6%	45.4%	是
30	0.121	9.17	87.2%	43.8%	是
31	0.127	9.69	84.8%	46.2%	是

续表

序号	表面积/m^2	平均密度/kg/m^2	肥瘦比	脂肪覆盖率	是否合格
32	0.124	9.74	83.6%	42.3%	是
33	0.126	9.35	80.6%	46.4%	否
34	0.118	9.04	81.9%	40.7%	否
35	0.118	9.19	85.4%	47.2%	是
36	0.121	9.36	88.1%	47.2%	是
37	0.123	9.55	84.0%	49.9%	是
38	0.124	9.10	85.0%	46.6%	是
39	0.111	9.42	84.8%	45.5%	是
40	0.116	9.12	87.4%	41.1%	否
41	0.121	9.23	87.5%	41.5%	否
42	0.116	9.28	86.0%	48.3%	是
43	0.129	9.36	85.0%	50.0%	是
44	0.112	9.53	89.3%	42.7%	是
45	0.129	9.25	84.1%	48.5%	是
46	0.127	9.82	80.9%	47.0%	是
47	0.111	9.52	86.1%	43.7%	是
48	0.117	9.61	89.4%	40.2%	否
49	0.127	9.59	84.0%	47.6%	否
50	0.116	9.06	84.2%	49.2%	是
51	0.117	9.61	81.8%	47.4%	是
52	0.130	9.46	81.6%	44.8%	是
53	0.124	9.84	81.2%	44.6%	是
54	0.112	9.25	88.3%	49.6%	是
55	0.122	9.22	86.8%	44.3%	否
56	0.118	9.70	89.7%	42.7%	是
57	0.110	9.80	83.9%	40.8%	是
58	0.126	9.79	85.6%	49.2%	是
59	0.117	9.50	89.5%	46.1%	是
60	0.111	9.91	89.6%	46.1%	是
61	0.125	9.89	83.0%	49.3%	是
62	0.126	9.11	84.4%	48.8%	是
63	0.129	9.35	88.2%	47.6%	是
64	0.126	9.08	85.3%	48.0%	是
65	0.121	9.65	84.8%	46.6%	否
66	0.121	9.53	87.2%	45.8%	否

续表

序号	表面积/m^2	平均密度/kg/m^2	肥瘦比	脂肪覆盖率	是否合格
67	0.122	9.68	83.7%	41.2%	是
68	0.113	9.56	82.0%	40.5%	是
69	0.120	9.22	87.4%	41.1%	是
70	0.111	9.15	80.3%	42.0%	是
71	0.113	9.22	82.2%	45.5%	是
72	0.124	9.64	88.6%	42.6%	是
73	0.112	9.41	85.3%	50.0%	否
74	0.121	9.54	82.5%	48.0%	是
75	0.127	9.55	87.2%	43.0%	是
76	0.126	9.57	88.7%	41.3%	是
77	0.119	9.46	83.7%	40.6%	是
78	0.128	9.98	87.0%	46.3%	是
79	0.129	9.70	82.8%	42.8%	是
80	0.122	9.49	85.6%	42.9%	是
81	0.124	9.85	83.1%	45.8%	是
82	0.115	9.94	89.2%	41.9%	是
83	0.125	9.55	82.7%	44.2%	是
84	0.120	9.41	80.5%	44.8%	是
85	0.117	9.62	80.8%	45.6%	是
86	0.122	9.15	89.7%	48.9%	是
87	0.122	9.74	84.5%	47.8%	是
88	0.120	9.88	87.5%	42.0%	是
89	0.110	9.75	81.1%	41.7%	是
90	0.111	9.30	87.3%	42.9%	是
91	0.121	9.38	88.3%	46.8%	否
92	0.110	9.61	81.9%	40.7%	是
93	0.124	9.83	89.2%	46.4%	是
94	0.116	9.71	80.2%	49.5%	是
95	0.118	9.68	89.4%	43.4%	否
96	0.129	9.65	89.4%	47.6%	是
97	0.127	9.33	87.5%	42.4%	是
98	0.116	9.47	85.0%	49.6%	是
99	0.129	9.55	89.0%	44.9%	是
100	0.111	9.27	86.6%	45.3%	是
101	0.121	9.83	82.9%	42.9%	是

续表

序号	表面积/m^2	平均密度/kg/m^2	肥瘦比	脂肪覆盖率	是否合格
102	0.111	9.58	86.9%	49.6%	是
103	0.124	9.08	81.9%	49.9%	否
104	0.122	9.98	85.8%	41.9%	是
105	0.117	9.15	80.1%	40.8%	是
106	0.116	9.95	83.8%	40.0%	是
107	0.115	9.06	80.0%	41.4%	是
108	0.119	9.13	80.4%	45.0%	是
109	0.119	9.58	80.8%	46.1%	是
110	0.116	9.09	84.5%	43.9%	是
111	0.116	9.56	82.2%	47.1%	是
112	0.111	9.23	87.9%	40.9%	是
113	0.118	9.41	84.5%	47.7%	是
114	0.116	9.23	84.7%	40.8%	是
115	0.114	9.60	83.3%	42.5%	是
116	0.114	9.33	80.8%	42.9%	是
117	0.129	9.01	89.8%	42.7%	是
118	0.122	9.17	82.6%	40.1%	否
119	0.121	9.32	88.3%	40.9%	否
120	0.122	9.08	81.8%	44.6%	是
121	0.121	9.81	88.9%	48.5%	是
122	0.116	9.32	84.7%	49.8%	是
123	0.121	9.80	87.7%	47.5%	是
124	0.114	9.73	84.6%	47.0%	是
125	0.120	9.47	86.1%	43.9%	是
126	0.113	9.40	86.0%	47.3%	是
127	0.115	9.98	85.5%	40.5%	是
128	0.125	9.22	86.6%	40.6%	否
129	0.116	9.03	84.4%	49.5%	是
130	0.120	9.90	81.5%	45.3%	是
131	0.120	9.99	80.8%	41.2%	是
132	0.116	9.46	87.5%	40.3%	是
133	0.127	9.37	88.9%	41.9%	是
134	0.127	9.25	86.1%	41.0%	是
135	0.124	9.99	85.4%	49.2%	是
136	0.116	9.88	88.8%	46.9%	是

续表

序号	表面积/m^2	平均密度/kg/m^2	肥瘦比	脂肪覆盖率	是否合格
137	0.115	9.65	81.7%	45.6%	是
138	0.113	9.03	83.1%	41.2%	否
139	0.112	9.03	80.5%	49.5%	是
140	0.124	9.20	87.6%	48.7%	是
141	0.118	9.52	89.2%	48.6%	是
142	0.114	9.12	87.2%	48.4%	是
143	0.118	9.11	83.7%	48.6%	是
144	0.118	9.27	89.1%	43.6%	是
145	0.127	9.51	83.4%	43.3%	是

彩　　图

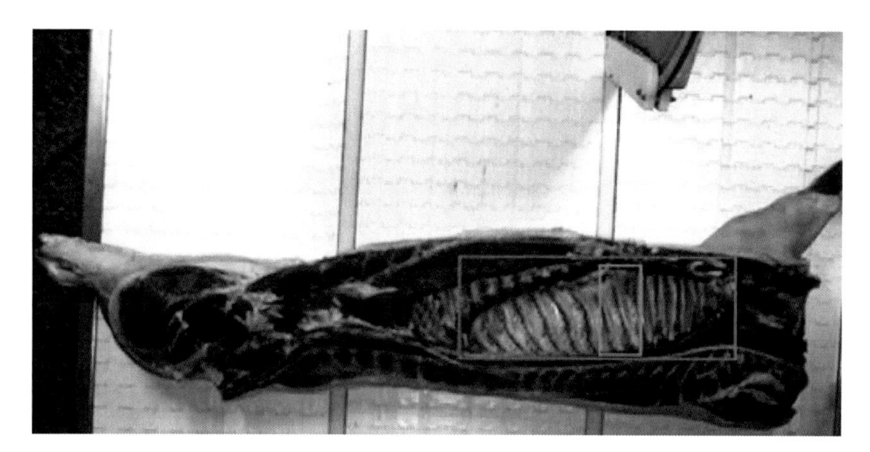

图 2-5　胴体前段分块点特征示意图

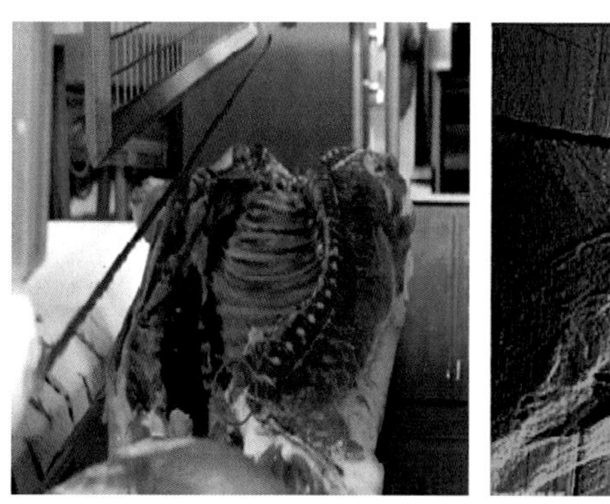

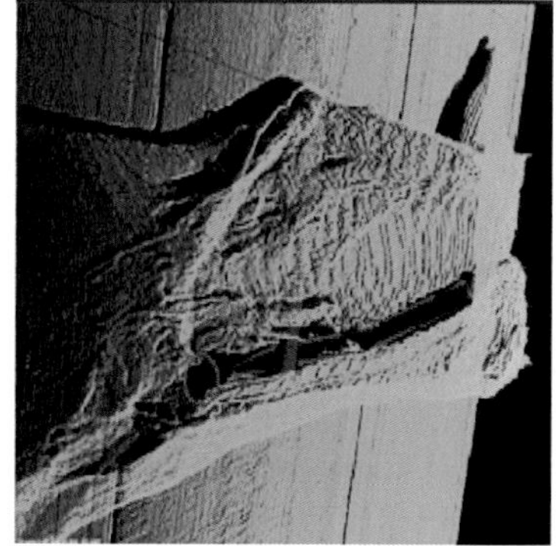

图 2-6　脊椎末端点示意图(左图为彩色示意图，右图为点云图)

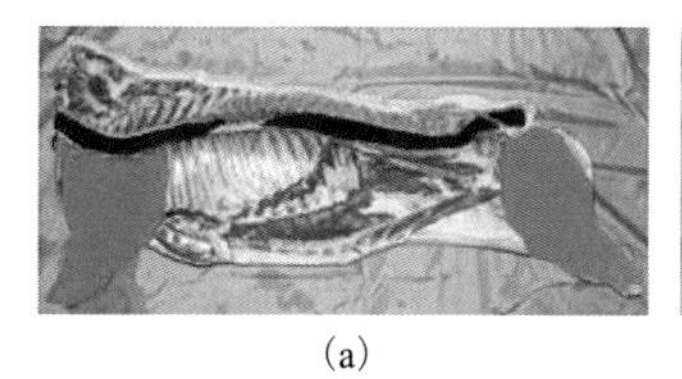

(a)

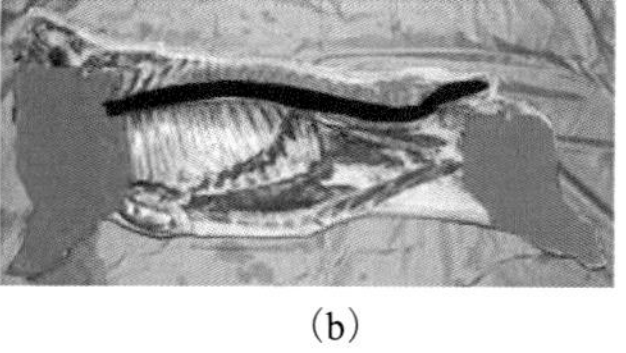

(b)

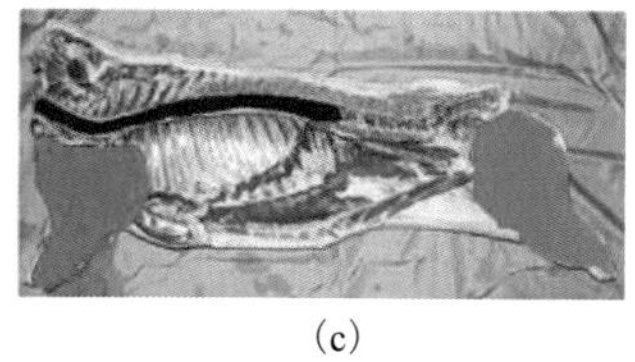

(c)

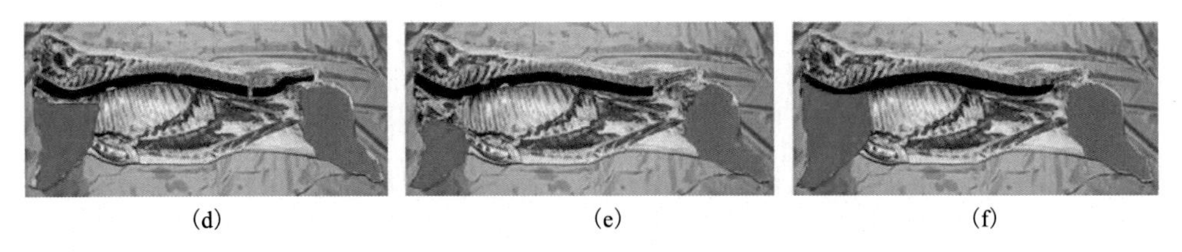

(d) (e) (f)

图 3-22　清晰猪肉胴体图像分割结果

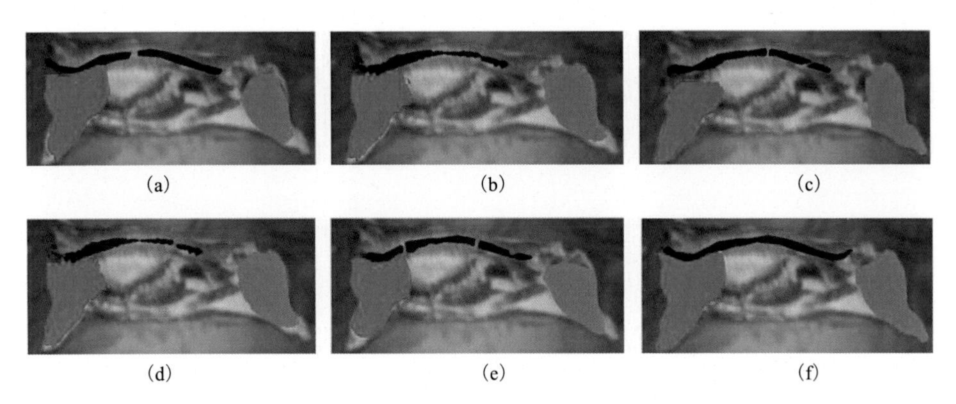

(a) (b) (c)

(d) (e) (f)

图 3-23　模糊猪肉胴体图像分割结果

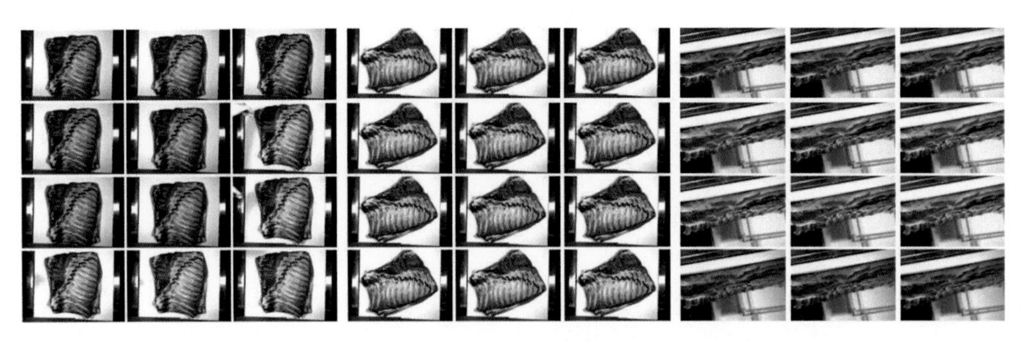

图 4-4　工业相机拍摄数据集

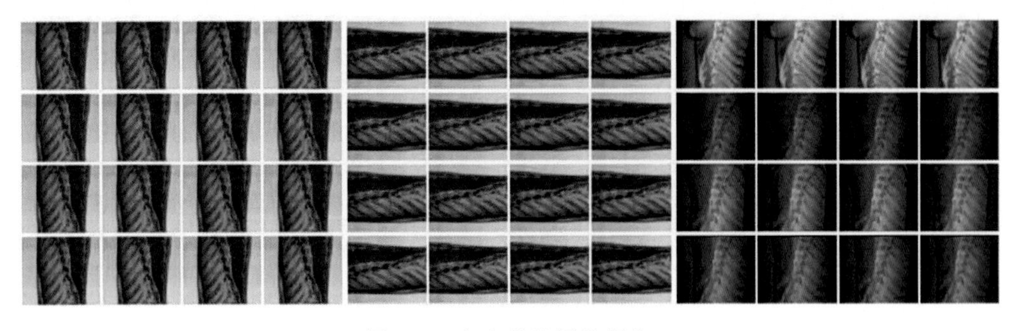

图 4-5　高光谱拍摄数据集

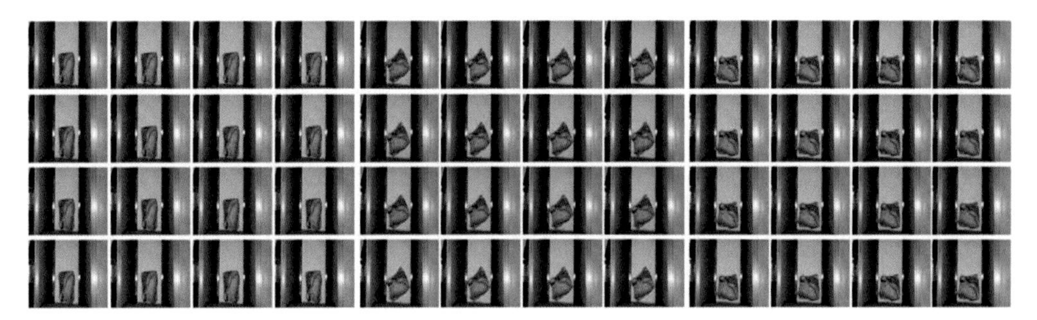

图 4-6　深度相机拍摄数据集

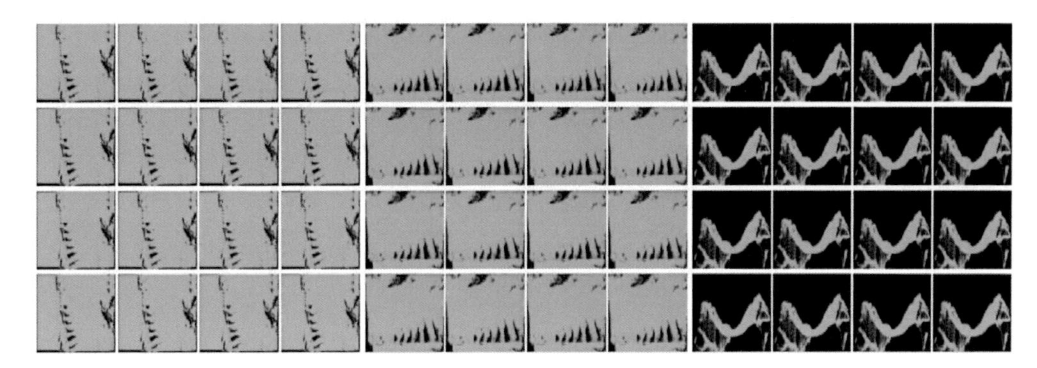

图 4-7　线激光传感器拍摄数据集

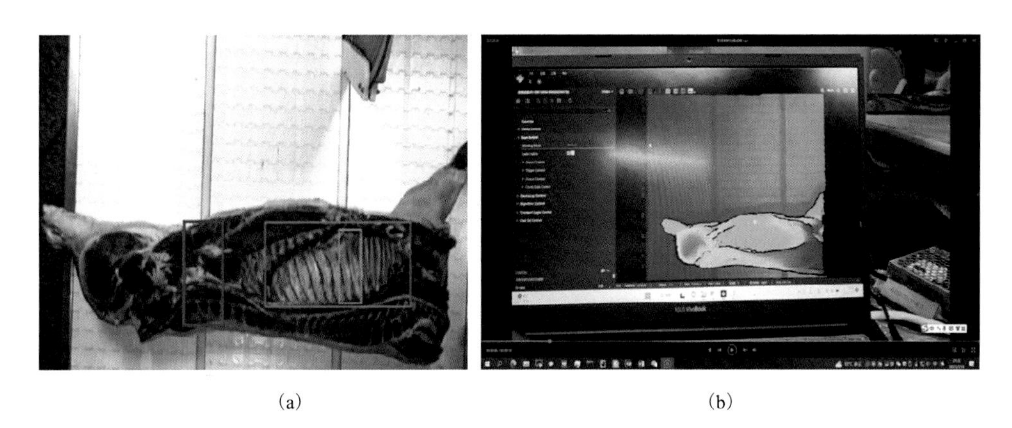

(a)　　　　　　　　　　(b)

图 8-1　胴体前、后段分块点特征示意图与扫描深度图

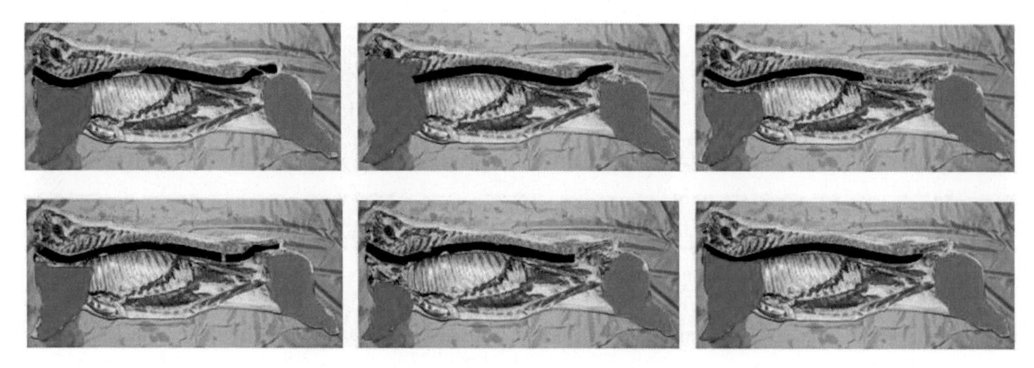

图 8-15　清晰猪肉胴体图像分割结果示意图